Jennifer S. Holland

HUNDESCHLAU

Eine Expedition ins Universum der Hundeintelligenz

Titel der englischsprachigen Originalausgabe:
DOG SMART: LIFE CHANGING LESSONS IN CANINE INTELLIGENCE
First published by: National Geographic Books, Washington D.C.

Aus dem Englischen übersetzt von Gisela Rau

Kynos Verlag Dr. Dieter Fleig GmbH
Konrad-Zuse-Straße 3
D-54552 Nerdlen / Daun
Telefon: 06592 957389-0
www.kynos-verlag.de

Gedruckt in Lettland

ISBN 978-3-95464-333-2

Bildnachweis: Autorenfoto S. 247: Laura Toledo
Grafiken: printingsociety-stock.adobe.com
Cover: DoraZett-stock.adobe.com

INHALTSVERZEICHNIS

VORWORT **8**
Ein Augenöffner

EINFÜHRUNG **10**
Hundeschlau

KAPITEL 1 .... **17**
Was macht einen Hund zu einem Hund?
Intelligent in Sachen Mensch 18
Der Stammbaum der Freundschaft 25
Wie wurde aus *Canis* der *familiaris*? 28
Abfallfresser, Jäger, Partner 32

KAPITEL 2 .... **37**
Die Hundeschlau-Forschung
Das fMRT sagt … 40
Mehr Hunde, bessere Antworten 43

KAPITEL 3 .... **47**
Wie schlaue Hunde schlauer werden
Nach oben ist die Grenze offen 49
Ein kluger Start 51
Schritt für Schritt: Dies ist besser als das 54
Schritt für Schritt: Wie viele? 55
Kluge Schachzüge 59
Gute Entscheidungen treffen 62

KAPITEL 4 .... **67**
Wenn Lernen besonders wichtig ist
Lass mich deine Augen sein 67
Tu, was ich sage – außer manchmal 71
Beiß mich vielleicht 73
Unterlassungserklärung 76
Spielzeug-Power 78
Bitte nicht vorsagen........ 79

KAPITEL 5 .... **83**
Gemeinsam in verschiedenen Welten
Hört, hört 84
Hier gibt es eine Menge zu sehen 85
Berührungssensoren 85
Der Geschmack von Wasser 86
Oh, so sensibel 86
Verloren und gefunden 87

KAPITEL 6 .... **91**
Nasenschlau
Geruch und Sensibilität 95
Wie die Nase weiß........ 98
Böse Jungs und gute Hunde 102

KAPITEL 7 .... **105**
Schietschnüffler
Mission (fast) impossible 111

KAPITEL 8 .... **115**
Die Gerüche eines Menschen
Schnauze der Hoffnung 117
Leiche, Geruch 120
Zeitpunkt des Todes 121

KAPITEL 9 ... **129**
Krankheit riecht
Die beharrliche Daisy ... 131
Super-Screener ... 132
Fortschritte in der Bekämpfung der Parkinson-Krankheit ... 134

KAPITEL 10 ... **139**
Der warnende Hauch
Eine Nase für Süßes ... 139
Eine gerettete Familie ... 141
Ein zurückgewonnenes Leben ... 143

KAPITEL 11 ... **147**
Zur Bindung geboren
Kluges Spiel ... 149
Pelzige Körpersprache ... 153
Ein Plädoyer für Achtsamkeit – und Freundlichkeit ... 156

KAPITEL 12 ... **159**
Netzwerken auf Hündisch
Zu Hause auf einer belebten Interspezies-Straßenkreuzung ... 160
Ist Sprache wichtig? ... 164
Parlez-vous Doggish? Non? ... 167
Begegnung mit Odin ... 171

KAPITEL 13 ... **175**
Der klügste Hund?
Benutze deine Worte ... 178
Odin macht sich verständlich ... 185

KAPITEL 14 .... **187**
Die Weisheit des Herzens
Der Veteran, die Dunkelheit und der Hund 188
Die Macht der Präsenz 190
Trosthunde 195
Die (kognitiv) schwierigste Aufgabe von allen? 197
Der Preis, den sie zahlen 200
Odins Geschenk 202

KAPITEL 15 .... **205**
Schlaumachen über Hundeschläue
Schnüffeln ist Spitze 205
Haben Sie da eine Nase in der Tasche? 209
Tun, was sie tun 210
Sich so ausdrücken, wie sie es tun 214
Andere so akzeptieren, wie sie sind 217

KAPITEL 16 .... **219**
Schlaue Hunde verdienen bessere Menschen
Lernen Sie Hund zu sprechen 220
Bringen Sie Ihren Hund auf Erfolgskurs 221
Die Gehirne füttern 223
Frühzeitig mit dem Lernen beginnen 224
Ein Leben lang lernen lassen 225
Das Lernen fröhlich machen 226
Folgen Sie der Wissenschaft 228
Odin verstehen 229

KAPITEL 17 .... **233**
Hunde Hund sein lassen
Lassen Sie schnuppern 235
Lassen Sie sie mit anderen spielen 236
Lassen Sie sie wählen 237
Berücksichtigen Sie ihre Erfahrungen 237
Kennen Sie die Tendenzen Ihrer Rasse 238
Kennen Sie Ihren Hund als Individuum 239
Odin, ungestört 240

Nachwuff 242
Update zu Jesse

Danksagungen 244
Über die Autorin 247
Ausgewählte Quellen 248

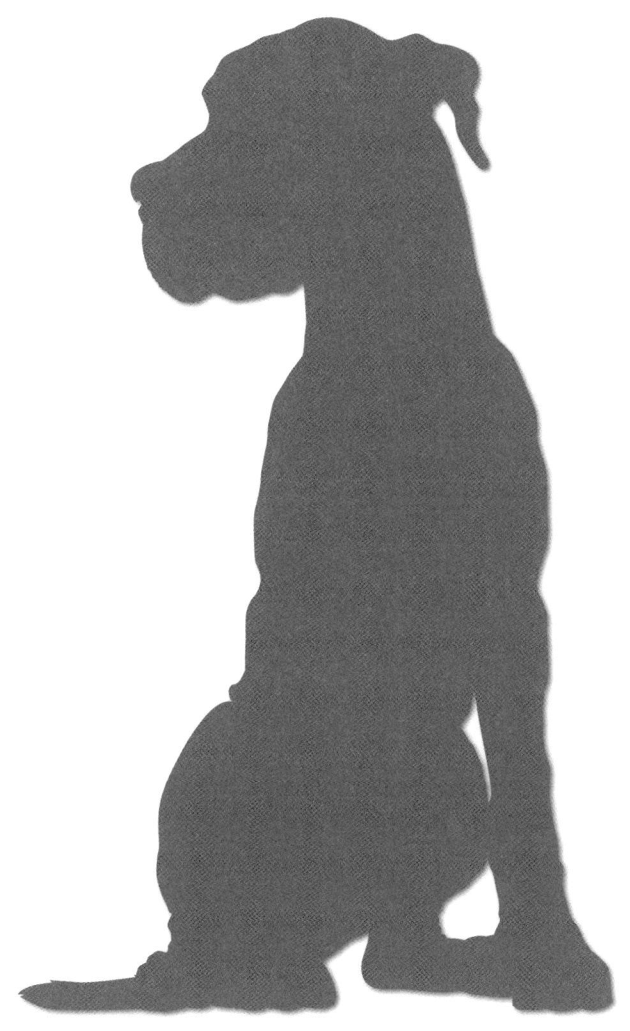

VORWORT

EIN AUGENÖFFNER

„Lassen Sie mal locker", sagt Oscar Pelaez, der Hundetrainer von *The Seeing Eye*. Ich entkrampfe meinen Klammergriff um den Haltebügel des Geschirrs. „So ist es gut. Jetzt sagen Sie ‚Vorwärts' und bleiben dicht an ihrer Seite. Lassen Sie sie arbeiten." Und schon fliegen wir den Bürgersteig von Manhattan entlang – ich im Windschatten eines feinen, glänzenden schwarzen Labradors namens Jesse, und ich spüre jede ihrer Bewegungen durch das feste Geschirr. Meine Beine scheinen sich meiner Kontrolle zu entziehen, während ich versuche, mit ihr Schritt zu halten. Ich habe den starken Drang, kurz anzuhalten oder loszulassen, und einen noch stärkeren Impuls, meine Augen zu öffnen.

Ich kämpfe gegen beide Triebe an, trabe mit zugekniffenen Augen weiter und lasse den Hund unseren Weg bestimmen. Es ist verwirrend, sich so fortzubewegen – ich kann nicht sagen, wie geradlinig unsere Laufbahn ist, wie schnell wir unterwegs sind, was wir so alles unterwegs passieren – aber anscheinend sausen wir an Lichtmasten vorbei, weichen Hydranten aus, schlängeln uns durch ein Knäuel anderer Fußgänger und weichen Löchern im Bürgersteig aus. Ich bin erleichtert, als Jesse endlich an einer Kreuzung anhält. Ich erkenne das Gefälle zur Straße hin wieder und die Tempostopper unter meinen Füßen (OK, gut – ich habe geblinzelt) und weiß, dass wir da sind.

Oscar ist die ganze Zeit auf meiner anderen Seite mitgegangen. Auf seine Anweisung hin tippe ich nun kurz mit dem Fuß auf, sage Jesse, dass sie ein braves Mädchen ist, und kraule sie hinter einem Schlappohr, um sie dafür zu belohnen, dass sie am Zebrastreifen angehalten hat. Als Antwort bekomme ich ein *Klopf-klopf* ihres Schwanzes gegen mein Bein. Dann warten wir gemeinsam. Ich lausche. Als ich den Verkehr zu meiner Rechten hustend zum Leben erwachen höre, mache ich eine Geste mit der Hand und sage noch einmal „Vorwärts", wie Oscar es mir aufgetragen hat. Der kleine Hund gehorcht fröhlich und führt mich ohne Zwischenfälle über die West 45th Street und die 9th Avenue hinauf.

Das Abenteuer dauert nur zwei Blocks, aber als ich die Augen öffne und zurückblicke, kann ich kaum glauben, dass ich noch auf den Beinen bin. Selbst mit der Gabe des Sehens hätte ich auf diesem überfüllten Stück New Yorker Pflaster bei dieser Geschwindigkeit leicht stolpern oder mit etwas oder jemandem zusammenstoßen können. „Wow", sage ich. Und weil es das einzige passende Wort ist, das mir in diesem Moment einfällt, wiederhole ich es. „Wow." Oscar lächelt. „Es ist krass, oder? Man muss sein Vertrauen in den Hund setzen, sein Leben in seine Pfoten. Dann sieht und spürt man, was er wirklich kann."

Ich betrachte die Hündin, die stolz in ihrem Geschirr dasteht und ignoriere die vielen Leute, die sich zu beiden Seiten vorbeidrängeln. Sie ist ein hübsches kleines Ding, das mir kaum bis zum Knie reicht. Ihre Schnauze ist eher länglich als gedrungen (Labradorschnauzen können beides sein) und ihr Kopf ist superweich.

Jesse! Sie ist ein Hund, den jeder gerne neben sich auf dem Sofa liegen hätte, einer, der leicht alle möglichen Tricks lernen könnte. Aber Jesse ist dazu bestimmt, ihren Verstand für etwas anderes zu benutzen. Wenn sie die Prüfung schafft, wovon ich ausgehe, wird sie – einschließlich Ohrenknuddeln und Schwanzwedeln – ihr Bestes für eine Person mit Sehbehinderung geben, die sie braucht. Indem sie das, was sie gelernt hat, mit dem kombiniert, was sie schon immer wusste und das zusammen in die Tat umsetzt, wird sie das Leben dieser Person besser und sicherer machen und für mehr Unabhängigkeit – und Liebe – darin sorgen.

Was für ein kluges Mädchen.

EINFÜHRUNG

HUNDESCHLAU

Sitz, Geddy, sitz. Guter Junge. Ach, Hunde. Manchmal tun sie alles, was wir verlangen. Und selbst wenn sie sich mal dagegen entscheiden, so wissen sie oft genau, *wie* sie etwas von uns Verlangtes tun müssen. Sie wissen, wie wir Dinge benennen, wo wir ihre Leckerlis verstecken, dass sie nicht auf die Couch dürfen und wie sie uns davon überzeugen können, dass sie doch dahin gehören. Vor allem im Umgang mit uns sind Hunde überaus intelligente Geschöpfe. Oder?

Sicherlich ist ihre Fähigkeit, von uns zu lernen und sich zu erinnern, Anweisungen entgegenzunehmen, zu verstehen und auszuführen, ein Zeichen von Intelligenz. Mit Menschen in Beziehung zu treten ist ein wesentlicher Bestandteil des natürlichen Repertoires eines Hundes und ein Aspekt seiner kognitiven Fähigkeiten, den wir wirklich schätzen. Aber ist es wirklich ein Zeichen für die Intelligenz eines Hundes, für uns etwas vorzuführen, egal wie beeindruckend der jeweilige Trick ist?

Bei der Beantwortung dieser Frage ist es hilfreich, unseren speziellen Blickwinkel zu berücksichtigen. Schließlich haben wir uns angewöhnt, Intelligenz durch eine menschliche Linse zu beurteilen. Und durch diese betrachtet definieren sich kognitive Fähigkeiten dadurch, dass sie auf Problemlösungsfähigkeiten und Leistungen beruhen, die für unsere Spezies von Bedeutung sind. Das ist nicht überraschend – schließlich sind wir Menschen, im Guten wie im Schlechten – und unsere Sichtweise ist auch durchaus berechtigt. Es sei denn, Sie sind eine ganz andere Spezies und werden als „nur ein dummer Hund“ abgetan, wenn Sie Ihre Intelligenz auf eine Art und Weise zeigen, die nicht in die menschliche Vorstellung passt.

„Wir sind besessen von Spitzenleistungen“, sagt der Primatologe und Experte für Tierverhalten Frans de Waal von der Emory University. „Wir sind besessen von Dingen, in denen wir gut sind, von unseren Spezialitäten. Und dann beurteilen wir andere Lebewesen danach, ob sie diese Dinge auch können.“ Mit anderen Worten: Wir mögen zwar Cousins von Affen und Nachfahren von Spitzmäusen sein, aber wir gehen gerne davon aus, dass wir einen sehr hohen Baum erklommen haben, von dem aus wir die grandiose Aussicht genießen können – und uns für einzigartig, überlegen und (definitiv) klüger als alle anderen halten, die wir beobachten.

Selbst wenn viele nicht-menschliche Spezies beweisen, dass sie Werkzeuge herstellen, mathematische Probleme lösen und spezifische Details über ein lauerndes Raubtier mitteilen können, beansprucht *Homo sapiens* weiterhin den obersten Ast und ist nicht bereit, Platz für Wesen mit anderen Arten von Intelligenz zu machen. Das ist ein Versäumnis unsererseits, sagt de Waal. „In Wirklichkeit ist Intelligenz viel verzweigter, mit allen möglichen kognitiven und sensorischen Komponenten, die nichts mit dem zu tun haben, was wir normalerweise als Intelligenz bezeichnen“, erklärt er.

Der Kognitionsethologe Marc Bekoff, der seit Jahrzehnten ein breites Spektrum von Verhaltensweisen bei Hunden untersucht, hält es ebenfalls für sinnvoll, unsere Perspektive auf die Fähigkeiten von Tieren zu erweitern. „Intelligenz kann als eine evolutionäre Anpassung gesehen werden, welche sich in jeder Tierart anders zeigt“, schreibt er in *Canine Confidential* (dt.: *Feldstudien auf der Hundewiese*) und weist darauf hin, dass Hunde je nach Kontext mehrere Intelligenzen aufweisen. Er beschreibt, dass sie „einen aktiven Verstand, einen Sinn für Humor und eine beträchtliche Intelligenz“ haben. Hunde widersetzen sich immer wieder den Versuchen, sie als bloße Reiz-Reaktions-Maschinen zu definieren und erweisen sich routinemäßig als denkende, fühlende Wesen, „die verschiedene Situationen bewerten und ein breites Spektrum an Emotionen erleben, das dem unseren ähnelt“, stellt er fest. Ihr Verstand ist weit und ihr Herz ist tiefgründig, fasst er zusammen.

Inspiriert und informiert von Wissenschaftlern wie de Waal und Bekoff, von Dutzenden von Forschern, Trainern, Züchtern und Hundeführern, von vielen anderen Menschen, die einen großen Teil ihres Lebens ihren vierpfotigen Freunden widmen sowie von mehreren guten Jungs und Mädchen selbst, habe ich mich beim Schreiben dieses Buches bemüht, herauszufinden, was es bedeutet, „hundeschlau“

zu sein. Damit meine ich, schlau aus Sicht und in der Welt des Hundes zu sein – sowohl unter uns als auch getrennt von uns betrachtet – und die Wahrnehmungs- und Körperwerkzeuge zu nutzen, die das kognitive und verhaltensbezogene Repertoire des Hundes ausmachen.

Meine beiden eigenen Hunde sind natürlich ebenfalls Teil dieser Geschichte. Und nach diesem Hundeschlau-Maßstab ist einer von ihnen ein verdammtes Genie. Lassen Sie mich das erklären.

Meistens liegt mein süßer kleiner Monk, ein flauschiger schwarzer japanischer Kai, morgens gerne mit mir als warmes Bündel an meiner Seite im Bett. Der etwas weniger niedliche Geddy, ein goldbrauner koreanischer Jindo, mag diesen Platz ebenfalls. Und er hat es nicht so mit dem Teilen. Da die Machtverhältnisse bei den Hunden in unserem Haus so sind, bestimmt Geddys Knurren, ob Monk überhaupt ins Schlafzimmer darf. Wenn Geddy großzügig ist und Monk Zutritt gewährt, kommt dieser mit gesenktem Schwanz und sanfter Miene herein. Er bleibt mit abgewandten Augen an der Wand stehen und schleicht sich auf die andere Seite des Bettes, um sich dort auf den harten Boden zu legen.

Aber halt, kein Mitleid mit Monk: Er weiß genau, was er tut. Er muss nur Geddy weglocken, und schon kann er sich den begehrten Platz schnappen. Also wurde Monk eines Tages kreativ. Er wurde durch Geddys Knurren aus dem Schlafzimmer vertrieben und fing an, am Fuß der Treppe aufgeregte Kreise zu ziehen und zu kläffen, als ob jemand an der Tür wäre. (Es war niemand da.) Als Geddy heruntersprang, um nachzusehen, sauste Monk an ihm vorbei und sprang auf dessen Platz.

Hätte Geddy Monk bei der Rückkehr von seinem ergebnislosen Unterfangen den Stinkefinger zeigen können, hätte er es getan. Aber jetzt hat er Monks Anwesenheit akzeptiert: Es scheint eine Art Doktrin der Hundegerechtigkeit zu geben, die besagt, dass Ordnung auf dem Bett wichtig ist, auch wenn es eine schlechte Ordnung ist. Die beiden blieben für den Rest des Vormittags zusammen, Rücken an Rücken.

Aber würde Monks schlaue List, wenn es denn wirklich eine war, auch ein weiteres Mal funktionieren? Ja, tatsächlich, das tat sie. Denn Geddy ist einfach nicht so schlau wie Monk. Wie mein Mann es ausdrückt: „Geddy spielt Dame, Monk spielt Schach.“ Bei Geddy geht es immer nur um das Hier und Jetzt; Monk spielt vorausschauend.

Als ich dieses Szenario beobachtete, dachte ich über unsere typische Definition von Intelligenz nach. Wie könnten und sollten wir *unser* Denken anpassen, wenn wir eine andere Spezies untersuchen? Was wäre, wenn wir einen anderen, für

Hunde relevanten Standard für Intelligenz in Betracht ziehen würden, um damit besser die unzähligen Aspekte erforschen zu können, in denen sie außergewöhnlich sind, und zwar sowohl im Kontext mit uns als auch für sich selbst betrachtet? Der Bildungspsychologe Howard Gardner meint, dass Menschen mehrere Arten von Intelligenz besitzen können, von denen viele bei den üblichen IQ-Tests gar nicht berücksichtigt werden. Warum sollten wir diese Art von integrativem Ansatz nicht auch auf unsere Hunde anwenden und lernen, ihre soziale und olfaktorische Intelligenz ebenso zu schätzen wie ihre Fähigkeit, auf unsere Befehle zu reagieren? Oder, umfassender ausgedrückt, ihre *adaptive Intelligenz* zu respektieren, die es ihnen ermöglicht hat, in so unterschiedlichen Kontexten so wunderbar zu gedeihen: an unserer Seite, auf der Straße und überall auf der Welt?

Es ist zwar verständlich, dass wir uns auf das Lernen *unserer* Worte als primäres Zeichen hündischer Intelligenz versteifen, aber das Handeln auf Kommando ist nur ein kleiner Teil von *hundeschlau.* Manchmal besteht Intelligenz auch darin, *nicht* das zu tun, was einem gesagt wird. Wie ich bei meinen Begegnungen mit Blindenführhunden und ihren Trainern gelernt habe, wissen Hunde manchmal mehr als ihre Menschen, und manchmal ist es für sie am intelligentesten, diesem Wissen zu vertrauen und entsprechend zu reagieren, auch wenn der menschliche Begleiter darauf besteht. Die Idee des „intelligenten Ungehorsams“ war für mich eine von vielen Überraschungen in Bezug darauf, was „intelligenter Hund“ wirklich bedeutet.

Für dieses Buch wurden viele Hunde interviewt, und zwar auf die hündischste Art und Weise, die möglich ist. Wie habe ich meine Themen, abgesehen von den sehr naheliegenden, ausgewählt?

Zu Beginn meiner Untersuchung der kognitiven Fähigkeiten von Hunden riet mir Cat Warren, deren faszinierendes Buch *What the Dog Knows* (dt.: *Der Geruch des Todes*) ihre Arbeit mit Leichenspürhunden beschreibt: „Wenn Sie etwas über die Intelligenz von Hunden lernen wollen, müssen Sie mit intelligenten Hunden beginnen.“ Ich nahm diese bestechende Logik an die Leine und machte mich mit ihr auf die Suche nach den fähigsten und anpassungsfähigsten Hunden des Landes: nach denjenigen, die die Gelegenheit hatten, ihre natürlichen Fähigkeiten auf das höchstmögliche Niveau zu bringen.

Das führte mich in die weite und erstaunliche Welt der Arbeitshunde, wo ich die unterschiedlichsten Talente kennenlernen und bewundern konnte: die Blindenführhunde, die Sprengstoffspürhunde, die Schafhirten, die Entenjäger, die Kinderschützer, die Personenspürhunde, die Leichensucher, die Krankheitsdetektoren, die Trickkünstler, die Stimmungsleser und die Schmerzlinderer, um nur einige zu nennen. Ich war nicht nur erstaunt über die Fähigkeit dieser Hunde, über das hinauszugehen, wofür sie ausgebildet wurden, sondern auch über ihre artübergreifende soziale Intelligenz und die daraus erwachsende Bindung – eine Beziehung, von der die renommierte Hundetrainingsexpertin Patricia McConnell sagt, dass sie „wie ein Wunder" erscheint.

Diese soziale Verbindung mit Hunden hat uns den Zugang zu einer Welt enormer Möglichkeiten eröffnet. Als Julianne Ubigau von der in Seattle ansässigen Organisation *Conservation Canines* mir erzählte, dass die Jagd nach obskuren Gerüchen mit ihrem Spürhund „wie der Zugang zu einer Superkraft" sei, kam mir das Wort „Superkraft" genau passend vor. Ich begann, viele kognitive Fähigkeiten von Hunden – vor allem solche wie den Geruchssinn, der den unseren um Längen übertrifft – als hündische Superkräfte zu betrachten. Und wie Sie sehen werden, haben viele der Hunde auf diesen Seiten bewiesen, dass sie absolut würdig wären, den Umhang eines Superhelden zu tragen.

Aber selbst diejenigen unter uns, die die Fähigkeiten von Hunden zu schätzen wissen und sie von ganzem Herzen lieben, können mitunter aus dem Blick verlieren, dass diese Tiere ihr ganz eigenes Universum bewohnen. Jeden Tag tauchen sie in Anblicke, Geräusche, Gerüche, Triebe, Bedürfnisse und Erfahrungen ein, die sich teilweise mit den unseren überschneiden, aber auch sehr unterschiedlich sind. Der Biologe Jakob von Uexküll verwendete 1909 den Begriff „Umwelt", um die einzigartigen Wahrnehmungserfahrungen anderer Tiere zu beschreiben und uns daran zu erinnern, dass die Natur dem Menschen nur einen Bruchteil dessen gegeben hat, was sensorisch möglich ist. Der Rest gehört den anderen. Die Umwelt des Hundes wird, wie die jedes anderen Tieres, immer zumindest teilweise außerhalb unseres Wissensbereichs bleiben. Dennoch lohnt es sich, so weit wie möglich in die Welt des Hundes einzutauchen und sich umzusehen (und umzuschnuppern).

Ich habe versucht, genau das mit den Hunden zu tun, die ich in den letzten Jahren getroffen habe, und versucht, ihr inneres Wesen zu erkennen und zu beleuchten. Auf diesen Seiten habe ich mein bestes Verständnis davon niedergeschrieben, wie es sein muss, die Grenzen zwischen den Arten so geschickt zu überbrücken, wie Hunde es tun. Gibt es noch andere Tiere, die das so gut können?

Um es mit McConnells Worten auszudrücken: Ich finde es wunderbar, wie die Mitglieder von *Canis familiaris* ihre vielfältige Intelligenz einsetzen, wenn sie zwischen ihrem Dasein als Hund und dem als *unser* Hund hin und her wechseln. Um diese Geschichte zu dokumentieren, besuchte ich Bauernhöfe, Jagdreviere, Militärstützpunkte und jahrhundertealte Friedhöfe, auf denen Hunde im Einsatz waren. Ich ließ einen Hund meine Augen sein, einen anderen mich in einer Menschenmenge erschnüffeln und einen anderen mich als „Bösewicht“ einstufen und fast zu Boden werfen. Ich bestaunte mit vielen *Ahs* und *Ohs* Hunde, die tanzen, Hunde, die „sprechen“ und Hunde, die fliegen. Ich nahm an Schulungen, Workshops und Expertenvorträgen teil, in denen es um alles Mögliche ging – von der evolutionären Entwicklung des Hundes bis hin zu der Frage, wie ein Chip in unseren Handys, der der Hundenase nachempfunden ist, eines Tages unsere Gesundheit messen wird. Ich habe die Nasen von Hunden gestreichelt, die über die olfaktorische Intelligenz verfügen, einen gefährdeten Salamander oder ein Umweltgift aufzuspüren, oder die Diabetes, COVID-19 oder Krebs am Geruch erkennen. Ich habe in die Augen von Hunden geschaut, deren emotionale Intelligenz sie zu einem Anker für Menschen werden lässt, deren Leben durch eine Tragödie in Verunsicherung geraten ist.

Ich habe auch die Wege nachgezeichnet, die Wissenschaftler bei der Erforschung dieser Tiere eingeschlagen haben, was mich zu der Erkenntnis führte: Wir müssen unser Denken ändern, wenn wir selbst klug genug werden wollen, um zu verstehen, wie es ist, ein Hund zu sein. Kauen Sie da ruhig mal etwas drauf rum!

Und wir sind auf dem besten Weg dahin. In dem Maße, in dem sich die Sichtweise auf Kognition und Empfindungsvermögen nicht-menschlicher Tiere geändert hat – und in dem Maße, in dem neue, nicht-invasive Technologien in den letzten Jahrzehnten zugänglicher geworden sind (z. B. fMRT bei Hunden) – stellen Forscher immer differenziertere Fragen über die Gedanken, Gefühle, Bedürfnisse und Vorlieben von Hunden. Und die Antworten ermöglichen es uns, dem Porträt unserer besten Freunde Farbe und Struktur zu verleihen.

Sobald wir die Tatsache akzeptieren, dass Hunde in der Tat sehr intelligent sind, und zwar sowohl innerhalb als auch außerhalb unserer üblichen Definitionsschranken, sollten wir unseren Verstand öffnen. Nicht nur für praktische Anwendungen wie die Entwicklung besserer Erkennungstechnologien (die wir durch die Nasen von Hunden gelernt haben), sondern auch dafür, wie wir unsere eigenen Sinne und Gehirne intelligenter einsetzen können, um die große und wunderbare Vielfalt des Lebens besser zu erleben.

Ich habe auf diesem Weg sicherlich viel gelernt. Indem ich mich mit den unzähligen Formen der Hundeintelligenz beschäftigt habe, habe ich herausgefunden, wie ich meine eigenen Wahrnehmungen überprüfen und meine eigenen alltäglichen Erfahrungen steuern kann. Die Interaktionen mit den Superhunden haben mich dazu inspiriert, darauf zu achten, was Hunde wahrnehmen. Ich habe versucht, sie so zu lesen, wie sie sich gegenseitig und uns lesen und gleichzeitig auf meinen eigenen Körper, meine eigenen Bewegungen und meine Sinnesreaktionen zu achten. Wie erfrischend ist es, Hunde einmal als Vorbilder für ein intelligentes Leben zu betrachten – und sogar zu überlegen, wie wir uns mit ihnen messen könnten, anstatt umgekehrt.

Je mehr ich über die bemerkenswerte Anpassungsfähigkeit von Hunden erfuhr, desto mehr fragte ich mich, ob wir unsere Rolle als ihre Besitzer, Trainer, Partner und Freunde intelligenter gestalten könnten. Können wir selbst intelligenter werden – indem wir ihre Sprache lernen, anstatt ihnen nur unsere beizubringen? Indem wir sie nicht nur für ihre Fähigkeit (und Bereitschaft!) schätzen, das zu tun, was wir befehlen, sondern auch für ihre Fähigkeit, sich anzupassen und als Hund zu gedeihen, egal in welchem Kontext sie sich befinden? Dass wir nicht verstehen, warum sie tun, was sie tun, bedeutet nicht, dass ein Verhalten nicht klug ist. Die Annahme, dass es keinen guten Grund gibt, den Teppich zu lecken oder sich in Eichhörnchenkadavern zu wälzen, kann ein Fehler unsererseits sein. Wir sollten uns schämen, dass wir ihrem Verhalten nicht vertrauen!

Indem wir Hunde zu unseren Begleitern gemacht haben, haben wir einige der hündischsten Aspekte ihrer Intelligenz unterdrückt. Anders ausgedrückt: Hunde haben wichtige Teile ihres Hundeseins aufgegeben, um in unsere Nische zu passen. Ich frage mich: Ist es möglich, ihnen einige dieser Teile zurückzugeben?

Im letzten Kapitel dieses Buches – das eher als sanfte Inspiration denn als mit dem Zeigefinger wedelnde Vorschrift gedacht ist – werde ich Wege vorschlagen, wie wir die natürliche Intelligenz unserer Hunde zum Strahlen bringen können, indem wir ihnen Gelegenheit geben, die vorwärtsstrebenden, neugierigen, unermüdlichen, manchmal stinkenden und dreckverkrusteten Kreaturen zu sein, die sie am liebsten sind, wenn wir Menschen die Leine ein wenig lockern.

Letztendlich ist es keine Übertreibung zu sagen, dass das, was ich durch diese Arbeit über Hunde gelernt habe, sowohl mein Leben, Denken und Handeln verändert hat als auch dort, wo wir Schnittmengen haben, das Leben der Hunde. Ich würde mich freuen, wenn Sie die gleiche Erfahrung machen würden. Also, bitte, nehmen Sie Ihren pelzigen Begleiter an die Hand und öffnen Sie Ihren Geist (und Ihre Nase und Ihr Herz) für einen hundegerechten Ansatz zur Intelligenz.

Sitz. Bleib. Lies.

KAPITEL 1

WAS MACHT EINEN HUND ZU EINEM HUND?

Vor einigen Jahren lernte ich an einem karibischen Strand den wohl hündischsten Hund aller meiner Hundebekanntschaften kennen. Mein Mann John und ich heirateten in einer Eco Lodge in Costa Rica, und nach der kleinen Zeremonie arrangierten unsere Gastgeber einen besonderen Ausflug für uns: Eine Bootsfahrt zu einem Privatstrand mit einem Picknick-Mittagessen und einer Rückfahrt bei Sonnenuntergang.

Aber wir waren nicht ganz allein an unserem Privatstrand. Drei Hunde tauchten kurz nach unserer Ankunft auf und hingen in der Nähe herum. Sie waren schmuddelig und dünn, voller Dreck und Sand. Sie verbrachten den Tag damit, im Müll am Strand herumzuschnüffeln, miteinander zu ringen und in der Sonne zu liegen und an ihren verschiedenen Kratzern herumzubeißen. Ich dachte, sie würden alle bei uns betteln, aber zwei von ihnen hielten Abstand. Der dritte Hund war freundlicher als die anderen. Schon bald nahm er mir kleine Möhrchen aus der Hand, und kurz darauf ließ er sich von uns streicheln. Am Ende des Tages hatte er ein relativ komplettes Mittagessen, einen Becher frisches Wasser und den Rücken gekratzt bekommen. Er trottete los und schaute ab und zu bei seinen Kumpels vorbei, kehrte aber bald zu den Händen zurück, die ihn fütterten. Kluger Hund! Wegen seines sehr unkastrierten Zustands tauften wir ihn Mr. Ball Dangles* (sorry).

* dt. etwa: Hängeeier

Zwei Dinge fielen John und mir bei diesem Erlebnis auf. Erstens schien es wahrscheinlich, dass das Verhalten von Mr. Ball Dangles das Verhalten seiner Vorfahren widerspiegelte, die sich vor Tausenden von Jahren auf dem Weg zur Domestizierung befanden, was eine faszinierende Sache war. Zweitens war es interessant, Hunden bei ihrer Existenz zuzusehen, die sich in der freien Wildbahn offensichtlich genauso wohlfühlten wie ein Hund, der sich auf der Couch räkelt. Abfälle zu fressen mag eine eher bescheidene Art sein, seinen Lebensunterhalt zu bestreiten, aber diese Tiere hatten nichts, womit sie es vergleichen konnten und schienen von ihrem Schicksal unbeeindruckt zu sein. Das Trio kam meistens gut miteinander aus: Kurze Streitereien wurden ohne Blutvergießen durch die meisterhaften Kommunikationsmethoden der Hunde gelöst. Und warum sollte es überraschen, dass sich die Strandhunde in ihrer Haut wohlfühlen? Tiere leben unter allen möglichen Bedingungen, die wir als unangenehm empfinden könnten. Und von den schätzungsweise eine Milliarde Hunden auf der Erde leben etwa 85 Prozent in freier Wildbahn.

Ich wiederhole das nochmals, denn in meiner kleinen westlichen „Hund-auf-dem-Kissen"-Blase haben mich diese beiden Zahlen schockiert (und Sie vielleicht auch): Manchen Schätzungen zufolge gibt es eine Milliarde Hunde auf der Erde, die alle Kontinente mit Ausnahme der Antarktis bewohnen (und selbst dort waren schon welche zu Besuch). Die überwiegende Mehrheit der Hunde auf der Welt – bis zu 850 Millionen – lebt allein, unangeleint, unkastriert, untrainiert und ohne Futterlieferungen oder tierärztliche Routineversorgung. Freilaufende Hunde sind auch als Straßenhunde und Dorfhunde bekannt, und nach evolutionären Maßstäben geht es ihnen gut. Besser als gut. Tatsächlich ist die Zahl der frei umherstreifenden *Canis familiaris* weltweit um ein Vielfaches höher als die aller anderen Mitglieder ihrer Gattung zusammen – einschließlich Wölfe, Kojoten, Schakale und Dingos. Sie machen eindeutig etwas richtig. Etwas Schlaues.

Intelligent in Sachen Mensch

Als ich den Kognitionsethologen Marc Bekoff frage, was seiner Meinung nach der Kern der Intelligenz bei Tieren ist, zögert er nicht. „Anpassungsfähigkeit", sagt er. „Die Tiere, die sich anpassen, gewinnen." Gewinnen bedeutet für jedes Lebewesen, in seiner Nische zurechtzukommen. Diese Fähigkeit erfordert Kreativität, Problemlösungskompetenz und die Flexibilität, sich in den komplexen Situationen des Alltags zurechtzufinden. Es bedeutet, in der Lage zu sein, zu lernen, sich zu erinnern und sich bei Bedarf anzupassen. Es bedeutet, dass man in der Lage sein muss, je nach Kontext kluge Entscheidungen zu treffen – zu wissen, wann man sich zurückhalten und wann man in die Vollen gehen muss. Anpassungsfähigkeit ist das Kernstück des Überlebenspuzzles für nichtmenschliche Tiere. Flexibel zu sein ist schlau, denn flexibel zu sein bedeutet, durchzukommen.

Besonders für Tiere, die mitten unter uns oder sogar am Rande der vom Menschen gestalteten und beherrschten Umwelt leben, erfordert das Überleben eine große Portion kognitiver Neugier und Verhaltensplastizität. Wir sehen das immer wieder bei Wildtieren, die an das Leben in Städten und Vorstädten angepasst sind. Waschbären, die versuchen, dicht schließende Mülleimerdeckel zu öffnen oder Eichhörnchen, die „eichhörnchensichere" Vogelfutterhäuschen plündern, müssen ihre Intelligenz einsetzen, um an eine Mahlzeit zu kommen – und je mehr wir versuchen, sie zu überlisten, desto innovativer werden sie. Hunde, wie auch andere Tiere, die gelernt haben, von unserer Anwesenheit zu profitieren, führen ein besonders kreatives, durchdachtes und flexibles Leben. Ein intelligentes Leben.

Für Hunde bedeutet Intelligenz aber auch, dass sie die Vorteile einer zwischenartlichen Beziehung voll ausschöpfen, die ihnen im Kampf ums Überleben einen Vorsprung verschafft. Lernen und passen sich Hunde besser an als andere? Nicht unbedingt. Aber sie machen es anders, weil sie so sind, wie sie sind und wie sie entstanden sind, und vieles von dem, was sie denken und tun, ist von dieser außergewöhnlichen Geschichte geprägt – von ihrer Bereitschaft, enger mit dem Menschen zusammenzuarbeiten als andere ihrer Artgenossen.

Betrachten Sie nur einmal den Blick. Was hat es mit den Augen eines Hundes auf sich, dass sie so viel zu sagen scheinen? Zum Teil liegt es an der Muskelbewegung: Hunde haben eine Muskulatur, um ihre inneren Augenbrauen heben und den berühmten Hundeblick zeigen zu können. Sie kennen das: Er lässt Sie vergessen, dass Sie Ihren Hund gerade anschreien wollten, weil er das ganze Brathähnchen von der Anrichte geholt hat. Man möchte ihn in den Arm nehmen, ihn knuddeln und seinen mit Hühnchen gefüllten Bauch streicheln (das arme Baby ist ja so satt!). Das ist kein Zufall. Welpen mit den winzigen beweglichen Muskeln, die das „Anbetungs"-Gesicht erzeugen, sind wahrscheinlich besser gediehen als ihre weniger ausdrucksstarken Verwandten, weil Menschen mit vielen Ressourcen, die sie teilen können, auf diesen Blick reagiert haben (nennen wir es intelligente Anatomie!). Wir haben uns für dieses Gesicht entschieden, weil wir es so sehr lieben. Wölfe können es nicht erzeugen. *Canis familiaris* ist der Meister darin.

Und obwohl Wissenschaftler die Gesichtsausdrücke von Hunden einst als bloße „unwillkürliche Äußerungen" abtaten, finden aufgeschlossenere Forscher jetzt Beweise für Absicht – und Intelligenz – hinter diesen Signalen.

Wenn sich Hund und Mensch in die Augen schauen, erleben beide einen Schub an Endorphinen, Dopamin und Prolaktin – allesamt Wohlfühlhormone im Gehirn – sowie Oxytocin, das so genannte „Liebeshormon", so einflussreiche Forschungsergebnisse aus Japan. Die Wissenschaftler bezeichnen dieses Phänomen als „blickvermittelte hormonelle Rückkopplungsschleife" – dieselbe, die auch zwischen menschlichen Müttern und ihren Säuglingen besteht. Forscher der Duke University, die sich mit der Kognition von Hunden befassen, schreiben, dass Hunde im Laufe ihrer und unserer evolutionären Entwicklung offenbar den menschlichen Bindungsweg „gekapert" haben, indem sie Verhaltensweisen wie den Hundeblick angenommen haben, die unsere Fürsorgeinstinkte auslösen. Und da wir den Blick erwidern, beruht der Effekt auf Gegenseitigkeit und verstärkt sich gegenseitig. Der Hund fühlt sich gut. Der Mensch fühlt sich gut. Geben Sie einem Hund zusätzliches Oxytocin zum Schnüffeln, und er wird Sie umso mehr anblicken.

Bei in Gefangenschaft lebenden Wölfen funktionierte dieser Trick nicht (sie nehmen ohnehin nur selten Blickkontakt mit ihren menschlichen Betreuern auf). Eine in der Fachzeitschrift *Science* veröffentlichte Studie ergab, dass bei menschlichen Müttern, die sich Fotos ihrer Kinder und Fotos ihrer Hunde ansahen, dieselben Hirnareale aktiviert wurden, die mit Gefühlen, Zugehörigkeit und Belohnung zu tun haben. „Aspekte unserer Biologie scheinen in bemerkenswert ähnlicher Weise auf Hunde und Kinder abgestimmt zu sein", schreiben die Autoren der Studie.

Wir wissen, dass Hunde wissen, wann wir ihnen Aufmerksamkeit schenken und wann nicht. Untersuchungen haben gezeigt, dass ein Hund, der aufgefordert wird, das Essen in Ruhe zu lassen, es sich eher schnappt, wenn die Testperson die Augen geschlossen hat, ihr den Rücken zuwendet oder abgelenkt ist. Hunde kennen auch die Gerüche menschlicher Gefühlszustände. In einer Studie mit Golden Retrievern und Labradoren wurde untersucht, wie sich Achselschweißgerüche von glücklichen oder ängstlichen männlichen Fremden auf die Interaktionen der Tiere mit diesen Männern und mit ihren Besitzern auswirken. Hunde, die Angstgerüchen ausgesetzt waren, zeigten mehr Anzeichen von Stress und hatten eine höhere Herzfrequenz als diejenigen, die glückliche oder neutrale Gerüche erschnüffelten. Die Angstschnüffler waren weniger an Neuem interessiert, weniger selbstbewusst und bedürftiger und suchten mehr Kontakt zu ihren Besitzern. Sie waren weniger geneigt, mit Fremden in Kontakt zu treten als die Glücksschweiß-Schnüffler.

Darüber hinaus werden unsere Emotionen in den Gehirnen von Hunden spezifisch repräsentiert: Funktionelle MRT-Studien zeigen, dass der Anblick eines „glücklichen“ menschlichen Gesichts bei unseren Hunden eine ausgeprägte Gehirnaktivität auslöst, vor allem im temporalen Kortex, wo komplexe visuelle Informationen verarbeitet werden. Wenn Sie Ihren Hund streicheln, können Sie Stresshormone wie Cortisol und Insulin abbauen und sogar Ihre Herzfrequenz und Ihren Blutdruck senken. Das ist ein weiterer Ausdruck der gegenseitigen Liebe zwischen uns und unseren braven Jungs und Mädels. Wie unglaublich ist das denn? Im Laufe von Generationen koevolutiver Selektion, die sowohl unbeabsichtigt als auch absichtlich stattgefunden hat, haben wir eine so starke Bindung zu Hunden aufgebaut, dass unsere gegenseitigen Gefühle unsere Physiologie verändern.

Es scheint also, dass Hunde sich so entwickelt haben, dass sie uns in- und auswendig kennen. Und ihr Drang, sich mit uns anzufreunden, beginnt bemerkenswert früh. In der wohl lustigsten und chaotischsten Hundestudie aller Zeiten liehen sich Evan MacLean, Emily Bray und ihre Kollegen vom *Arizona Canine Cognition Center* 375 Golden-Retriever-Welpen von *Canine Companions* aus, einer gemeinnützigen Organisation, die Hunde züchtet, um Menschen mit körperlichen Behinderungen und posttraumatischen Belastungsstörungen (PTSD) zu helfen. Sie versuchten herauszufinden, ob es eine genetische Grundlage für die Bindung zwischen Hund und Mensch gibt. MacLean erklärt später gegenüber *Science*: „Die Arbeit mit Welpen ist ähnlich wie die Arbeit mit kleinen Kindern. Es ist eine Balance zwischen außerordentlich niedlichen und lohnenden Momenten und einer Frustration, die einen an den Rand des Wahnsinns bringt. Es gibt nichts, worauf nicht gekaut oder gepinkelt wird, einschließlich der gesamten Forschungsausrüstung, der Kleidung und des eigenen Körpers.“ Das Ziel des Teams? Herauszufinden, ob *Canis familiaris* über eine in seiner DNA kodierte „soziale Intelligenz zwischen den Arten“ verfügt oder ob Haushunde als unbeschriebene Blätter geboren werden. Die Wissenschaftler untersuchten, ob die Welpen, die kaum acht Wochen alt waren und bisher nur wenig Kontakt zu Menschen hatten, menschliche Gesichter betrachten, menschlichen Gesten folgen und sich Menschen nähern würden, um Hilfe und Aufmerksamkeit zu erhalten. Die Hunde taten all diese Dinge. Sie verstanden vom Menschen ausgelöste soziale Signale, ohne zuvor Erfahrung im „Lesen“ von Menschen gesammelt zu haben, was darauf hindeutet, dass Hundewelpen biologisch darauf vorbereitet sind, mit uns in Kontakt zu treten. Und wo immer sie leben, lernen Hunde, wer ihre Freunde sind. Welpen, die zu niemandem gehören, sind in vielen Teilen der Welt einfach Teil der Gemeinschaft;

adaptive Intelligenz ist eindeutig ihre Superkraft. Manche adoptieren einen Menschen oder eine Familie und werden zu einer Art Haustier auf Distanz, das aufgrund seiner sozialen Kompetenz regelmäßig gefüttert wird. In ihrem Buch *What Is a Dog?* schreiben die langjährigen Hundeforscher Raymond und Lorna Coppinger, dass der Dorfhund „eine natürliche Spezies ist … mit einem selbstbestimmten Lebensstil, der perfekt zu ihm passt". Er ist kein „Streuner" – er hat seine eigene Identität. Diese eigenständige Identität hat John und mich nicht davon abgehalten, von dem Gedanken zu träumen, Mr. Ball Dangles von dem Strand in Costa Rica aufzusammeln und ihn mit nach Hause zu nehmen, um ihm ein neues Leben zu schenken. Manche Ethologen würden solche guten Absichten allerdings in Frage stellen und argumentieren, dass Dorfhunde keineswegs verlorene Seelen sind, die „gerettet" werden müssen. Der Versuch, sie in ein eingeschränktes Leben mit Besitzern, Leinen und eingezäunten Gärten zu zwängen, geht oft nach hinten los, wenn die Hunde nicht das Leben annehmen, das wir für sie für das Beste halten.
Die Menschen streiten oft darüber, ob man die Straßen von diesen umherstreunenden Hunden befreien oder sie in Ruhe lassen soll. Ich bin sehr sensibel für die Tatsache, dass freilaufende Hunde beißen und Krankheiten – vor allem Tollwut – verbreiten können, dass sie Vieh belästigen und einheimische Arten bedrohen können. Es wäre naiv zu behaupten, dass die Auswirkungen von Straßenhunden völlig harmlos sind, insbesondere wenn sie in großer Zahl vorkommen. Fragt man Experten wie den Naturschutzbiologen Abi Vanak, ob diese umherstreifenden Hunde ein Problem darstellen, wird er sie als invasive Spezies in ganz Indien bezeichnen, auf ihre Rolle als Beutegreifer, Konkurrenten, Aggressoren und Krankheitserregerreservoire unter den Wildtieren hinweisen und ihre sehr reale Bedrohung für den Menschen betonen.
Und seien wir doch mal ehrlich: Das Leben ist für diese Tiere nicht immer ein Spaziergang im Hundepark. Meine Freunde Pia Sethi und Nadir Khan, die in Gurgaon in der Nähe von Delhi, Indien, leben, haben mehr als zwei Jahrzehnte damit verbracht, Straßenhunde einzufangen, um ihnen die notwendige Pflege zukommen zu lassen, sie gegen Tollwut zu impfen und sie zu kastrieren oder zu sterilisieren. Sie sind Zeugen einer hohen Sterblichkeitsrate unter den Hunden, die sie „Indies" nennen und deren Leben durch Unfälle, Krankheiten, Parasitenbefall, Witterungseinflüsse und Hunger verkürzt wird. Die romantische Vorstellung von der „Freiheit" der Tiere wird dadurch in ein düsteres Licht gerückt. Ganz gleich, wie intelligent die Hunde sind: Wenn es darum geht, sich auf der Straße zu behaupten – und sie sind sehr intelligent – haben Pia und Nadir die Erfahrung gemacht, dass es ihnen „selten gut geht". Die durchschnittliche Lebenserwartung

von freilaufenden Hunden beträgt, wenn man die Welpen mitzählt, nur etwa drei Jahre. (Das ist typisch für kleine bis mittelgroße Fleischfresser in freier Wildbahn, aber es ist ein viel kürzeres Leben als das der meisten gut untergebrachten Haushunde.)

Aber Straßenhunde sind *Hunde*, und zwar ohne Unterbrechung. Statt menschliches Vokabular zu lernen oder einem Menschen die Hand zu schütteln, setzen sie ihre Intelligenz und Kreativität für das ein, was für sie wichtig ist: ihr tägliches Überleben. „Straßenhunde kennen die Umgebung und wissen, wo es Nahrung gibt“, sagt Sethi. „Sie kennen die Stellen, an denen die Menschen Essen und Müll wegwerfen, und sie kennen die Häuser, in denen die Menschen sie mit Essensresten füttern könnten. Eine besonders intelligente Indie-Hündin namens Pipli, sagt sie, macht sich jeden Abend auf den Weg und kommt mit einem Bündel Fladenbrot zurück, weil sie genau weiß, wann und wo sie ihr Essen abholen muss. Bemerkenswerterweise teilt sie ihre Beute mit einem gelähmten Hund, einem anderen Indie, und würgt sogar Futter für ihn hoch. Obwohl die im Dorf und in der Stadt geborenen Hunde scheu sind und nur langsam Vertrauen fassen, ist Sethi nicht überrascht, dass ihre Neigung zu Menschen in ihrer DNA liegt. „Selbst die misstrauischsten unter ihnen sind in städtischen Gebieten an den Menschen gewöhnt“, sagt sie. Hunde, die in einem Rudel leben, werden sich schnell einem Menschen zuwenden, wenn es ihnen nützt. Sie merkt an, dass wir während Diwali, dem Lichterfest, wenn Feuerwerkskörper die Stadt erleuchten, „oft von unseren Indies aufgespürt werden, die die Nacht in der Sicherheit unseres Hauses verbringen. Am nächsten Morgen sind sie dann wieder auf der Straße“. Die Straßenhunde von heute sind anpassungsfähig und offen für eine Beziehung zwischen den Arten, die sich als vorteilhaft für sie erwiesen hat, und geben uns einen Einblick in die Intelligenz ihrer Vorfahren.

Studien über diese Straßenhunde haben wichtige Aspekte der Domestikationsgeschichte aufgezeigt, die zu der bemerkenswerten Beziehung zwischen Mensch und Hund geführt hat. In *What is a Dog?* haben die Coppingers die Forschungsergebnisse verschiedener Gruppen zusammengetragen, die im Laufe der Jahre zu Populationen freilebender Hunde in Mexiko, Italien und anderswo auf der Welt durchgeführt wurden. Diese Studienobjekte waren meist Restefresser auf menschlichen Müllhalden. Den Forschern fiel auf, dass die Populationen der Müllkippenhunde viele pummelige Welpen und eine solide Kohorte erwachsener Hunde umfassten, aber nur sehr wenige Junghunde. Die meisten der entwöhnten Welpen schafften es einfach nicht allein; sie waren im Alter von zwei bis drei Monaten, wenn ihre Mütter aufhörten, sich um sie zu kümmern, noch nicht reif genug, um erfolgreich um Nahrung, Wasser und Schatten zu kämpfen. Dennoch überlebten einige Exemplare offensichtlich bis zum Erwachsenenalter, denn erwachsene Hunde gab es reichlich.

„Wie schafft der Welpe den Übergang von einem fetten Neugeborenen zu einem fortpflanzungsfähigen Erwachsenen?", fragten sich die Forscher. Was sie herausfanden, scheint einen wichtigen Einblick in den Prozess der Domestikation zu geben: Sobald die Mütter aufhörten, ihre Welpen zu füttern, bestand die beste Überlebenschance für die Jungtiere darin, sich von einer aufgeschlossenen Person versorgen zu lassen, erklärten die Forscher und fügten hinzu, dass es hilfreich war, wenn der Mensch den Welpen süß fand. Daraus folgt, dass der Aufbau einer freundschaftlichen Beziehung zu den Menschen, die bereits Nahrungsressourcen bereitstellten, auch für die Jungtiere der frühesten Hunde entscheidend gewesen sein könnte. Das würde bedeuten, dass die soziale Intelligenz, das Verhalten von Angehörigen einer anderen Spezies zu verstehen – und letztlich die Fähigkeit, dieser Spezies zu vertrauen und sie um Hilfe zu bitten –, für die Evolution der Haushunde von grundlegender Bedeutung war, so wie sie auch für das Überleben ihrer modernen Nachkommen wichtig ist.

Hunde sind nicht die einzigen, die die vom Menschen geschaffenen Möglichkeiten nutzen. Als die frühen Menschen alle von uns bewohnten Ecken der Erde veränderten, schufen sie unbeabsichtigt neue Nischen, die nur darauf warteten, gefüllt zu werden. Und andere Tiere taten dies mit Freuden: Von Katzen über Ratten und Stubenfliegen bis hin zu Tauben und Bettwanzen passten sich alle an die neuen Räume an – nicht, weil der Mensch dies bewusst wollte, sondern weil die Evolution es so wollte. Das heißt, die natürliche Auslese hat auf die natürliche Variation eingewirkt, und die Lebewesen, die sich am besten an die vom Menschen dominierten Umgebungen angepasst haben, haben sich auf lange Sicht durchgesetzt. Die Tatsache, dass dies ein so gut ausgetretener evolutionärer Pfad ist, unterstützt die Idee, dass Hunde einen ähnlichen Weg eingeschlagen haben. (Die Evolution ist auf diese Weise effizient.)

Der Mensch hat *Canis familiaris* mit Sicherheit in Hunderte von Rassen mit einer außergewöhnlichen Bandbreite an Größen, Aussehen und Verhaltenstendenzen verwandelt. Ich habe jedoch den Eindruck, dass der früheste Hund nicht so sehr ein Wolf war, der auf menschliche Anweisung hin zum Wuff wurde, sondern vielmehr ein Produkt der natürlichen Ordnung der Dinge, zumindest am Anfang. Und einige der frühesten Mitglieder der Gruppe haben mit ziemlicher Sicherheit selbst die ersten und größten Schritte in Richtung Domestikation unternommen. Kathryn Lord, Evolutionsbiologin an der University of Massachusetts in Amherst, drückt es so aus: „Die Hunde waren nicht vor uns da, aber wir mussten auch keine direkte Kontrolle über sie ausüben oder mit ihnen in Kontakt treten, damit sie sich entwickeln konnten."

So oder so habe ich einen neuartigen Respekt davor, wie Hunde sich an die Nischen angepasst haben, die ihnen überall auf der Welt zur Verfügung stehen. Ist das nicht die Art und Weise, wie die Natur die Besten und Klügsten definiert – diejenigen, die die Fähigkeit zeigen, „es zu schaffen"? Wirklich sehr gut gemacht.

Der Stammbaum der Freundschaft

Das Nachdenken über die Anfänge der Beziehung zwischen Hund und Mensch hat mich zum Nachdenken gebracht: Wer genau sind diese Biester, die sich auf meiner Couch ausbreiten und an meinem Tisch betteln? Woher kommt ihre Art? Und hat ihre Abstammung etwas mit ihrer Intelligenz zu tun?

Die aktuelle „offizielle" Taxonomie der Säugetiere, die inzwischen fast 20 Jahre alt ist, klassifiziert Hunde als eine Unterart des modernen Grauwolfs, *Canis lupus*, und es ist sicherlich populär, über unsere Haustiere als „zahme Wölfe" zu sprechen. Die Vision eines mutigen Steinzeitmenschen, der ein Jungtier aus einem wilden Wolfswurf auswählt und es aufzieht, um die Höhle zu bewachen und bei der Jagd auf Mastodonten zu helfen, übt immer noch eine fast mythische Anziehungskraft auf das Denken einiger Autoren aus. Es ist ja auch eine großartige Story, räumt der Psychologieprofessor Clive Wynne, Gründer des *Canine Science Collaboratory* an der Arizona State University, ein, aber er sagt, dass sie völlig in sich zusammenfällt, wenn man jemals in die Nähe eines echten, lebenden Wolfes gekommen ist. Die einzige Möglichkeit, wie ein Mensch den Versuch überleben könnte, seiner Mutter die Obhut über einen wilden Wolfswelpen zu entreißen, ist, wenn die Mutterwölfin (und vielleicht auch einige andere Rudelmitglieder) tot wären, schreibt er in *Dog Is Love* (dt.: *... und wenn es doch Liebe ist?*). Das heißt nicht, dass es nie passiert ist; vielleicht ist es auch mal so geschehen. (Immerhin nehmen Menschen auch heute noch Jungtiere aus der Wildnis als Haustiere mit). Aber ist dies ein effizienter Weg zur Gründung einer Art?

In der Zwischenzeit sind moderne Hunde und Grauwölfe so miteinander verwandt, wie auch moderne Menschen, Bonobos und Schimpansen verwandt sind. Wir teilen die überwältigende Mehrheit unserer DNA mit unseren engsten Verwandten, den Menschenaffen. Das bedeutet aber nicht, dass der Mensch eine Unterart des Schimpansen ist, sondern dass wir einen gemeinsamen Vorfahren haben. Die meisten Wissenschaftler, mit denen ich gesprochen habe, glauben auf der Grundlage der neuesten genetischen Analysen, dass dies bei *Canis familiaris* und *Canis lupus* der Fall ist: Die beiden teilen sich einen heute ausgestorbenen Verwandten, von dem sich die beiden Linien vor etwa 40.000 bis 27.000 Jahren abspalteten. Hunde sind schon seit sehr langer Zeit eine eigene Tierart.

Unabhängig von ihrer Abstammung sind wir uns alle einig, dass sie nicht gleich als beste Kumpels in das Leben der prähistorischen Menschen sprangen. Wie sich die Beziehung entwickelt hat, ist sicherlich komplex, und es besteht kein Konsens über den geschichtlichen Vorgang. Ist es das Mensch-zähmt-Wolf-Szenario? Vor mehr als einem Jahrzehnt schrieb Mark Derr in *How the Dog Became the Dog*, dass „der Hund dem Wolf inhärent ist"; mit anderen Worten, der Urwolf enthielt von Anfang an das Wesen des Hundes, und die Menschen nahmen diese Wölfe auf und wärmten sie auf. Oder waren die Hunde genetisch auf dem Weg zum Hund, wie einige neuere Studien nahelegen, bevor der Mensch sich ihnen anschloss und sie weiter formte? Eine Art Huhn-Ei-Rätsel? Vielleicht.

Wie genau der „Urhund" vom Rande der Gesellschaft auf die Couch kam, wird wahrscheinlich noch viele Jahre lang Gegenstand heftiger Debatten unter Experten von Archäologen bis hin zu Zoologen sein. Dennoch haben Wissenschaftler physiologische und verhaltensbezogene Unterschiede zwischen Hunden und ihren wilden Vettern herausgefunden, die uns verstehen helfen können, wie es dazu kam, dass sie die Artengrenze überschritten und später ihre beeindruckenden kognitiven Fähigkeiten dem Menschen zur Verfügung stellten. Das ist natürlich mein Interesse, denn die Partnerschaft mit dem Menschen ist ein intelligenter Schachzug (man könnte ihn sogar „hundeschlau" nennen!). Betrachten wir sie also – diese Bereitschaft, einfach in unserer Nähe zu sein.

Auf einer Reportagereise für dieses Buch, auf der Fahrt von Atlanta, Georgia, nach Süden, erspähte ich eine einsame Hündin, die auf einem leeren Stück Autobahn entlanglief. Sie war weiß mit vereinzelten schwarzen Flecken und hatte einen kompakten, blockigen Körperbau, der auf einen Pitbull-Mix schließen ließ. Sie war schmutzig, trug ein zerfleddertes Halsband, aber keine Marke, und sie hatte „diesen Blick" – das gewisse Etwas, das meine Mutter immer in den Augen verlorener Tiere sah, von denen sie wusste, dass sie ihre Hilfe brauchten. Meine Mutter hat mir beigebracht, das auch zu sehen.

Ich wendete das Auto und parkte so, dass sie auf mich zukam. Ich hatte im Kofferraum meines Mietwagens etwas Trockenfutter (lange Geschichte) und streute etwas davon aus, in der Hoffnung, der Geruch würde sie von meinen guten Absichten überzeugen. Als sie näherkam, rief ich ihr mit fröhlicher Stimme zu und machte Kuss- und Gackergeräusche. Ich klatschte. Ich warf mehr Futter. Sie war etwa 15 Meter von mir entfernt, als sie stehenblieb. Sie stand steif da, sah zu, wie ich mir auf die Schenkel klopfte, und hörte auf meine hohen Rufe. Sie schnupperte in die Luft. Ich bewegte mich ein wenig auf sie zu. Sie wich zurück. Ich ging in die Hocke und rief leiser, mit so viel Liebe in der Stimme, wie ich konnte. Sie machte ein paar Schritte vorwärts. Wir beäugten uns gegenseitig. Ich war mir sicher, dass sie mir bald aus der Hand fressen würde.

Ich hatte mich geirrt. Als ich aufstand, tauchte sie plötzlich in das hohe Gras am Grabenrand ein und war verschwunden. Jeder, der schon einmal versucht hat, einen fremden Hund zu fangen und dabei gescheitert ist, hat erlebt, was Tierverhaltensforscher als „Fluchtdistanz" bezeichnen. Der Begriff bezieht sich darauf, wie nah ein Tier einen neuen Reiz an sich heranlässt, bevor es die Flucht ergreift. In dieser Situation war ich der neue Reiz, und die Fluchtdistanz des schwarz-weißen Hundes betrug etwa 14,5 Meter. Das ist ungefähr die Länge eines Reisebusses, und obwohl dies eine unfreundliche Entfernung zu sein scheint, ist es ungewöhnlich nah für Fremde aus zwei verschiedenen Säugetierarten, die sich freiwillig einander annähern (zumindest, wenn keiner der beiden die Absicht hat, den anderen zu fressen).

Als Gruppe haben Hunde eine noch kürzere Fluchtdistanz als mein Straßenhund: In einer Studie über Straßenhunde in Äthiopien berichteten Forscher, dass sie im Durchschnitt etwa fünf Meter beträgt. Wenn es eine Eigenschaft gibt, die den Weg zur Domestizierung ebnete, dann ist es diese Toleranz gegenüber Menschen. Sie ist vielleicht die klügste der vielen klugen Entscheidungen von Hunden: ein Hauptgrund für ihren immensen Erfolg auf der ganzen Welt.

Wäre es ein Wolf gewesen, hätte ich das umherstreifende Tier wahrscheinlich nicht einmal gesehen, geschweige denn, dass ich nahe genug herangekommen wäre, um zu entscheiden, ob es zu schmutzig war, um es in den Mietwagen zu packen (nicht, dass Schmutz mich davon abgehalten hätte). Die Fluchtdistanz von Wölfen ist weitaus größer als die von Hunden: Ein schwedischer Forscher berichtete, dass Wölfe in einem Abstand von 200 Metern zu einem Menschen fliehen. Und mein Freund Dan Cox, ein Wildtierfotograf, der über viele Jahre hinweg ein Portfolio mit großartigen Bildern von wilden Wölfen zusammengetragen hat, hat nie einen einzigen Wolf gesehen, als er in Minnesota aufwuchs, obwohl sein Heimatstaat die größte Konzentration dieser Tiere in den unteren 48 Staaten aufweist.

Als naturverbundener Junge, der auf einer kleinen, an ein Wolfsgebiet grenzenden Farm lebte, hörte Cox nachts ab und zu das Heulen. Aber nach Wölfen Ausschau zu halten, so erzählte er mir, war wie die Jagd nach Geistern. Die Wölfe hielten sich meist außerhalb des menschlichen Lebensraums auf, und diejenigen, die sich ihnen näherten, wurden oft von Farmern verfolgt, die glaubten, dass die Raubtiere eine Bedrohung für ihren Viehbestand darstellten. Die Distanz kam den Wölfen zugute und die Landbesitzer profitierten davon, dass die Wölfe weit wegblieben. Cox entdeckte seinen ersten wilden *Canis lupus* erst Jahre später, als er bei der Fotosafari nach Schwarzbären eine überraschende Begegnung hatte. „Da war er und machte sich bereit, die Straße zu überqueren", erinnert er sich. „Wenn ich zurückdenke, erscheint es mir unglaublich, dass ich nie zuvor einen gesehen hatte. Aber so sind Wölfe nun einmal."

Wie wurde aus *Canis* der *familiaris*?

„Egal, wie intensiv man einen Wolf sozialisiert", sagt Kathryn Lord, „man bekommt keinen Hund." Die Fluchtdistanz ist nur eines der vielen Merkmale, die die beiden unterscheiden. Alle Mitglieder der Gattung *Canis*, also nicht nur Wölfe und Hunde, sondern auch Schakale, Dingos und Kojoten, können sich fortpflanzen und fruchtbare Nachkommen zeugen, wenn sie die Gelegenheit dazu haben und es ihnen an vertrauten potenziellen Partnern mangelt. Aber vom Verhalten her liegen zwischen Wölfen und Hunden Welten. „Die Menschen neigen dazu, das Wolfsein zu verherrlichen", sagt Lord, „aber Hunde sind im Vergleich zu Wölfen evolutionär gesehen immens erfolgreich. Sie sind sicherlich nicht schlechter als Wölfe. Sie sind einfach anders."

Wie unterschiedlich? Lord weiß es. Sie hat 19 Jahre lang in verschiedenen Zoos und Einrichtungen Wolfswelpen in Gefangenschaft aufgezogen und kann bestätigen, dass es eine besondere Herausforderung ist, sie an Menschen zu gewöhnen. Es ist nicht so, dass es nicht machbar wäre, sagt sie. In ihrer Dissertation aus dem Jahr 2010 stellt sie fest, dass es machbar ist, „aber Wölfe benötigen eine intensivere Bindung, um eine weniger intensive Bindung zu erreichen". Und eine kürzlich von schwedischen Forschern durchgeführte Studie stimmte ihr zu und zeigte, dass Wölfe bei extremer Sozialisierung zu einer auf den Menschen ausgerichteten Bindung fähig sind.

Aber bei Wölfen, sagt Lord, muss man *sehr früh* damit anfangen und sich voll und ganz darauf einlassen. Dazu gehört auch, dass man immer nur nach sich selbst riecht und auf Duschen und Deodorant verzichtet, denn Wölfe reagieren nicht gut, wenn sie den Geruch eines anderen nicht mehr erkennen. Um Wölfe dazu zu bringen, ihre soziale Intelligenz auf den Menschen zu übertragen, „muss man in den ersten vier bis sechs Wochen rund um die Uhr mit ihnen zusammen sein, danach bis zu 16 Wochen alle wachen Stunden, und dann täglicher Kontakt für den Rest ihres Lebens“, sagt Lord. „Und was man bekommt, ist kein Hund, sondern ein Canide mit intaktem Jagdinstinkt. Man sollte ein Wolfsgehege nicht einmal betreten, wenn man eine Verletzung oder eine Erkältung hat. Selbst wenn du sie aufgezogen hast und sie dich gut kennen, könnte deine veränderte Bewegung ihr Raubtierverhalten auslösen. Sie merken vielleicht gar nicht, dass sie dich kennen, bis du auf dem Boden liegst.“

Auch in kognitiver Hinsicht sind sich die beiden Caniden nicht ähnlich. „Hunde und Wölfe haben eine sehr unterschiedliche Art von Intelligenz“, sagt Lord. „Ein Wolf versteht Ursache und Wirkung vollkommen und wird eine Situation beobachten und herausfinden, was vor sich geht. Er wird auch hartnäckig versuchen, ein Problem eigenständig zu lösen, egal wie unmöglich es auch sein mag. Ein Hund? „Er schummelt“, sagt Lord. Wenn die beiden einen Test machen würden, würde sich der Wolf den Hintern abarbeiten, „während der Hund sich in der Klasse umdreht und fragt: ‚Psssst, was hast du bei Nummer neun rausbekommen?‘ Und er würde das klügste Kind der Klasse zum Schummeln aussuchen! Das ist eine absolut erfolgreiche Strategie, die aber eine ganz andere Art von Gehirnleistung erfordert.

Lord bezieht sich dabei unter anderem auf Forschungsergebnisse, bei denen sich Wölfe als hartnäckig bei dem Versuch erwiesen, Probleme allein zu lösen, während Hunde „aufgaben“ und menschliche Beobachter um Hilfe baten. Eine Studie der Tierverhaltensforscherin Friederike Range vom *Wolf Science Center* in Ernstbrunn bei Wien, Österreich, aus dem Jahr 2019 legt nahe, dass vom Menschen sozialisierte Wölfe genauso gut wie Hunde *in der Lage* sind, mit Menschen bei Aufgaben zu kooperieren – insbesondere bei der Koordinierung ihrer Handlungen mit einem menschlichen Partner bei einem Versuch zur Nahrungsbeschaffung. Die Wölfe in Ranges Studie waren jedoch weniger als halb so oft wie Hunde bereit, sich von Menschen leiten zu lassen und gingen allein zu einer neuen Aufgabe über, während die Hunde einem Menschen den ersten Schritt überließen.

Wie Lord feststellte, bedeutet Unabhängigkeit nicht unbedingt eine höhere Intelligenz – nur eine andere Art von Intelligenz. Man könnte sogar behaupten, dass das Gegenteil der Fall ist: Besonders wenn es auf Effizienz ankommt, ist es klug, um Hilfe zu bitten, wenn eine Hilfsquelle in der Nähe ist. Das ist die hündische Version des Anhaltens und Fragens nach dem Weg. Wolf: *Es muss hier irgendwo sein, verdammt noch mal!* Hund: *Fahr da zu der Tankstelle, halt an und frag.* Wolf:

Ich habe mein ganzes Leben hier verbracht, ich werde das doch wohl finden! Hund: *Das ist doch lächerlich. Wir werden zu spät kommen.* Wolf: *Schhhh! Ich muss mich konzentrieren!* Hund: *Augen rollen.* Und so weiter.

Nachdem sie aus erster Hand erfahren hatte, wie schwierig es ist, Wolfswelpen an Menschen zu gewöhnen, machte sich Lord auf die Suche nach den Grundlagen der Freundlichkeit von *Canis familiaris*. Dabei stellte sie einige wichtige Verbindungen her, die helfen, die soziale Intelligenz von Hunden zwischen den Arten zu erklären.

Wie viele Säugetiere werden auch Wölfe und Hunde blind und taub geboren: Es dauert Wochen, bis alle ihre Sinne voll funktionsfähig sind. Aber kleine Wölfe, deren Beine früh und schnell an Kraft gewinnen, gehen schon früher auf Wanderschaft – im Alter von nur zwei Wochen, wenn ihre Augen und Ohren noch verschlossen sind. Hundewelpen sind erst im Alter von etwa vier Wochen stark genug, um ihre Umgebung aktiv zu erkunden.

Dieses Timing ist wichtig, denn es bedeutet, dass die beiden Tiere die „primäre kritische Phase der Sozialisierung“, eine Phase der raschen Gehirnentwicklung und furchtlosen Erkundung, sehr unterschiedlich erleben. Wie beim Umherstreifen beginnt sie bei Wölfen mit etwa zwei Wochen, wenn nur ihre Nasen Informationen sammeln; wenn sich das primäre Sozialisierungsfenster etwa vier Wochen später schließt, fangen sie gerade erst an zu sehen und zu hören. Das bedeutet, dass während der anschließenden „Angstphase“ viele neue sensorische Informationen eintreffen, die Wölfe für den Rest ihres Lebens misstrauisch gegenüber Neuem machen. Bei Hunden beginnt die kritische Periode zwei Wochen später, wenn alle ihre Sinne voll funktionsfähig sind. Welpen sammeln also eine Menge Details über ihre Welt, während sie noch so ziemlich alles im Ordner „Ist das Leben nicht toll?“ abspeichern.

Diese Neugier wird bei Wölfen nach etwa sechs Wochen und bei Hunden nach etwa acht Wochen von der Vorsicht abgelöst, die angesichts des Unbekannten zur Selbsterhaltung dient. Zu diesem Zeitpunkt sind letztere bereits mit allen möglichen Gerüchen, Geräuschen und Sehenswürdigkeiten vertraut. Im Vergleich zu jungen Wölfen kommen Hunde mit Neuem besser zurecht und sind weniger ängstlich – auch gegenüber Menschen. In dieser kritischen Phase braucht ein Welpe weniger als zwei Stunden, um zu entscheiden, dass Menschen im Allgemeinen in Ordnung sind, wenn er einmal mit einer einigermaßen angenehmen Person in Kontakt kommt.

Der Zeitpunkt der kritischen Periode unterstützt also die soziale Intelligenz von Hunden zwischen den Arten. Gleiches gilt für ihre Gene. Das gesamte Hundege-

nom wurde erstmals 2005 sequenziert, und seitdem haben Wissenschaftler darin herumgestochert, um besser zu verstehen, welche Gene welche Aufgaben haben. Selten gibt es eine einfache Beziehung zwischen Ursache und Wirkung zwischen einem oder einer Handvoll Genen und einem bestimmten Verhalten – Genetik und Verhalten sind beide komplex, und in der Regel sind viele Gene beteiligt.
Die Evolutionsbiologin Bridgett von Holdt aus Princeton und ihre Kollegen, darunter Clive Wynne von der Arizona State University, fanden jedoch eine seltene Ausnahme von dieser Regel, über die sie 2017 berichteten: Das Team brachte ein Trio von Genen mit dem „übertriebenen Interesse“ von Hunden am Menschen in Verbindung, und mindestens eines dieser Gene veränderte sich während des langen Prozesses der Domestizierung erheblich. Dieselben Gene sind beim Menschen am so genannten Williams-Beuren-Syndrom (WBS) beteiligt – einer Erkrankung, die unter anderem zu einer übersteigerten Soziabilität führt.
„Dieser Befund deutet darauf hin, dass es Gemeinsamkeiten in der genetischen Architektur von WBS und Hundezahmheit gibt“, schreiben die Autoren in ihrem *Science*-Artikel und fügen hinzu, dass „die Selektion möglicherweise auf eine einzigartige Gruppe miteinander verbundener Verhaltensgene mit großer phänotypischer Wirkung abzielte, die eine rasche Verhaltensdivergenz von Hunden und Wölfen ermöglichte und die Koexistenz mit dem Menschen erleichterte“. Übersetzung? Ein Teil der sozialen Intelligenz, die es Hunden ermöglicht, friedlich mit anderen Spezies, einschließlich uns, zusammenzuleben, stammt sehr wahrscheinlich aus diesem winzigen Abschnitt des Genoms.
Die Forscher fanden auch heraus, dass strukturelle Varianten in diesen Genen wahrscheinlich für ein unterschiedliches Maß an Kontaktfreudigkeit bei verschiedenen Hunderassen verantwortlich sind, und zwar auf eine Art und Weise, die gut zu unseren typischen Beschreibungen der Tendenzen von Hunderassen zu Freundlichkeit oder Unnahbarkeit passt. Die Gene Gtf2i und Gtf2ird1 Ihres Golden Retrievers – auf Chromosom 6, falls Sie sich das gefragt haben – sind also nicht ganz die gleichen wie die des Chow-Chows Ihres Nachbarn oder meines Jindo Geddy. Die Genvariationen bei den letztgenannten Rassen sind zumindest teilweise für ihre relative Zurückhaltung in der Beziehung zwischen den Rassen verantwortlich. Vielleicht erklärt dies Geddys Weigerung, meinen liebevollen Blick zu erwidern, wie es viele andere Hunde tun. Wenn er auf meine emotionalen Annäherungsversuche mit einem kühlen Abwenden des Kopfes reagiert, kann ich diesen Varianten auf Chromosom 6 ein paar ernsthafte Seitenblicke zuwerfen.

Abfallfresser, Jäger, Partner

Mit der genetischen Architektur, die die Geselligkeit unterstützt, „ist der erste Schritt, um ein Hund zu werden, die Anpassung an die anthropogene Nische und das Leben von unserem Abfall", erklärt mir Kathryn Lord. „Der zweite Schritt, sobald man ein Hund ist, besteht darin, diejenigen Nischen zu nutzen, die dem Menschen näher sind", indem man jemandem Hundeblicke schenkt und „möglicherweise ein wenig bevorzugt wird".

Vor allem, wenn man bedenkt, wie die heutigen Straßenhunde ihren Lebensunterhalt bestreiten, ist es vernünftig, dass viele Experten die Vorstellung vom wolfsflüsternden Höhlenmenschen durch die These von den klugen Hunden der Vorfahren ersetzt haben, die sich an den nahrhaften Abfällen der menschlichen Siedlungen bedienen. Man kann sich vorstellen, wie die von Natur aus menschenverträglicheren Hunde die frischesten Abfälle und vielleicht auch besondere Leckerbissen von frühen Hundeliebhabern bekamen. Besser ernährt, wären diese Hunde bei der Fortpflanzung erfolgreicher, wobei die natürliche Auslese dazu beiträgt, die Misanthropen, sprich Menschenfeinde, auszusortieren, die sich am Rande der Müllhalden verstecken.

Es ist nicht sonderlich romantisch, aber der Abfall hat Menschen und Hunde höchstwahrscheinlich zusammengebracht, sagen diese Experten. „Für jeden von uns, der einen Hund und einen Mülleimer in der Küche hat, macht das Sinn", sagt Wynne. „Das Durchsuchen von Abfällen ist ein wichtiger Bestandteil des Repertoires von Hunden. Das Durchsuchen unserer Abfälle hat die Hunde letztlich auch innerlich verändert: Mit dem Aufkommen und der Ausbreitung der Landwirtschaft und insbesondere des Getreideanbaus entwickelten Hunde durch Veränderungen in wichtigen Genen für die Verarbeitung von Kohlenhydraten die Fähigkeit, unsere stärkehaltigen Reste zu verdauen – etwas, was Wölfe, die auf Fleisch angewiesen sind, nicht können.

Irgendwann haben *Homo sapiens* und *Canis familiaris* dann damit begonnen, sich in die Augen zu schauen – etwas, das bei den meisten wilden Tieren nie der Fall ist, es sei denn, es steckt Aggression dahinter. Die Bereitschaft der frühen Hunde, unseren Blick in freundlicher Absicht zu erwidern, war für den Domestikationsprozess von großer Bedeutung und förderte ein Gefühl der Verbundenheit, das zu Partnerschaften bei einer Vielzahl von Unternehmungen geführt hat – von unserem Schutz über die Unterstützung beim Finden neuer Siedlungsplätze bis hin zur Sicherung unserer gemeinsamen Nahrung. Einige Experten spekulieren, dass prähistorische Müllkippenhunde gebellt oder geknurrt hätten, wenn sich ihnen unbekannte Tiere oder Menschen näherten – und so, wenn auch unabsichtlich, die Menschen in der Nachbarschaft vor einem potenziell gefährlichen Eindringling gewarnt hätten. 2017 fanden Forscher im arktischen Sibirien Beweise dafür, dass die Menschen schon vor 9.000 Jahren huskyähnliche Hunde zum Ziehen von Schlitten einsetzten.

Wynne glaubt jedoch, dass der Beginn der kooperativen Jagd den Zeitpunkt markiert, „an dem die Verbindung zwischen Mensch und Hund wirklich zu der starken emotionalen Bindung wurde, die wir heute kennen". Er geht davon aus, dass die gemeinsame Jagd von Hunden und Menschen wahrscheinlich zunächst zufällig begann, als einige frühe Dorfhunde einer Gruppe von Menschen folgten, die auf die Jagd gingen. „Aber ich bin sicher, dass sich daraus schnell eine starke Beziehung entwickelte", schreibt er in *Dog Is Love*. Während das Abfallfressen den menschenverträglichen Tieren eine evolutionäre Nische bot, „hätte die Jagd diesen Urhunden die Möglichkeit gegeben, ihren Wert für den Menschen zu beweisen".

Ich war neugierig darauf, ein Gefühl dafür zu bekommen, wie solche ursprünglichen Partnerschaften funktioniert haben könnten. Also wandte ich mich den Jagdhunden zu, die in meinem Teil des Landes reichlich vorhanden sind. An einem kalten, stürmischen Tag im Spätfrühling fuhr ich über eine schlammige Farm in Remington, Virginia, zu Shady Grove Kennels, wo Dutzende von Welpen für eine Prüfung im Apportieren, einer wichtigen Jagdtechnik, vorgesehen waren. Die überwiegende Mehrheit waren Labradore, darunter alle drei anerkannten Farbschläge und ein oder zwei Curly Coats. Zwei Richter kauerten unter einem kleinen Zeltdach am Rande eines Feldes, Klemmbretter für die Bewertung auf dem Schoß, heißen Kaffee und einer Tüte Brownies in der Hand.

Die Feldprüfung jedes Hundes wurde mit einer Reihe von besonderen Hilfsmitteln bestritten: einer Entenpfeife, einer Schrotflinte, einer mechanischen Schleuder und drei toten Stockenten. Die Hunde wurden auf ihre Fähigkeit geprüft, an der Leine zu warten, während drei Vögel „geschossen" wurden, und sie dann einzeln zu apportieren, wobei sie den Anweisungen ihres Hundeführers folgen mussten. Auf Plattformen im Feld standen jeweils eine mechanische Entenschleuder (eine Art Tennisballwerfer, der zum Himmel gerichtet ist) und ein Mann mit einer Entenpfeife und einer 20-Kaliber-Flinte.

„Nummer 17 an die Leine", rief ein Richter, und eine Frau trat mit einem schlanken schwarzen Labrador vor, der an ihrem linken Bein zitterte. Der Hund setzte sich auf ihr Kommando „bei Fuß", und die Richterin hob eine Kelle, den Zuschauern auf den Podesten signalisierend, dass sie bereit waren. Die Prüfung begann.

Plattform eins wurde zum Leben erweckt – wie *Angry Birds* mit einer morbiden Note. Die Entenpfeife quakte, was die Aufmerksamkeit des Hundes erregte, und mit einem Knall wurde die erste tote Stockente über das Feld geschossen. Als sie „flog", *pop-pop,* schoss der Schütze sie aus dem Himmel. Von Plattform zwei aus dann die gleiche Abfolge: *Quaken* (der Hund schaut), Donnern der Entenschleuder, *Pop-Pop* mit der Flinte, der Vogel fällt. Zuletzt, von Plattform drei: *Quaken, Plopp, Pop-Pop,* Ente runter. Die drei Vögel lagen nun irgendwo im Gras, weit voneinander entfernt, und die Aufgabe des Hundes bestand darin, sie auf Kommando schnell zu apportieren. Zu diesem Zeitpunkt hatte ich die Enten eins und zwei schon völlig aus den Augen verloren. Sogar Ente drei, wenn ich ehrlich bin. Aber Hund 17 hatte die Spur nicht verloren. Er wusste genau, wo sie waren.

Nebenbei bemerkt: Ich bin keine Jagdgegnerin, aber ich muss zugeben, dass ich erleichtert war, dass die Vögel schon vor ihrem „Flug" tot waren. Selbst der Anblick der toten Vögel, die wie Kanonenkugeln abgeschossen wurden, war erschütternd. Sie drehten sich beim Auffliegen mit dem Schnabel über den Schwanz, und wenn man mit einer Schrotflinte auf sie schoss, stoben die Federn davon, bevor sie auf den Boden fielen. Ich bin mir ziemlich sicher, dass ich jemanden gehört habe, der das Laden des Abschussgeräts „re-ducking" nannte. Bei jedem neuen Knall musste ich denken: „Ende der Ente."

Ein Entenhund hat eine scheinbar ziemlich einfache Aufgabe: Aufpassen, sich merken, wo der Vogel landet, ihn holen, ihn mit dem charakteristischen „weichen" Maul der Retrieverrassen zurücktragen und ihn ohne Anknabbern aushändigen. Die Jagd mit dem Menschen ist eine abgewandelte Version der Jagd, die die Vorfahren der Hunde für sich selbst betrieben haben – ein auf Selbsterhaltung ausgerichtetes, kooperatives Verhalten, das ihnen letztlich mehr nützt, als wenn sie sich die Ente schnappen und davonlaufen würden.

Wenn es um Menschen geht, sind Hunde Meister des „ko" in „kooperieren". Aber die Aufgabe ist schwieriger und komplexer als es scheint. Auf einer echten Jagd muss ein Hund etliche Ablenkungen ignorieren – andere Jäger, andere Hunde, wilde Tiere, eine wunde Pfote oder ein juckendes Ohr, eine ständige Flut von verlockenden Gerüchen. Und er muss sich an alle möglichen Bedingungen anpassen: unbeständiges Wetter, böiger Wind, schwieriges Gelände, ein launischer Besitzer. Selbst unter den strukturierten Bedingungen der Prüfungen kann ein Hund leicht die Konzentration verlieren. Die leistungsstärksten Hunde waren aufmerksam und aufgeregt, hatten sich aber unter Kontrolle: „Wir wollen Trieb sehen", erklärt mir ein Richter, „aber kontrollierten Trieb. Ein Hund, dessen Körper seinem Verstand voraus ist, wird es schwer haben. Wir brauchen ihn zum Denken."

Es geht darum, sich für Selbstbeherrschung zu *entscheiden*. Mir war aufgefallen, dass der Besitzer eines besonders eifrigen Hundes nach dem Aufprall von Ente drei ein paar zusätzliche Klopfer machte, wie beruhigende Atemzüge für den Hund, bevor er das Tier auf seinen Weg schickte. Dies geschah eindeutig, um dem Hund zu helfen, seine Energie zu bündeln und sich zu konzentrieren, anstatt sie in einem wilden Lauf zu verschwenden. „Sie haben viel Geduld mit ihm", sagt der Richter zu dem jungen Hundeführer.

Ein unkontrollierter Hund wird sowohl bei der Prüfung als auch im Feld versagen. Bei Prüfungen ist ein Hund, der dem Kommando vorauseilt oder eine andere Duftspur aufnimmt und den Vogel mitten im Lauf „wechselt", raus. Ein guter Hund läuft schnurstracks auf die Markierung zu und „jagt" den Vogel mit Hilfe des Geruchssinns, über den Hunde in Hülle und Fülle verfügen. Wenn er vom Weg abkommt und „bearbeitet" werden muss, achtet ein kluger Hund genau auf seinen Besitzer an der Leine und reagiert sofort. Hund 17 hat alle drei Enten aufgetrieben, ohne Probleme.

Dann kam der Blindtest, bei dem der Hundeführer den Hund allein mit Pfiffen und Gesten zu einem vierten Vogel führen muss. Ein erfahrener Hundeführer mit einem aufmerksamen Tier kann den Hund im Zickzackkurs zum Ziel führen, ohne ein Wort zu sagen. „Aufmerksam" ist hier das Schlüsselwort: Wie ich während meiner Recherche immer wieder feststellen konnte, muss die unsichtbare Leine zwischen Hundeführer und Hund straff bleiben, damit solche gemeinsamen Unternehmungen funktionieren. Kommunikation ist alles. Ein guter, kluger Entenhund ist zielstrebig und ausdauernd in seinen Bemühungen. Aber wenn er das Ziel verfehlt, nimmt er Hilfe an – und bittet sogar um Hilfe – von seiner Person. Auf diese Weise ist er anpassungsfähig. Das ist genau das, was man von einem Tier erwartet, das auf wunderbare Weise gelernt hat, sich die ihm zur Verfügung stehenden Mittel zunutze zu machen. Er hat uns an der Leine. Und obwohl unser engstirniges Denken manchmal hinderlich sein kann, ist es doch so: Wenn ein Hund unsere Hilfe braucht, haben wir ihm tatsächlich etwas zu geben.

KAPITEL 2

DIE HUNDESCHLAU-FORSCHUNG

Heutzutage erforschen Wissenschaftler mehr und mehr den inneren Hund. Sie stellen Fragen zum Denken, Fühlen, Lernen und Verhalten von Hunden, die Forscher bisher noch nie gestellt haben. Die verblüffenden Ergebnisse haben dieses Buch inspiriert.

Warum aber hat sich der Schwerpunkt geändert? Zum Teil liegt es wohl am Zugang: Es sind Technologien verfügbar geworden, die anspruchsvollere Untersuchungen als früher ermöglichen. Es liegt auch an der größeren Reichweite, die das Internet ermöglicht. Forscher können jetzt leicht mit einer großen Anzahl begeisterter Probanden über Tastatur und Video in Kontakt treten und Datensätze zusammenstellen, die wirklich aussagekräftige Geschichten erzählen können.

Die stärkste Triebkraft ist jedoch ein Wandel in der Sichtweise. Die alte Vorstellung, dass nicht-menschliche Lebewesen völlig „anders" sind, dass sie kaum Gedanken oder Gefühle haben oder glasäugige Roboter sind, die nur auf ihren Instinkt angewiesen sind, verliert an Boden. Überall im Tierreich entdecken Forscher Fähigkeiten, die selbst die hartgesottensten „Menschen zuerst – Verfechter" dazu zwingen, anzuerkennen, dass unsere Spezies nicht die einzige ist, die xyz kann.

Zu diesem Punkt habe ich eine schnelle Onlinesuche durchgeführt. Sofort erschien eine Fülle von Artikeln, die belegen, dass Elstern altruistisch handeln, Krähen bestimmte Muster besser erkennen als Affen, Schimpansen Schreie zu etwa

400 „Wörtern" kombinieren und Kraken, die besonders verärgert sind, sich gegenseitig mit Dingen bewerfen. Bei Hunden stellt sich nicht mehr die Frage, ob sie kooperieren, planen und Probleme lösen können, verschiedene Arten von Mathematik beherrschen, zwischen Farbe, Größe und Art des Objekts unterscheiden oder sogar das Konzept der Null verstehen. (Sie können.)

Die Einstellung, die sich aus solchen Erkenntnissen ergibt und von ihnen angetrieben wird, hat es den Wissenschaftlern erlaubt, mit alten Annahmen darüber aufzuräumen, was Tiere (Hunde inbegriffen) können und was nicht. Sie erlaubt es ihnen auch, Fragen zu stellen, die früher als unnötig oder unbeantwortbar galten. Man denke beispielsweise an den Moment im Jahr 1995, als der renommierte Hundeforscher Brian Hare die damals gängige Überzeugung widerlegte, dass Hunde menschlichen Zeigegesten nicht folgen könnten. Auf der Grundlage von Studien, die zeigten, dass Menschenaffen dies nicht können – und als unsere nächsten Verwandten und die vermeintlich „klügsten" Tiere lagen ihre Fähigkeiten lange Zeit die Messlatte hoch –, wurde angenommen, dass andere Tiere dies sicher auch nicht könnten oder wollten. Als Student machte sich Hare daran, das Gegenteil zu beweisen, indem er in der Garage seiner Eltern ein einfaches Experiment vorbereitete. Er versteckte einen Keks unter einem von zwei Bechern und kontrollierte die Geruchsspuren, um zu testen, ob das Tier, wenn er dem Hund in die Augen sah und auf ihn zeigte, den gezeigten Becher wählte. Das tat der Hund. Diese Arbeit bewies nicht nur die Fähigkeit von Hunden, Gesten zu folgen, sondern begründete auch die Karriere von Hare.

Denken wir auch an die renommierte Tierverhaltensforscherin Temple Grandin. Ihre Arbeit zur Verbesserung der Lebensqualität kommerzieller Nutztiere hat gezeigt, dass die psychologische Seite der Tiere – ihre Sinneswahrnehmungen und Empfindlichkeiten, ihre Ängste und Vorlieben – bei der Tierhaltung berücksichtigt werden und die Tiere so gehalten werden können, dass sie nicht nur humaner, sondern auch effizienter, kostengünstiger und weniger gefährlich für die beteiligten Menschen sind. Ihre Art und Weise, durch die Augen eines Tieres zu sehen und Probleme aus der Sicht des Tieres zu lösen, hat zweifellos Hundeforscher und -ausbilder dazu veranlasst, ihren Schützlingen den gleichen Respekt entgegenzubringen.

Neues Denken über das innere Tier hat noch mehr faszinierende Forschungsrichtungen ermöglicht, die die Liste der Fähigkeiten von Hunden erweitern. Nur wenige Studien haben untersucht, ob unsere Hunde kreativ (frei definiert als die Fähigkeit, neue Ideen zu entwickeln) sein können, aber ein populärwissenschaftliches Projekt des Eckerd College in Florida aus dem Jahr 2022, an dem Trainer über eine Facebook-Gruppe teilnahmen, zeigte, dass Hunde sich flüssig, flexibel und originell verhalten können. Auf der Grundlage von Arbeiten, die zuerst mit Delfinen und Orcas durchgeführt wurden, wurden fünf Hunde darauf trainiert, auf verbale Hinweise hin neue Verhaltensweisen zu zeigen. Das bedeutete, dass sie verstehen mussten, dass der Trainer jedes Mal etwas anderes wollte als eine zuvor gezeigte Reaktion und dass sie sich daran erinnern mussten, ihre eigenen Handlungen nicht zu wiederholen. Alle fünf Hunde, die aus verschiedenen Rassen, Mischlingen und Altersgruppen stammten, waren in mehr als 70 % der Fälle in der Lage, nicht wiederholte Verhaltensweisen auf Kommando auszuführen, und drei von ihnen lagen in mehr als 84 % der Fälle richtig. Diese Fähigkeit könnte sich für Arbeitshunde als äußerst nützlich erweisen, da viele von ihnen bei der Arbeit mit komplexen Problemlösungsaufgaben konfrontiert sind.

Obwohl ich „Intelligenzhierarchien" von Tieren ablehne, weil ich inzwischen nicht mehr glaube, dass Intelligenz so geradlinig funktioniert, kann ich mit Fug und Recht behaupten, dass kein anderes Tier so sehr in unsere Welt eingebettet, so sehr an unsere Nische angepasst oder so sehr in unseren Herzen verankert ist wie *Canis familiaris*. Und während sich die Einstellung zu Tieren im Allgemeinen ändert, gibt die wachsende Anerkennung der Bedeutung der Beziehung zwischen Mensch und Hund – sowohl in ihrer Entstehung vor Tausenden von Jahren als auch in ihrer heutigen Ausprägung – den Wissenschaftlern Anlass, das Was, Warum und Wie zu untersuchen. Fragen, die früher unter Hundeliebhabern vielleicht nur Kopfschütteln hervorriefen, haben das Interesse von Menschen mit wissenschaftlichem Know-how und Ressourcen geweckt und Forscher dazu veranlasst, anspruchsvolle Studien als Antwort darauf zu entwickeln. Die Themen, die auf dem Tisch liegen, sind faszinierend: Was geht im Gehirn von Hunden vor? Was können wir über die neuronalen Grundlagen der Interaktionen von Hunden mit uns lernen? Und was sagen uns diese Grundlagen über die Entwicklung der kognitiven und emotionalen Fähigkeiten von Caniden? Kluge Leute mit Hightech-Instrumenten gehen der Sache auf den Grund.

Obwohl ich mich also vor allem dafür interessiere, was es für einen Hund bedeutet, ein kluger Hund zu sein, bin ich auch daran interessiert, was die Menschheit tun muss, um diese Frage zu beantworten – und warum wir überhaupt daran interessiert sind, sie zu stellen.

Das fMRT sagt ...

Ich spähte über die Schulter eines Psychologiestudenten der Auburn University durch ein Fenster in den Bildgebungsraum nebenan und beobachtete, wie ein kleiner schwarzer Labrador namens Zeus auf den langen Tisch sprang und sich mit ein wenig Zureden seines Betreuers auf eine grüne Matte legte. Sein Kopf, der mit einem lilafarbenen Ohrenschützer umwickelt war, verschwand in der Röhre. Ich richtete meinen Blick auf den Computermonitor vor uns, der den Blick auf Zeus' kleines Gesicht freigab, das wie eine in eine Olive gestopfte Pimiento durch den engen Lichthof der Maschine ragte. Er schien entspannt zu sein, sein Schwanz wedelte auf der Matte hin und her. Dies war nicht seine erste Magnetresonanztomographie.

Eigentlich war es eine von vielen Übungssitzungen für eine Studie, die vier Scans erfordern würde. Zeus war einer der wenigen Hunde in Auburn, die als Versuchstiere für fMRT-Studien (funktionelle Magnetresonanztomographie) ausgebildet wurden. Ich bat meine Gastgeber an der Universität, mich einen Blick hinter den Vorhang der Welt der intelligenten Hunde werfen zu lassen, und so führten sie Zeus herein, um ihn seinem neugierigen Gast vorzustellen. Eine halbe Minute lang lag er still und sein Trainer gab ihm mit einem Clicker und Leckerlis zu verstehen, dass er sich gut anstellte. Doch schon bald wurde er unruhig, stand plötzlich auf, drehte sich um und schnüffelte an der Matte, auf der sein Hinterteil gelegen hatte. Nix da. Das geht nicht, Hündchen. Versuchen wir es noch einmal.

Beim nächsten Mal blieb er etwa zwei Minuten lang liegen, während die Maschine lief, und seine innersten Gedanken wurden auf dem Bildschirm als helle und dunkle Bereiche auf etwas dargestellt, das aussah wie zwei faltige Walnusshälften. Das Bild verriet mir natürlich nicht, was der Hund dachte. Aber es zeigte, wo sich die Hirnaktivität konzentrierte, was für Wissenschaftler, die die Anatomie des Gehirns viel besser kennen als ich, Bände spricht.

Wenn man die Psyche eines Hundes wirklich verstehen will, muss man sich dorthin begeben, wo die Gedanken, Gefühle, Erinnerungen und Wahrnehmungen schwirren. Die Technologie holt unseren Wissensdrang ein, und heute sind wir dem Stand von vor 20 oder gar 10 Jahren weit voraus. Und es sind nicht nur die Fortschritte selbst, sondern auch die Tatsache, dass Hunde uns erlauben, die neue Technik auf überraschende Weise bei ihnen einzusetzen. Die Mitarbeit von Hunden wie Zeus öffnet ein Fenster zu einer ganz neuen Welt.

Die fMRT wurde Anfang der 1990er Jahre erfunden und hat die Art und Weise, wie wir über unsere Gedanken nachdenken, schnell revolutioniert. Mithilfe von

Radiowellen und Magneten zeichnet ein fMRT-Scan ein hochauflösendes Bild des Gehirns und zeigt, wo die Neuronen aktiv sind, während das Blut zu ihrer Versorgung fließt. So kann ein Forscher einer Person (oder einem anderen Lebewesen) einen Reiz geben und sehen, wo im Gehirn die Informationen verarbeitet werden. Das ist ein bemerkenswertes Instrument. Wenn Sie sich jedoch schon einmal einer MRT-Untersuchung unterzogen haben, wissen Sie, dass es sich dabei um eine besondere Art von Hölle handelt, bei der Sie nicht nur unbeweglich bleiben müssen, sondern sich im quasi in einem Sarg befinden, während in willkürlichen Abständen scheinbar schwere Metallpfannen über Ihrem Kopf zusammengeschlagen werden und die Lautstärke auf 11 aufgedreht wird. Jahrzehntelang haben Forscher eine frühere Form der MRT (ohne das „f") verwendet, um ausschließlich die Gehirne betäubter Tiere für anatomische und veterinärmedizinische Studien zu untersuchen. Um jedoch eine lebendigere Geschichte zu erhalten, also einem Hund bei vollem Bewusstsein Fragen zu stellen und zu sehen, wie sein Gehirn in Echtzeit reagiert, musste man erstmal einen überzeugen, freiwillig mitzumachen. In einer Reihe von Einrichtungen, darunter Auburn, die Emory University in Atlanta und die Eötvös Loránd Universität in Ungarn, haben sich Forscher und Trainer – zwei Arten von Experten, die normalerweise mit unterschiedlichen Denkweisen an Hunde herangehen – zusammengetan, um etwas Bemerkenswertes zu erreichen: Sie haben Hunde dazu gebracht, in dieser engen, unnatürlichen und lauten Umgebung mit null Bewegungsspielraum minutenlang still zu liegen. Die Null ist wörtlich zu nehmen, denn jede Bewegung macht die teuren und zeitaufwändigen Scans praktisch unbrauchbar. Hunde waren nicht die erste nichtmenschliche Spezies, die mit der fMRT experimentiert hat; Ratten, Tauben und Affen haben alle an verschiedenen Bildgebungsstudien teilgenommen. Hunde lassen sich jedoch dazu überreden, die Untersuchung unangeleint durchzuführen, was ein viel freundlicheres, sanfteres Experiment ermöglicht, das validere Vergleiche mit menschlichen Studien zulässt.

Der Emory-Neurowissenschaftler Gregory Berns hatte viele Fragen, die das fMRT beantworten könnte – viele davon bezogen sich darauf, wie Hunde über ihre menschlichen Begleiter denken und fühlen. Die Scans würden durch die neuronalen Reaktionen der Tiere auf verschiedene Reize für sie sprechen. Eine Strategie zum Vergleich der Gehirnstrukturen von Hunden und Menschen, die so genannte funktionelle Homologie, würde Aufschluss darüber geben, was es bedeutet, wie ein Hund zu denken, ein Hund zu sein.

Berns hatte Berichte von Militärhunden im Kopf, die darauf trainiert wurden, aus Hubschraubern zu springen, und dachte, dass man Hunde auch in eine fMRT-

Röhre locken könnte. Also holte er sich die Hilfe von Mark Spivak, dem Inhaber von *Comprehensive Pet Therapy* (CPT), einem Hundetrainingsunternehmen in Atlanta, um herauszufinden, wie man gewöhnlichen Hunden beibringen könnte, intelligente und standfeste Versuchspersonen zu sein. „Normalerweise erwartet man von einem Hund nicht, eine Betonstatue zu sein", sagt Spivak, „aber als Greg mich fragte: Ist das möglich? sagte ich: Absolut. Dann bin ich selbst in den fMRT gestiegen und ‚wurde zum Hund', emotional und physisch, um wirklich darüber nachzudenken, was wir überwinden müssten."

Es war eine lange Liste von Dingen. Hunde sind keine Dummköpfe: Keiner wollte diese beängstigende Sache, die Verhaltensweisen beinhaltete, die nicht unbedingt in der Natur eines Hundes liegen, ohne viel Zureden tun. Es brauchte „extreme Geduld, kleine Schritte und jede Menge Futterbelohnungen", um das fMRT-Trainingsprotokoll schließlich zu perfektionieren, sagt Spivak. „Aber als wir erst einmal herausgefunden hatten, wie wir die Herausforderungen meistern konnten, waren wir erfolgreich. Dabei wird ein gewünschtes Verhalten in sehr kleine Schritte unterteilt und in passenden Abstufungen trainiert, wobei jeder Schritt belohnt wird. (Mit diesem schrittweisen Ansatz lernen Hunde auch ihre Szenen im Fernsehen und in Filmen.) Spivak brachte schon bald Berns' eigenen Hund, Callie, einen Feist (ein kleiner Eichhörnchenjäger, der mit Terriern verwandt ist), und McKenzie, den Border Collie eines CPT-Trainers, dazu, einen wackeligen Steg zur Maschine hinaufzuklettern, ihr Kinn auf ein speziell entwickeltes Kissen zu legen und in dem geschlossenen Raum völlig still zu liegen, obwohl aus allen Richtungen Geräusche und Vibrationen ertönten. Callie und McKenzie schrieben 2012 Geschichte, als sie die ersten Hunde waren, die sich erfolgreich wachen fMRT-Scans unterzogen. Später folgten ihnen Dutzende weitere.

Hunde sind schlau genug, um mit einer Vielzahl von Methoden zu lernen. Andere, die für den fMRT trainieren, haben einen Targetstab verwendet, der dem Hund beibringt, sich auf einen Punkt zu konzentrieren und ihm zu folgen, damit die Person seine Bewegungen lenken kann. Bei der Vorbild / Rivalen-Technik fungiert eine zweite Person als Trainee Nr. 2, der ein korrektes Verhalten zeigt und dafür vor Trainee Nr. 1, dem Hund, belohnt wird. Wenn der Hund sieht, dass der „Rivale" gewonnen hat, ist es wahrscheinlicher, dass er das erfolgreiche Verhalten beim nächsten Mal nachahmt.

Ein freundlicheres, hundegerechteres Training hat dazu beigetragen, interessante wissenschaftliche Fragen zur Kognition mit den neuesten Hilfsmitteln zu verbinden, die zu ihrer Erforschung beitragen können. Und diese Hilfsmittel, wie auch die Trainingsmethoden, ändern sich, wenn Wissenschaftler herausfinden, wie sie

besser auf Hunde zugeschnitten werden können. Im Jahr 2023 führte beispielsweise ein Team aus Österreich eine neue Spule ein, den Teil des fMRT-Geräts, der als Antenne dient, um das von der Versuchsperson kommende Hochfrequenzsignal zu empfangen. Die K-9-Spule ist auf die Anatomie von Hunden anstatt die von Menschen zugeschnitten, um sicherzustellen, dass ein Scan die bestmöglichen Informationen für den jeweiligen Versuchshund liefert.
Die fMRT-Studien haben den Wissenschaftlern eine coole Hightech-Methode an die Hand gegeben, um die Sichtweise eines Hundes zu untersuchen. Hunde, die still im Scanner liegen, haben uns geholfen, besser zu verstehen, wie sie über uns, ihre Menschen, denken. Zum Beispiel verbindet ihr Gehirn Freude mit dem Geruch ihres Besitzers und hat spezielle Bereiche entwickelt, um Gesichter zu verarbeiten und neue Wörter zu erkennen. Bemerkenswert ist auch, dass einige von ihnen unser Lob einer Futterbelohnung vorziehen. Und vieles mehr.
Laut Berns sind wir aufgrund der Vertrautheit der Hunde mit dem Scanner „dem Verständnis, wie es ist, ein Hund zu sein, nähergekommen als noch vor 10 Jahren“. Und trotz der Wahrnehmungsunterschiede, so Berns, „sind die Ähnlichkeiten unserer beiden Spezies in vieler Hinsicht größer als die Unterschiede“. Das trifft sogar auf eine Ebene der Variation zu, die er nicht zu finden erwartet hatte. Nachdem er im Laufe seines Projekts über hundert Tiere gescannt hatte, sagte Berns: „Es war klar, dass sich Hunde genauso wie wir voneinander unterscheiden. Das sieht man an den Scans, an den gleichen Experimenten mit verschiedenen Hunden. Selbst bei den seltenen MRT-Hunden wird man daran erinnert, dass Hunde Individuen sind und wir bei der Bewertung von Ergebnissen, die von allgemeiner Bedeutung zu sein scheinen, die individuellen Reaktionen berücksichtigen müssen“. „Es gibt so viele Unterschiede, selbst innerhalb einer Rasse, dass ich immer skeptisch sein werde, wenn es heißt: Hunde oder Border Collies oder der Rasse xy sind soundso“.

Mehr Hunde, bessere Antworten

Die Dokumentation dieses Ausmaßes an individueller Variation macht das Problem kleiner Stichprobengrößen – ein Problem vieler Studien, auch der in diesem Buch erwähnten – noch schwerwiegender. Eine Studie, die drei oder vier Tiere umfasst, um eine Spezies mit einer Milliarde Mitgliedern zu repräsentieren, weist erhebliche Grenzen auf.

Glücklicherweise hat das wachsende Interesse an der Kognition von Tieren nicht nur zu einem besseren Equipment, sondern auch zu einem größeren Pool von Hunden geführt. Einem viel größeren. Viele Zentren für Hundekognition sind von Studien mit im Labor aufgezogenen Tieren, deren Umgebung kaum „natürlich" ist, abgekommen und rekrutieren Hunderte von „lokal gezogenen" Probanden (Haustieren!) auf der ganzen Welt. Die USA sind ein Epizentrum dafür, aber weitere universitäre Einrichtungen gibt es unter anderem auch in Kanada, Großbritannien, Italien, Australien, Argentinien und Japan.

Unterstützt wird diese Forschung durch eine wachsende Zahl von Online-Community-Wissenschaftsprojekten, bei denen Hundebesitzer – mitunter Tausende – Daten über ihre eigenen Tiere aus der Ferne einreichen. Bei diesen Studien werden neben reinrassigen Hunden oft auch alle Mischlingsarten berücksichtigt und Kognition und Verhalten über die gesamte Lebensspanne hinweg bewertet. Die bisher größte Studie ist Darwin's Ark, eine projektübergreifende Zusammenarbeit zwischen dem Broad Institute von Harvard und MIT, der University of Massachusetts Chan Medical School und der International Association of Animal Behavior Consultants. Bis heute wurden Daten von mehr als 41.000 Haushunden gesammelt (und es werden immer mehr), um Fragen über die Wechselwirkung von Genen und Umwelt zu beantworten. Man vergleiche das mit einer Woods-Hole-Studie aus den frühen 1960er Jahren, die auf der Grundlage der Erfahrungen von ein paar Dutzend im Labor geborenen und aufgezogenen Beagles diverse Aussagen über die Frühentwicklung von Hunden, ihre Sozialisierung und ihre Fähigkeit zur Bindung an Menschen machte. In dieser Hinsicht haben sich die Zeiten sicherlich zum Besseren gewendet!

Diese größeren und umfassenderen Projekte sind zum Teil deshalb so wichtig, weil die Ergebnisse sehr kleiner Studien zu weitreichenderen Schlussfolgerungen führen können, als die begrenzten Daten tatsächlich zulassen – und sie werden oft von eifrigen PR-Mitarbeitern der Universitäten und ebenso hundebegeisterten Medien überbewertet. Menschen, die populäre Berichte über die Hundewissenschaft lesen, „könnten ihr eigenes Tier mit unrealistischen Maßstäben messen", so James Serpell, Tierethiker an der University of Pennsylvania, „und zum Beispiel annehmen, dass ihr Hund mehr versteht, als er tut, oder dass er ‚mehr wie wir' ist, als es der Wahrheit entspricht. Größere Datensätze – und vor allem die Veröffentlichung von Ergebnissen, die unseren anthropomorphen Vorstellungen widersprechen – können dazu beitragen, solchen Vorurteilen entgegenzuwirken, und es uns ermöglichen, unsere hündischen Gefährten so zu sehen, wie sie wirklich sind.

Große Online-Projekte haben natürlich ihre Tücken (von der konsequenten Befolgung der Datenerfassungsverfahren durch Nicht-Wissenschaftler zu Hause bis hin zur Beschaffung der finanziellen und personellen Unterstützung für die Durchsicht der von Tausenden begeisterter Hundeliebhaber bereitgestellten Datenmengen). Dennoch haben die Möglichkeiten des Internets den Zugang zu riesigen Datenbeständen eröffnet. Welchen Wert haben Erkenntnisse, die auf mehreren Tausend oder sogar mehreren Hundert Tieren basieren, im Vergleich zu zwei oder zehn Hunden? Keine Frage.

KAPITEL 3

WIE SCHLAUE HUNDE SCHLAUER WERDEN

Die Saat für die Intelligenz eines Hundes, so wie wir sie zu verstehen pflegen, ist immer vorhanden. Wie sich herausstellt, geht es bei der Aufzucht eines genialen Hundes darum, einen genialen Hund zu kultivieren und dabei das Unkraut zu jäten. Ein bisschen Anleitung kann einem Welpen die Chance geben, sich mehr zu engagieren und Fähigkeiten zu zeigen, die wir ihm vielleicht nicht zugetraut hätten.

Wie eine Gruppe italienischer Forscher bei der Untersuchung der Fähigkeit von Hunden zum Orten von Geräuschquellen feststellte, können sich die „Fähigkeitsnoten" von Hunden während des Bewertungsprozesses erheblich verändern. Genau wie bei menschlichen Testteilnehmern ist es wahrscheinlich, dass Hunde, die mit den Testbedingungen vertraut sind und die Chance haben, die Aufgabe zu üben, ihre Leistung verbessern – und Versuchsanordnungen, die mehr als einen „Versuch" zulassen, ergeben ein viel genaueres Bild der Fähigkeiten von Hunden.

Aber nicht alle Arten von Anleitung sind gleichermaßen produktiv. Sowohl bei Dienst- als auch bei Familienhunden bevorzuge ich die Art und Weise, bei der die Hunde Spaß haben und als die intelligenten Tiere, die sie nun einmal sind, Entscheidungen treffen können anstatt sich unter Druck gesetzt zu fühlen und bestraft zu werden, wenn sie das „Falsche" tun. Tatsächlich zeigt die Forschung sehr deutlich, dass Stress und Angst das Lernen und die Leistung bei allen Arten von Tieren beeinträchtigen – auch bei Menschen und Hunden. Gott sei Dank verlieren aversive, auf Bestrafung beruhende Methoden immer mehr Anhänger, da immer mehr Trainer darauf hinweisen, dass die Hunde nicht das eigentliche Problem sind, wenn sie sich „danebenbenehmen" oder Lernschwierigkeiten haben. Folgendes habe ich während meiner Recherche oft gehört, und es wird Ihnen auf diesen Seiten mehr als einmal begegnen: „Es gibt keine schlechten Hunde, nur schlechte Trainer". (Tja, da wären dann wohl *wir* gemeint.)

Diese Sichtweise ist zusammen mit dem wissenschaftlichen Fortschritt Teil eines umfassenderen Wandels in der Art und Weise, wie wir über Tiere denken – hin zu einer breiteren Akzeptanz der Tatsache, dass andere Wesen kognitiv und emotional komplex sind. Außerdem stellt sich heraus, dass motivationsbasiertes Training einfach besser funktioniert: „Es gibt zahlreiche Belege dafür, dass Hunde, die auf diese Weise trainiert werden, glücklicher sind, sich mehr engagieren und schneller lernen", erklärt der Tierethiker James Serpell. „Die meisten Hunde sind sehr bereit, sich zu engagieren, Dinge zu tun oder zu suchen und sich einzubringen. Sie haben einen sehr aktiven Verstand." Aber wenn wir diesen Verstand nicht bestmöglich nutzen, so Serpell weiter, entgehen uns möglicherweise ganze Ebenen ihrer intellektuellen Fähigkeiten.

Das Training mit positiver Verstärkung, das die Hunde für die fMRT desensibilisiert, erweist sich nicht nur für Gehirnstudien als nützlich, sondern vor allem für die Vorbereitung von Diensthunden auf Stresssituationen. „Ein Hund, der während eines solchen „360-Grad-Erdbebens" ruhig bleibt, ist ein toleranter und selbstbewusster Hund", sagt Mark Spivak.

Diese Eigenschaften sind besonders für Diensthunde wichtig. Die Gruppe *Canine Companions* stellte fest, dass ihre Hunde fähiger wurden und höhere Abschlussquoten erreichten, wenn sie mit dem fMRT-Trainingsprotokoll neue Verhaltensweisen lernten. „Diese Hunde verstanden nicht nur ihre Aufgaben besser und waren kompetenter, sondern sie zeigten auch unter schwierigen Bedingungen eine zuverlässigere Leistung", sagt Spivak.

Die Daten eines Scans können auch bei der Beurteilung von Diensthundekandidaten nützlich sein, wenn die fMRT-Untersuchung zeigt, dass ein Reiz mehr Aktivität im Nucleus caudatus auslöst, wo hochrangige Funktionen wie Lernen und Planung stattfinden, und weniger in der Amygdala, wo Furcht und Angst entstehen. Obwohl das richtige Training für den Aufenthalt im MRT einen Hund nicht unbedingt schlauer macht, hilft es ihm, toleranter gegenüber Neuem zu werden und die Grenzen dessen, was er akzeptiert, bevor er es ablehnt, zu verschieben – es vergrößert seine mentale „Fluchtdistanz", wenn man so will. Das Training, so Spivak, schaffe auch anpassungsfähigere, zuverlässigere Diensthunde.

Dass wir für diese Art von Studien mit Hunden zusammenarbeiten können, ist ein hervorragendes Beispiel für unseren Einfallsreichtum bei der Vermittlung dessen, was wir von Hunden erwarten, aber auch für die Fähigkeit von Hunden, sich zugunsten der Zusammenarbeit mit uns an völlig unnatürliche Bedingungen anzupassen. Aber wie immer hängt der Erfolg von dem jeweiligen Hund ab. Wie die britische Trainerin Vidhyalakshmi Karthikeyan betont, „prägen die Bedingungen und Konsequenzen das Verhalten jedes einzelnen Hundes auf einzigartige Weise. Aber die gemeinsame Stärke dieser Tiere ist ihre Fähigkeit, unter all diesen unterschiedlichen Umständen zu lernen."

Diese Fähigkeit, alles Mögliche unter allen möglichen Umständen zu lernen, ermöglicht es dem einzelnen Hund, sich an seine Umgebung anzupassen – und zwar auf eine Art und Weise, die die bereits erwähnte Anpassungsfähigkeit auf Artniveau widerspiegelt. Auf der Grundlage einer vertrauensvollen Beziehung scheint es fast nichts zu geben, was ein Hund nicht lernen kann.

Nach oben ist die Grenze offen

Ouka (reimt sich auf „Luke-ah"), ein sehr flauschiger Samojede, hat fliegen gelernt. Gleitschirmfliegen ist keine natürliche Aktivität für einen Hund, aber dieser Hund macht alles mit, was sein Besitzer Shams – der wie sein Hund nur einen Namen hat – tut. Sie leben in einem Bus und reisen gemeinsam durch Europa. Und egal, welches Abenteuer Shams für sie findet, Ouka scheint gern mitzumachen.

Ouka war etwa drei Jahre alt, als Shams ihn adoptierte, nachdem zwei Vorbesitzer es nicht geschafft hatten, mit ihm zurechtzukommen. „Sammies" mögen vielleicht wie Plüschtiere aussehen, aber sie sind in der Regel eigensinnig, klug, energiegeladen und brauchen geistig und körperlich anspruchsvolle Beschäftigungen. Abgesehen von seiner Rasse brauchte dieser besondere Hund eine Person, die bereit war, täglich viele Stunden zu investieren, um sein Vertrauen zu gewinnen – er war klugerweise vorsichtig, nachdem er von Haus zu Haus weitergereicht worden war. In den Alpen begann Ouka, Shams bei den täglichen Läufen und Wanderungen zu begleiten. Weit entfernt von dem Problemhund, der er für andere war, war er mit Shams „völlig entspannt". Gemeinsam spielten sie, beobachteten Sonnenuntergänge, freundeten sich mit anderen Reisenden an und verausgabten sich beim Paddeln auf Flüssen und beim Wandern durch das Land. Zurück im Bus belegte Shams Online-Hundetrainingskurse und gab Ouka dann Gelegenheit, neue Fähigkeiten zu erlernen und neue Probleme zu lösen.

Schließlich war Shams der Meinung, dass sein Hund sogar bereit war, ihn beim Gleitschirmfliegen zu begleiten. „Natürlich ist es nicht üblich, mit einem Hund zu fliegen", sagt er ohne eine Spur von Ironie. „Also ging ich Schritt für Schritt vor und verbrachte zunächst Zeit an einem Ort, an dem Piloten starten und landen, um ihn an die Bewegungen, die Schirme und die Leinen zu gewöhnen."

Der Hund gewöhnte sich schnell an das menschliche Treiben und die große Ausrüstung, also lieh sich Shams ein Hundegeschirr von einem anderen Flieger, um zu sehen, ob Ouka es tragen würde. Der Hund blieb ruhig und versuchte nicht, sich aus dem Geschirr zu winden. Sie arbeiteten sich so weit vor, dass er sich dem Geschirr näherte und von selbst hineinstieg. Dann rannte Ouka mit dem Geschirr, Ouka rannte mit Shams, der über ihn geschnallt war, und schließlich hoben Ouka und Shams zu einem kurzen Eröffnungs-Tandemflug ab. Es erforderte soziales Geschick, großes Vertrauen und Sportlichkeit – was der Bildungspsychologe Howard Gardner als kinästhetische Intelligenz bezeichnen würde –, um den Boden mit Anmut zu verlassen. „Er rannte mit mir den Hügel hinunter, bis die Tragflächen des Segelflugzeugs die Kontrolle übernahmen, und wir flogen etwa 10 Sekunden lang, dann landeten wir", erzählt Shams. „Er zeigte keine Angst oder Unruhe, machte alles richtig. Und als wir fertig waren, rannte er aufgeregt zu allen anderen Piloten." Das klingt nach einem stolzen Hund!

In der Luft braucht man keine Anweisungen. „Es ist nur das Rauschen des Windes und eine majestätische Aussicht", sagt Shams und erklärt, dass Gleitschirmfliegen nicht wie ein Fallschirmsprung aus einem Flugzeug oder ein Bungee-Sprung von einer Brücke ist: „Es ist sehr ruhig, sanft und entspannend". Shams sagt, dass Menschen, die Oukas beliebte Internetvideos gesehen haben, ihn manchmal beschuldigen, den Hund zu etwas Gefährlichem zu zwingen. „Auf keinen Fall", sagt er. Er hat immer darauf geachtet, dass der Hund freiwillig mitmacht – ein Teil des positiven Trainings, dem er sich verschrieben hat – und er hat Oukas Körpersprache dafür gelernt, was OK ist und was nicht. „Er kommuniziert sehr deutlich, wenn er etwas nicht tun möchte", sagt Shams. In diesem Fall haben Mensch und Hund die gleiche Entscheidung getroffen. In der Luft schlingt Shams seine Beine um den Körper des Hundes unter ihm, „damit er weiß, dass ich da bin". Ouka stützt seine Pfoten auf die seines Besitzers, und sie gleiten. „Er vertraut mir, weil wir diese Bindung haben", sagt Shams.

Ein Landtier, das sich in die Lüfte schwingt, muss man einfach bewundern. Bedenken Sie nur Oukas Bereitschaft, auf festen Boden unter seinen Pfoten zu verzichten, sich so schnell nach oben zu bewegen und eine Vielzahl völlig ungewohnter Sinneseindrücke zu akzeptieren – mitsamt einer Sicht auf die Welt, die ziemlich überraschend für ihn sein muss. Anpassungsfähigkeit ist wahrlich eine Superkraft des *Canis familiaris*, und ein Hund, der mit 19 Meilen pro Stunde durch die Luft gleitet, braucht keinen Umhang, um dies zu beweisen. Ob der große, flauschige, fliegende Hund überhaupt eine Vorstellung von dem Abenteuer hat, das er erlebt, können wir unmöglich wissen. Aber es besteht kein Zweifel an der Evolutionsgeschichte, den multiplen Intelligenzen und der Lernfähigkeit, die ihn so weit gebracht haben.

Ein kluger Start

Lassen Sie uns noch einmal an den Anfang zurückgehen. Machen Sie sich bewusst, wie komplex und variabel das menschliche Umfeld ist. Setzen Sie nun neugeborene Hunde in diese Umgebung (wo sie evolutionär ja zuhause sind). Vom ersten Tag an ist ihre Welt vollgepackt mit Informationen, die sie auf vielfältige Weise lernen können. Welpen sind von Anfang an gut im sozialen Lernen, und zwar nicht nur, wenn ihr Lehrer ein anderer Hund ist. Die Ethologin Claudia Fugazza und ihre Kollegen von der Eötvös Loránd Universität in Budapest berichteten, dass acht Wochen alte Welpen lernten, eine Puzzlebox mit Futter zu öffnen, und zwar unabhängig davon, ob ein anderer (vertrauter oder nicht vertrauter) Hund oder ein Mensch die Aufgabe vormachte. Das zeigte ihre Flexibilität beim sozialen Lernen. Die Forscher fanden auch heraus, dass sich die kleinen Welpen mindestens eine Stunde lang an die Anleitung erinnern konnten.

Stellen Sie sich nun einen frischen Wurf Welpen vor: neun Stück mit glatter Haut unter Pfirsichflaum und noch fest verschlossenen Augen. Ihre wichtigsten Sinne sind noch nicht eingeschaltet und werden es auch noch eine Weile nicht sein. Im Moment scheint nichts von Bedeutung zu sein außer der Körperwärme ihrer Mutter und dem Fluss ihrer Milch. Man könnte annehmen, dass es sinnlos ist, die Welpen in diesen ersten Lebenstagen irgendetwas auszusetzen und dass es ausreicht, wenn sie die zum Wachsen ihres Körpers benötigte Nahrung brauchen. Das „Schlauwerden“ kann später kommen.

Aber warum warten? Ihr Verstand ist jetzt schon offen für das Geschäft. Die Ausbilderin Julie Case, Gründerin von *Ultimate Canine* mit Sitz in Westfield, Indiana, sieht die Chance, die Welpen zu den besten und klügsten Tieren zu formen, die sie sein können – sozusagen direkt aus der Verpackung. Case, deren Team Therapie –, Dienst-, Polizei-, Rauschgiftspür-, Fährten- und andere Arbeitshunde züchtet, ist der Meinung, dass man nicht früh genug anfangen kann. „Die Leute denken fälschlicherweise, dass ein Hund, der noch blind und taub ist, zu jung für diese Aufgabe ist", sagt sie. „Aber das Gehirn entwickelt sich und begreift alles, selbst zu diesem Zeitpunkt schon". Deshalb wird ein *Ultimate Canine*-Welpe ab seinem dritten Lebenstag gezielt angefasst, gekitzelt, beschnüffelt und sanft in die eine oder andere Richtung geneigt. Er wird auf Materialien mit unterschiedlicher Beschaffenheit gelegt und einer Vielzahl von sanften Geräuschen sowie täglich einem neuen Geruch ausgesetzt.

Und in ein paar Wochen sitzen vielleicht 12 Kinder einen Samstag lang im Kreis, Knie an Knie, und jedes hält einen Welpen aus dem neuesten *Ultimate Canine*-Wurf. Case sitzt zwischen ihnen und rezitiert Anweisungen wie Zeilen aus einem Kinderreim: *„Kopfmassage: 1, 2, 3, 4, 5, 6, 7, 8, 9 und 10. Kinn und Hals! Kinn hoch. streicheln, streicheln, streicheln! Zeit für die Brust: Kratzi kratzi kratzi kratzi kratzi! Jetzt die Schwänze: Wenn du glücklich bist und es weißt, wedle mit dem Schwanz. Choo choo!"* Die Kinder machen mit, kraulen Bäuche, küssen Nasen, wackeln mit den Schwänzen, reiben das Zahnfleisch und pusten ins Gesicht, massieren sanft die Ohren, wischen die Augen und drücken die Zehen, heben, kippen und drehen die Welpen sanft, geben sie an das Kind auf der rechten Seite weiter und applaudieren ihnen.

In diesen ersten Tagen hören die Hunde auch lautere Geräusche: Staubsauger, Haartrockner, weinende Babys, Musik und Aufnahmen von Feuerwerkskörpern (zu Beginn leise gestellt). Sie sind plötzlichen Bewegungen ausgesetzt. Sie krabbeln über, unter und durch kleine Hindernisse, um in ihre Wurfkiste zu gelangen. Die Betreuer müssen sich mit der Pflege beschäftigen. Jeder Tag ist ein Abenteuer.

Die Mühe lohnt sich, sagt Case. Denn noch bevor ihre Sinne in vollem Umfang zur Geltung kommen, „spüren sie Empfindungen und Schwingungen, und ihr Gehirn reagiert darauf. Es empfängt Signale, bildet Synapsen und stellt Verbindungen her. Die Rezeptoren feuern. Ihre Gehirne [sind] wie ein sternenerleuchteter Himmel". Und wenn ihre Sinne anspringen? Das ist eine ganz neue Welt.

Die Idee ist, so viele Reize wie möglich zu normalisieren, um die Dinge zu reduzieren, über die sich die Hunde Sorgen machen, wenn das Sorgenmachen für sie relevant wird. Und so werden diese Welpen innerhalb weniger Wochen hundert neue Menschen aller Farben, Größen und Gerüche kennengelernt haben, mit Bärten und lauten Jacken und quietschenden Schuhen, mit Glatzen und wallenden Röcken und Kapuzen. Und bald werden sie in einem Wagen durch Schulen, Krankenhäuser und andere öffentliche Einrichtungen gefahren sein. Das ist ein wunderbarer Stressabbau für die Menschen, die ihnen begegnen, und ein Anreiz für die Hunde.

Sobald die Kleinen watscheln können, erleben sie eine Vielzahl von Texturen, neuen Geräuschen und Aufgaben, die sie lösen müssen. Sie laufen Mini-Hindernisparcours und fallen in mit leeren Plastikflaschen gefüllte Babybecken (das ist laut – glauben Sie mir). Sie liegen auf einer Matte, während Kinderwagen, Skateboards, Rollstühle und Koffer in Reichweite vorbeirollen, Regenschirme auf- und zugeklappt werden, Planen und Müllsäcke durch die Luft gewirbelt werden. Um ihr Futter zu erreichen, lernen sie, winzige Rampen hinaufzulaufen oder wackelige Brücken zu überqueren, über nasse Handtücher, metallene Käfigböden und zerknitterte Folie zu laufen. Sie treffen auf Katzen. „Wir schaffen positive Assoziationen mit Dingen, die unangenehm sein könnten", sagt Case. Ihr Ziel ist es jedoch nicht, alle Ängste auszurotten, sondern die Hunde so zu formen, dass sie sich schnell davon erholen können. „Wenn diese Hunde Kinder sehen, die in Halloween-Kostümen herumrennen und schreien, steigt ihr Cortisolspiegel natürlich ein wenig an. Wir trainieren ja nicht ihren Selbsterhaltungstrieb weg", erklärt sie lachend. Aber der frühe Kontakt mit den Kindern erhöht die Reizschwelle und macht die Haut des Hundes dicker. Das bedeutet, dass der Hund kann im Laufe seines Lebens weniger Zeit und Energie darauf verwenden, ängstlich zu sein, und mehr Zeit zum Lernen, Kommunizieren und Lösen von Problemen hat.

Die frühzeitige Förderung fördert also nicht nur die Intelligenz der Hunde vom ersten Tag an, sondern bereitet sie auch auf ein späteres Leben vor, das reichhaltiger und intelligenter ist. Etwa 80 Prozent der Welpen aus *Ultimate Canine*-Würfen werden in irgendeiner Form im Dienst eingesetzt, und einige von ihnen sind wirklich außergewöhnlich. Case nennt diese Welpen ihre „Navy SEALs", die zu den besten Diensthunden aufsteigen. Die Rasse spielt eine gewisse Rolle, sagt sie – die DNA beeinflusst zum Beispiel, wo ein Hund sich von Natur aus auszeichnet und wie er mit Unbekanntem umgeht –, aber am wichtigsten ist, was der einzelne Hund mitbringt und ob er die Gelegenheit hatte, das zu nutzen, was in seinem Kopf steckt.

Natürlich haben nicht alle von ihnen das Zeug dazu. „Man kommt nicht mit einer Glatze zum Friseur und verlangt eine Dauerwelle", sagt Case. „Manchmal wollen die Leute, dass ihre Hunde Diensthunde werden sollen, und ich sage dann, dafür haben sie nicht den richtigen Hund. Das steckt nicht in ihnen."

Andererseits beherrscht einer der Arbeitshunde, die Case ausgebildet hat, *drei Sprachen*. „Uns gingen die Worte [in Englisch] aus und wir mussten sie ständig erweitern", sagt sie. Dieser Hund hatte eindeutig das Zeug zu wahrer Größe und bekam früh und oft die geistige Nahrung, die er brauchte, um seine Intelligenz zu entwickeln.

Je mehr wir über die Natur der Intelligenz von Hunden herausfinden und je mehr wir darauf achten, wie sie von Welpenalter an am besten lernen, desto mehr Möglichkeiten können wir ihnen zum Lernen bieten. Doch was uns als hochkomplexe und überraschende Aufgaben erscheinen mag – Dinge, von denen Verhaltensforscher lange Zeit annahmen, dass Hunde sie einfach nicht beherrschen, wie zum Beispiel das Abschätzen von Mengen, das Nachahmen und das richtige Interpretieren von Signalen einer anderen Spezies – kann recht einfach gemeistert werden. Das heißt, *wenn* das Training intelligent ist und aus der Sicht des Hundes Sinn ergibt.

Schritt für Schritt: Dies ist besser als das

„Sie müssen Ihr Trainingsprogramm aus der Perspektive des Lernenden aufbauen", erklärt mir die britische Trainerin Vidhyalakshmi Karthikeyan. „Dann fragen Sie sich, wie das Endziel aussieht und was der kleinste Schritt ist, den ich ihm beibringen kann."

Karthikeyan nennt dies den „Schichtkuchenansatz". Ich habe den Begriff zum ersten Mal auf der Lemonade-Konferenz 2021 gehört, einem jährlichen Ausbildertreffen. Jede „Schicht" – jedes Verhalten oder jede Fähigkeit – sieht nicht wie das Endziel aus, sagte sie. Aber durch Verstärkung bei jeder Stufe kommt man schließlich zum gewünschten Ziel. Die Unterteilung komplexer Aufgaben in progressive Lernstufen bedeutet jedoch nicht, dass Hunde dumm sind, stellt sie fest. Es ist genau die gleiche Art und Weise, wie wir Menschen lernen: Schritt für Schritt. Gehen, Laufen, Greifen und Schwingen von Werkzeugen und Konzentration auf sich schnell bewegende Objekte, bevor man sich an Tennis versucht. Wir zählen und beherrschen die Grundrechenarten, bevor wir uns an die Algebra wagen. Wir machen einen Schritt nach dem anderen, sonst werden wir wahrscheinlich scheitern. (Ich will gar nicht erst anfangen, den Wert von x in der siebten Klasse herauszufinden.) Denken Sie daran, wie Ouka das Fliegen gelernt hat: Schritt für Schritt, nicht in einem großen Sprung.

Mit dieser Methode, die in ihrer Struktur dem ähnelt, was andere Trainer „Verkettung" nennen, konnte Karthikeyans Hund Beanie ein Multiple-Choice-Spiel lernen, das wie ein Wunder wirkt. Aber „es ist mehr Logik als Magie", sagte sie. Der Herausforderungen liebende Lurcher-Greyhound-Mix musste aus Gegenständen, die ihm vorgesetzt wurden, eine Auswahl treffen, die auf einer Hierarchie von Werten basierte, die er nach und nach erlernte: Toilettenpapier ist besser als

Nudeln. Nudeln haben einen höheren Wert als jeder andere Gegenstand (z. B. ein Spielzeug), aber wenn Toilettenpapier vorhanden ist, gewinnt Toilettenpapier immer. Sie belohnte Beanie nach einem Zeitplan, der diese Hierarchie verstärkte: „Durch den Aufbau einer großen Anzahl von Gewinnen für den Gegenstand der ersten Wahl", erklärt sie, „sagt diese immer wichtige Verstärkungsgeschichte dem Hund, dass Toilettenpapier am besten ist und baut eine etwas weniger robuste Verstärkungsgeschichte für die Nummer 2 (Nudeln) auf, so dass es sich nur lohnt, sie zu wählen, wenn Toilettenpapier fehlt." Und so weiter.

Karthikeyan stützte sich auch auf grundlegende Verhaltensweisen, die der Hund bereits beherrschte, wie zum Beispiel die Aufmerksamkeit auf seine Besitzerin und die von ihr gezeigten Gegenstände zu richten, mit der Nase zu zeigen, die Belohnung in Form von Leckerchen anzunehmen und sich dann für die nächste Runde bereit zu machen. Alles, was er noch lernen musste, waren die neuen Regeln. Schon bald tauschte seine Besitzerin die Gegenstände aus und ließ Beanie wählen, und jedes Mal schnupperte er an demjenigen Gegenstand, der im Vergleich zu den anderen höchsten Wert hatte.

Beanies Intelligenz zeigte sich zum einen, weil das Spiel auf seine Fähigkeiten und Interessen abgestimmt war, und zum anderen, weil er daran teilnehmen wollte (nicht alle Hunde würden das tun). Es war eine positive Erfahrung mit der doppelten Belohnung, mit seinem Menschen zu spielen und Leckerlis zu bekommen. Karthikeyan hatte bei ihrem schrittweisen Ansatz jede Trainingsstufe vollständig durchdacht, indem sie voraussah, wo der Hund verwirrt werden könnte und mögliche Fehler im Voraus korrigierte. Und ihr Belohnungssystem bot nicht nur Anreize für das Spiel, sondern half auch, dem Hund die Regeln klarzumachen.

Nachdem ich Karthikeyan bei der Arbeit mit dem enthusiastischen Beanie beobachtet hatte, wie sie seine Sichtweise berücksichtigte und ihr Training in seinem Kopf aufbaute, war ich mir ziemlich sicher, dass sie dem Hund das Stricken beibringen konnte – von wegen ohne bewegliche Daumen geht das nicht.

Schritt für Schritt: Wie viele?

Schritt für Schritt, mit leckeren Anreizen, kann ein Hund auch lernen, einen anderen Hund oder einen Menschen zu imitieren. Die Spiele „Mach's nach!" oder „Do as I Do" sind heute in Trainingsworkshops weit verbreitet. Wenn Ihr Hund Sie oder einen anderen Hund dabei beobachtet, wie er sich im Kreis dreht und es dann auf Kommando selbst tut, ist das sicher ein „Wow"-Moment. Für ihn ist es nur ein weiterer Ablauf von Bewegungen, die er schon beherrscht – nur in einem neuen Kontext, der seinen Besitzer sehr zu begeistern scheint. Jüngste Forschungsarbeiten, darunter auch die von Fugazza und Kollegen, zeigen, dass Hunde nicht nur andere Hunde oder Menschen imitieren können, sondern auch in der Lage sind, die „Kopier"-Regel zu verallgemeinern und sie zum Erlernen einer neuen Handlung zu nutzen. Sie können dies auch tun, wenn zwischen der Demonstration und der Aufforderung zur Nachahmung etwas Zeit vergeht – eine Fähigkeit, die als verzögerte Nachahmung bezeichnet wird.

Ken Ramirez von *Karen Pryor Clicker Training* sagt, dass die Möglichkeiten von Hunden manchmal am meisten davon beschränkt werden, was sie unserer Meinung nach verstehen können und was nicht. Schon früh in seiner Karriere war er davon überzeugt, dass sie Verhalten nachahmen können, auch wenn andere in seinem Umfeld dies für unmöglich hielten.

Inspiriert wurde Ramirez unter anderem durch eine Studie, in der Forscher Welpenwürfe dabei zusehen ließen, wie ihre Mütter ihren Job als Drogenspürhund absolvierten und im Vergleich dazu Welpen untersuchten, die diese Beobachtungsgelegenheit nicht hatten. Im Alter von sechs Monaten lernten diejenigen Welpen, die ihren Müttern bei der Arbeit zugeschaut hatten, die Aufgaben leichter als die anderen. Das war ein Anfang und führte dazu, dass Ramirez und später auch andere Hunde erfolgreich zu „kopieren" lernten – oder das zu tun, was der andere Hund gerade tat.

Bei einem Workshop, den die Trainerin Pat Miller bei sich zuhause in Maryland leitete, schaute ich zu, wie die teilnehmenden Hunde lernten, die Bewegungen ihrer *Besitzer* auf den Befehl „Do it!" hin zu kopieren. Es begann mit einem Verhalten, das die Hunde schon kannten und ging dann weiter. Wenn ein Hund Fortschritte machte und sich der gewünschten Nachahmung näherte, wurde er gut belohnt. Schließlich lernten die Hunde, in die Fußstapfen ihres Besitzers zu treten, im Kreis zu laufen, auf eine Erhöhung zu steigen und wieder herunterzugehen oder sich zu verbeugen.

Ramirez hat auch einen Hund auf das Konzept von Mengen trainiert, obwohl andere Experten bestritten, dass dies möglich sein könne. (Später führte er Kontrollstudien durch, um sie zu überzeugen.) Seine Airedale-Mixhündin Coral lernte, eine Gruppe von Gegenständen der entsprechenden Anzahl von Punkten auf einer Tafel zuzuordnen. Fünf Socken in einem Behälter? Coral konnte das Brett mit fünf Punkten mit der Nase anstupsen. Wenn Socken, Bälle, Gummiknochen, Kong, Frisbeescheiben und andere Gegenstände gleichzeitig zu sehen waren, konnte Ramirez sogar angeben, welchen Gegenstand die Hündin zählen sollte:

Wenn er mit einem Ball in der Luft winkte, ignorierte sie alles andere und zählte nur die Bälle. Uns kommt diese Aufgabe einfach vor, sind wir doch biologisch dazu veranlagt, schon als Kleinkinder mit Zahlen umzugehen. Aber die kognitive Wahrnehmung von Hunden in Sachen Mathematik? Das ist immer noch ein Rätsel, aber tatsächlich sind sie genau wie wir zu dieser Art von Mengenvergleich fähig. fMRT-Studien im Wachzustand deuten darauf hin, dass Hunde einen speziellen Bereich im Gehirn nur für Mathematik haben: einen „neuronalen Mechanismus für die Mengenwahrnehmung", wie beim Menschen. (Tatsächlich ist das eine Eigenschaft, die sich vermutlich über die gesamte Evolution der Säugetiere hinweg erhalten hat).

Der Fairness halber sagt mir Ramirez, dass ein Hund, der bei diesem Spiel Erfolg hat, aber nicht unbedingt genau *zählt*. „Wir hüten uns davor, es zählen zu nennen, denn es ist schwer zu beweisen, dass der Hund im Geiste auf jeden Gegenstand zeigt und dabei *eins, zwei, drei, vier* denkt". Es ist sehr gut möglich, dass das Tier eher eine Art Simultanerfassung betreibt, sprich eine (meist kleine) Menge mit einem kurzen Blick auf das Ganze beurteilt. „Das ist wie bei einem Würfel, bei dem man nicht jeden Punkt auf der Würfelseite zählen muss", sagt er. Man erkennt sechs Punkte als eine Einheit. In der Hundewelt nennt man dieses Verhalten also „Mengenerkennung" statt Zählen. Aber egal, wie Sie es nennen, vergegenwärtigen Sie sich einmal, dass Ihr Hund, diese fröhliche Knalltüte da drüben, der einerseits voller Wonne die schmutzigen Sohlen ihrer Schuhe ableckt, andererseits vielleicht einen elementaren Rechentest besteht. Das könnte durchaus passieren.

Coral wandte das Konzept des Mengenerkennungs-Spiels sogar auf eine ihr bis dahin unbekannte Situation an: Ramirez fragte sie „Wie viele?" von einem Gegenstand, der gar nicht vorhanden war. „Ich hielt den Atem an und fragte mich, was sie wohl mit einem fehlenden Gegenstand machen würde", sagt er. „Wir hatten ihr nicht beigebracht, wie man die leere Tafel benutzt. Unglaublicherweise ging sie direkt zu dem leeren Brett, das für „keine" stand, und tippte mit der Nase auf das Ziel. „Das zeigte, dass sie wirklich verstand, was sie tun sollte", sagt Ramirez und gibt zu, dass er „innerlich Luftsprünge machte", weil sie so intelligent war. (Ich möchte an dieser Stelle übrigens nur mal so erwähnen, dass Wissenschaftshistoriker die Idee der „Null" – das Denken an nichts, an Abwesenheit, als ein Konzept an sich – als einen der Wendepunkte in der menschlichen intellektuellen Entwicklung bezeichnen. Also, fragen Sie Coral.)

Ist es engstirnig von uns, anzunehmen, dass nicht-menschliche Lebewesen keine Mengen verstehen und einschätzen können? Studien an Tieren in verschiedenen

Umgebungen legen nahe, dass „numerische Kompetenz" ihnen hilft, den Überblick über mehrere Nachkommen in einem Wurf zu behalten, Nahrungsquellen zu nutzen, Raubtiere abzuwehren und Beute zu jagen, sich zurechtzufinden und sozial zu interagieren. Selbst einzellige Bakterien nutzen quantitative Informationen durch das so genannte *Quorum Sensing*. Durch diesen Prozess teilen die Organismen einander ihre Anwesenheit auf chemischem oder anderem Wege mit, bis eine Schwellenzahl erreicht ist, die die Gruppe zum Handeln anregt. Ameisen scheinen eine ähnliche Strategie zu verwenden, wenn sie beschließen, ihre Kolonie zu verlegen.

Wilde Caniden – insbesondere Wölfe – haben optimale Gruppengrößen für die Jagd auf verschiedene Arten von Beutetieren, je nachdem, wie kampfstark das Tier ist, auf das sie es abgesehen haben. Das ist ein Grund, warum Zahlen für sie wichtig sind. Und offensichtlich spielen Zahlen auch für Haushunde eine Rolle, denn es besteht kein Zweifel daran, dass Coral ihre Mengen kannte. Aber sie hatte eine Grenze: 14. „Bis zu diesem Punkt war sie außergewöhnlich gut, aber dann begann ihre Fähigkeit nachzulassen", sagt Ramirez.

Er stellt die Hypothese auf, dass dies mit der Wurfgröße zusammenhängen könnte: Eine Canidenmutter muss alle ihre Welpen im Auge behalten, und bei Hunden übersteigt ein Wurf nicht oft die Zahl von 12 oder mehr Welpen. „Das könnte eine Erklärung für die Fähigkeit sein, besonders bei Hündinnen", meint er. Aber zweifelsohne sind manche Hunde leichter für Mathematik zu begeistern als andere. Hütehunde zum Beispiel tun etwas Ähnliches bei der Arbeit – sie können auf Kommando eine bestimmte Anzahl von Schafen aussondern. Das Konzept der Menge ist relativ einfach zu beherrschen, wenn man dazu gezüchtet wurde, den Überblick über die auf einem Feld verstreuten Tiere zu behalten.

Ramirez' weitergehender Punkt: Hunde können lernen, alle möglichen Dinge zu tun, die „nur" dem Menschen vorbehalten sind, wenn sie auf eine Weise unterrichtet werden, die für sie Sinn macht. Und sie können das Konzept eines Spiels verstehen und es im weiteren Sinne anwenden. „Das sieht man auch bei Handzeichen", bemerkt er. „Beim ersten Mal hat der Hund keine Ahnung, was er tun soll. Aber sobald er zwei oder drei gelernt hat, kennt er die Regeln, versteht das Konzept und kann die nächsten lernen. Peng, peng, peng, kein Problem."

Kluge Schachzüge

Hawkeye ist ein Athlet, ein Performer mit dem Talent, komplexe Choreografien zu meistern. Wie aufs Stichwort rennt der flinke Hund über das Gras und schleudert sich plötzlich in Superman-Manier durch die Luft auf seine Besitzerin zu. Er stößt sich an ihrer Brust ab – *flipp* Vorderpfoten, *flopp* Hinterpfoten –, schnappt sich die Scheibe, die sie ihm zugeworfen hat, und kommt auf der anderen Seite wieder auf dem Boden auf. Wenn sie es wünscht, hüpft er auch wie ein Pogo-Stick auf und ab oder springt durch ihre Arme wie ein Tiger im Zirkus, der durch einen Feuerring springt.

Für ein Tier ohne Flügel scheint sich Hawkeye auf vier Pfoten über dem Boden völlig wohl zu fühlen. Wenn es eine Form von Intelligenz ist, zu wissen, wo sich der eigene Körper im Raum befindet und wie er zu manövrieren ist, dann ist dieser Hund ein Bewegungsgenie. Außerdem ist er ein wunderschönes kleines Exemplar: ein Border Collie-Australian Shepherd-Mix mit malerischem Fell, unterschiedlich farbigen Augen und einer Blesse wie ein breiter Fluss in der Mitte seines Gesichts, der zur weißen Schwanzspitze passt.

Hawkeye ist einer von zwei hündischen Darstellern, die ich kennengelernt habe, als ich mich mit der Trainerin Sara Carson, der Besitzerin eines Unternehmens namens *Super Collies*, in Verbindung setzte. Carson und ihr Border Collie Hero erlangten durch ihren Auftritt bei „America's Got Talent" im Jahr 2017 einen gewissen Prominentenstatus. Sie kamen ins Finale und man hat Simon Cowell noch nie so lächeln gesehen. Auftritte in vielen Talkshows folgten. Hero hat sich inzwischen aus dem Showbusiness zurückgezogen, aber Carson hat weitere Hunde im Tricktraining. Als ich sie an einem Sommerwochenende bei *Atlanta Dogworks*, einer Hundepension in Ball Ground, Georgia, besuchte, wo sie Trick-Workshops gab, reiste sie mit vier Hunden in ihrem Wohnmobil durch das Land: mit Hawkeye, einer braun-weißen Border-Collie-Aussie-Mixhündin namens Marvel, ebenfalls speziellen irren Fähigkeiten, sowie zwei stürmischen Welpen – einem weiteren Border Collie und einem Golden Retriever, der noch ausgebildet werden musste. Außerdem gab es noch eine sehr tolerante Katze.

Ich sollte zu Protokoll geben, dass meine Messlatte ziemlich niedrig lag, als ich zu Carson und ihren Superhunden kam, denn mit meinen eigenen Hunden läuft es etwa folgendermaßen, wenn es um Performance geht: „Monk, sitz. Sitz. SITZ!" Monk setzt sich. „Guter Junge. Okay, Monk, Pfote. Monkey, kannst du Pfote geben? Verdammt, Monk, Pfote!" Monk stupst mich mit seiner Pfote an. „Guter Junge." Käsewürfel ausgeteilt. Auftritt beendet. Repertoire erschöpft. Aber selbst jemand mit supergehorsamen, trickbegeisterten Hunden, die sich auf den Rücken werfen, wenn sie „erschossen“ werden oder ein Leckerli auf der Nase balancieren, wäre begeistert, wie Carsons Hunde auf sie reagieren und was Hund und Mensch gemeinsam auf der Bühne leisten.

Ja, stimmt, Carsons Super-Collies gehören zufällig einer Rasse an, die für „Intelligenz“ bekannt ist. Border Collies, die in diesem Buch zusammen mit anderen Hütehunden immer wieder auftauchen, sind genetisch so veranlagt, dass sie ihren Kopf zum Beobachten und Lernen benutzen. „Diese Rassen sind tatsächlich von Natur aus intelligent“, sagt Carson. „Aber was noch wichtiger ist: Sie sind motiviert. Sie wollen es richtig machen, und sie wollen Leistung bringen.“ Dies gelte aber unabhängig von der Rasse, fährt sie fort: „Wenn man den richtigen Motivator findet, wird ein Hund lernen.“ Für sie war das schon immer ein Spiel, aber ein noch wichtigerer Anreiz ist die Sache selbst: Die Hunde zeigten sichtbare Freude an den Darbietungen, vor allem an denen, bei denen es um eine Frisbee und spektakuläre Sprünge ging.

Die Hunde beobachten sehr intensiv, „geradezu zwanghaft“, sagt Carson. Das ist auch genetisch bedingt und ein Teil dessen, wozu Hütehunde gezüchtet werden. „Man kann wirklich sehen, wie sie denken, wie sich die kleinen Räder drehen“. Dem musste ich zustimmen. Als sie und Marvel sich darauf vorbereiteten, ihre besten Tricks vorzuführen, stand Marvel bereit – den Kopf leicht zur Seite geneigt und die Ohren ganz auf Carson gerichtet, während sie sprach. Sie konzentrierte sich, bewertete, entschied. „Sie entscheidet, ob es sich zu tun lohnt, was ich verlange“, grummelte Carson. Meistens tat es das. In der Tat sind diese Hunde die ultimativen Opportunisten“, sagt Trainer Greg Tresan. „Sie wägen immer ihre Optionen ab“ – er mimt eine Waage – „und entscheiden: ‚Wie ist es besser für mich?‘“ Tresan, der seit langem mit Hunden in der Unterhaltungsbranche arbeitet, leitet Atlanta Dogworks, wo auch Carson unterrichtet hat. Er merkt an, dass Border Collies und ihre Artgenossen „improvisieren und Variationen ausprobieren, um sich nicht zu langweilen – vor allem dann, wenn man sie immer wieder das Gleiche machen lässt“.

Aber Carson weiß, wie man es besser macht. Sie feuerte Kommando auf Kommando – manche davon waren hörbar, andere nur eine Hand- oder subtile Körperbewegung – und Marvel drehte sich im Kreis, ging rückwärts oder schlüpfte durch Carsons Beine, während sie ging. Bei „Schäm dich!“ senkte sie den Kopf und legte eine Pfote über die Augen; bei „Bete!“ legte sie ihre Pfoten auf Carsons ausgestreckten Arm und duckte ihren Kopf darunter; bei „Autsch!“ hielt sie eine Vorderpfote hoch, als wäre sie in einen Dorn getreten, und humpelte. Als Carson auf dem Rücken lag und die Beine in die Luft streckte, sprang die Hündin auf ihre angewinkelten Füße und nahm eine Pose ein: Sie drückte ihre Schnauze an das Ohr ihrer Besitzerin und „flüsterte" ihr ein Geheimnis. Oder sie saß da wie die Sphinx und kreuzte eine Pfote über die andere, wobei sie die Pfoten wechseln konnte. Sie machte einen „Handstand", dann stellte sie sich auf die Hinterbeine und hüpfte vorwärts, rückwärts und im Kreis. Carson formte mit ihren Armen ein „O" und der Hund sprang hindurch, wieder und wieder. Vor der letzten Bewegung flog sie in die Arme ihres Besitzers, um ihn kurz zu umarmen: Gemeinsam verbeugten sie sich.

Bei der Vielzahl der Tricks, die die Super Collies vorführen können, fragt man sich: Wie zum Teufel lernt ein Hund so etwas? Die Antwort lautet wie immer: „Schritt für Schritt". Carson lehrt schrittweise, manchmal in winzigen Schritten, und setzt positive Verstärkung ein, um das Training aufrechtzuerhalten. „Tricktraining ist durchweg positiv; es gibt keinen Zwang", erklärt sie mir. „Die Hunde müssen es wollen."

Und wie sie wollen! Carson arbeitet mit Hunden, die sowohl eine Aufgabe brauchen als auch ein Spiel lieben. Ihr Training ermutigt sie, „Verhaltensweisen anzubieten, es weiter zu versuchen und ihr Gehirn wirklich zu benutzen", sagt sie. Das Unterrichten von Tricks und akrobatischen Kunststücken macht ihnen Spaß und regt sie an, sodass sie selbstbewusst den nächsten Schritt lernen. Studien mit fMRT haben gezeigt, dass manche Hunde das überschwängliche Lob ihres Menschen einer Futterbelohnung vorziehen. Andere hingegen mögen das Leckerli sehr. Um die besten Ergebnisse zu erzielen, so Carson, muss sich ein Trainer entsprechend anpassen.

In einem kühlen, sonnendurchfluteten Klassenzimmer nahmen etwa ein Dutzend Halter und ihre Hunde in einem großen Kreis Platz, um an Carsons Unterricht teilzunehmen. Es war ein Mix aus verschiedenen Rassen vertreten, aber mit wenigen Überraschungen: Border Collies, Aussies, Labbies, ein oder zwei Golden Retriever. Stereotypen haben oftmals eine Grundlage in der Realität, und es war nicht zu leugnen, dass in dieser Gruppe die DNA am Werk war. Die Labbies waren kompetent, ließen sich aber leicht von anderen Hunden ablenken, die draußen vor den Fenstern vorbeigingen; der Golden Retriever war äußerst enthusiastisch (die Rute wedelte pausenlos), aber etwas ungeschickt; die Border Collies machten die schnellsten Fortschritte, während der Aussie, der sehr auf seine junge Besitzerin bedacht war, frustriert schien, da das Mädchen selbst einige Fehler machte. (Es wirkte so, als wüsste der Hund zwar, was er zu tun hatte, aber die Anweisungen waren falsch – sein hörbares Schnaufen kam einem Augenrollen gleich).

Eine wichtige Erkenntnis aus dem Zusammensein mit Carson war: „Hunde *wollen*, genau wie Menschen, Erfolg haben!" Diejenigen, die mit uns zu tun haben, wollen das Lob, den Ball, das Leckerli. Sie wollen, dass wir mit ihnen zufrieden sind. „Aber um das zu erreichen, muss man dem Hund ermöglichen, dass er Erfolg haben kann", sagt sie.

Das Gleiche habe ich von anderen Trainern gehört. Ein Teil des Erfolgsrezepts ist es, mit den Augen der Hunde zu sehen und herauszufinden, was sie erleben, und dann Anpassungen vorzunehmen, damit die Hunde wie Hunde und nicht wie Menschen lernen. Das ist für Menschen nicht immer einfach. Als ich Carsons Kurs beobachtete, sah ich viele Fehler – von den Besitzern. Die häufige und schnelle Wiederholung von Kommandos durch einen kleinen Jungen verwirrte seinen Hund, der nicht wusste, ob er auf ein Wort oder auf drei reagieren sollte. Eine Frau belohnte ihren Hund so vorschnell, dass er lernte, dass er den Trick nicht zu Ende bringen musste, um das Leckerli zu bekommen. Das ständige Strammhalten der Leine durch eine junge Frau musste sich für ihren Hund wie eine ständige Korrektur anfühlen, was vermutlich der Grund dafür war, dass er ängstlich war und kaum Fortschritte beim Erlernen der Trainingsschritte machte. Mir kommt der Gedanke, dass wir die Lernfähigkeit unserer Hunde dadurch einschränken, dass wir als Lehrer schlechte Arbeit liefern. Erinnern Sie sich an unser Mantra, dass es keine dummen Hunde gibt, sondern nur dumme Trainer? (Gut für Sie. Leckerlis für alle.) Auf so viele kleine Arten bringen wir die Tiere unbewusst zum Scheitern: einfache Dinge wie beispielsweise widersprüchliche Signale oder die Verwendung von Kommandos, die zu ähnlich klingen. „*Fass* und *Lass* sind einfach zu ähnlich", sagt Carson. „Nimm etwas anderes."

Schon oft habe ich von Experten die Aussage gehört, dass die Menschen mehr Training bräuchten als die Hunde. Das ist ein Faktor, der zweifellos die Verbindung zwischen Hunden und uns, ihr Denken und ihre Leistung beeinflusst, und ein Grund mehr, warum wir es ihnen schuldig sind, ihre Sprache besser zu sprechen.

Gute Entscheidungen treffen

Vor mehr als hundert Jahren stellte der Zoologe Herbert Jennings die These auf, dass selbst Teichschlamm dazu in der Lage ist, Entscheidungen zu treffen. Seine Laborarbeit zeigte, dass der teichbewohnende Einzeller *Stentor roeselii* komplexe und vorhersehbare Verhaltensänderungen zeigt, um etwas Unangenehmem zu entkommen – er krümmt und verrenkt sich, fächert dann seine Flimmerhärchen auf und schwimmt schließlich davon. Die grundlegende Fähigkeit, eine Wahl zu treffen – dieser wesentliche kognitive Akt des Abwägens zwischen „gut für mich" und „schlecht für mich" – ist bei den einfachsten Lebewesen vorhanden.

In der Tat haben Studien gezeigt, dass verschiedene Tiere gerne eine Wahl treffen und davon profitieren. Tauben ziehen bei gleicher Belohnung die „freie Wahl" der „erzwungenen Wahl" vor. Wird Ratten ein direkter Weg zum Futter oder die Wahl zwischen komplexeren Labyrinthen angeboten, entscheiden sie sich für Letzteres – sie ziehen es vor, aus mehreren Möglichkeiten zu wählen, anstatt die ihnen vorgegebene zu nehmen. Auch Affen mögen Wahlmöglichkeiten, selbst wenn die erzwungene Wahl zu einer bevorzugten Belohnung führt. Sie kontrollieren auch gerne die Reihenfolge der ihnen gestellten Aufgaben und wählen lieber Aufgaben, die sie weniger mögen, als die bevorzugten Aufgaben in einer vorgegebenen Reihenfolge auszuführen. Wenn man ihnen die Wahl lässt, kann dies die kognitive Leistung, die Motivation und das Selbstvertrauen steigern und den Stresspegel bei Tieren in Gefangenschaft senken, während fehlende Wahlmöglichkeiten das Gegenteil bewirken.

Hunde sind in der Evolution weit entfernt von Teichschlamm. Sie sind intelligente Lebewesen, die genau wie wir aus Erfahrungen lernen und auf der Grundlage ihrer Erfahrungen Entscheidungen über ihr Verhalten treffen, genau wie wir. „Unser Gehirn ist so entwickelt, dass es Erfahrungen speichert und sie uns in entscheidenden Momenten zurückgibt, um beim nächsten Mal bessere Entscheidungen zu treffen", sagt Susan Friedman, Psychologieprofessorin an der Utah State University.

So funktioniert es auch bei Hunden. Genau wie wir versucht der Hund jeden Tag, seine Umgebung durch seine Verhaltensentscheidungen zu kontrollieren. Friedman zufolge ist der Vorgang, eine Entscheidung zu treffen, schon an sich eine Verstärkung, und zwar unabhängig vom Ergebnis. „Wenn mein Hund beschließt, einen riesigen Stock ins Haus zu bringen, besteht ein Teil seiner Motivation darin, dass er dies tun kann und das Problem lösen kann, ihn durch die Tür zu kriegen", sagt sie. „Es muss ein enormer Anreiz sein, seine Welt erfolgreich zu kontrollieren. Die Kontrolle selbst ist also ein primärer Verstärker, eine Belohnung. Wir treffen Entscheidungen zum Teil deshalb, weil es sich gut und richtig anfühlt, die Kontrolle über unsere Welt zu haben. Wir müssen Entscheidungen treffen. Das liegt in unserer DNA. Wie wir treffen auch Hunde und andere Tiere die ganze Zeit über Entscheidungen.

Entscheidungen zu treffen und aus den Ergebnissen zu lernen, hilft den Tieren, ein größeres und besseres Repertoire an Möglichkeiten aufzubauen, wie sie ihre Umwelt beeinflussen können, sagt Friedman. Wenn sie ein Hindernis auf ihrem Weg zur Verstärkung überwinden können – und alternative Wege aus ihrem Repertoire wählen können – „*das* ist es, was Intelligenz ausmacht“, erklärt sie.

Was ist, wenn ein Hund in einer Welt lebt, in der sein Repertoire klein bleibt, weil es keine Herausforderungen gibt und keine Entscheidungen zu treffen sind? Das ist eine verpasste Chance. Das ist ein Grund, warum Friedman der Meinung ist, dass wir Hunden mehr Wahlmöglichkeiten in ihrem Leben geben sollten, damit sie mehr Kontrolle über ihr eigenes Schicksal haben. Das kann so simpel sein, wie den Hund zwischen etwas Einfachem entscheiden zu lassen: Dieses Leckerli oder das da? Die Straße runter oder rauf gehen? Mit dem Kong oder dem Plüschtier spielen? Das Spiel „You Choose!“ („Deine Wahl!“) hat sich sogar zu einem Trainingsinstrument entwickelt, das ich unter anderem auf dem Workshop von Pat Miller gesehen habe. Selbst wenn ein Mensch die Situation inszeniert und die Wahlmöglichkeiten vorgibt, ist es für das Tier von Vorteil, ein Gefühl der Kontrolle zu haben, sagen Miller und andere Experten.

Wahlmöglichkeiten zu geben ist nicht nur im Training, sondern auch in der Gesundheitsfürsorge von Vorteil. Friedman trainiert auch Zootiere und beschrieb einen Fall, in dem eine Giraffe Verhaltensentscheidungen traf, die es ihr ermöglichten, sich praktisch selbst eine Injektion zu geben, indem sie sich an der richtigen Stelle positionierte und sich aus eigenem Antrieb gegen die Spritze drückte. Zootieren wird oft beigebracht, ein Körperteil auf Zuruf zu präsentieren oder ihr Maul für eine Untersuchung weit zu öffnen. Es geht nur darum, dass das Tier die Aufgabe erfüllen will, sagt Friedman. „Man bringt ihnen bei, wie sie Nein sagen können, sorgt dann aber dafür, dass die Verstärker so angeordnet sind, dass sie sich dafür entscheiden, das zu tun, was wir verlangen.

Eine ausreichend starke Verstärkungsgeschichte macht Zwang, Gewalt und Festhalten, was für Tiere und Betreuer gleichermaßen gefährlich sein kann, überflüssig. Ein intelligentes Tier, das Nein sagt, gibt uns einen wichtigen Hinweis, erklärte Friedman. „Es zeigt uns, dass in der Umgebung etwas nicht stimmt oder dass es mehr Informationen oder bessere Verstärker braucht. In gewisser Weise wird der Hund zum Trainer, der uns sagt, was wir besser machen können.

Assistance Dogs of the West (ADW) in Santa Fe, New Mexico, eine Einrichtung zur Ausbildung von Assistenzhunden, geht den Weg, sich bei der Zuordnung von Hunden zu neuen Besitzern nicht wie sonst üblich auf Listen mit Kundenbedürfnissen und Eigenschaften der Hunde zu konzentrieren. Stattdessen fordern die

Trainer verschiedene Hunde auf, mit unterschiedlichen Menschen zu interagieren und lassen die Tiere entscheiden, ob sie sich darauf einlassen möchten. Wenn ein Hund an einer Person nicht interessiert ist, darf er das mitteilen, indem er einfach weggeht.

„Wenn man den Hund sich seinen Besitzer und seine Aufgabe aussuchen lässt, kommt man mit ihm viel weiter", erklärt Jill Felice, die Gründerin von ADW, bei meinem Besuch. Eine Hündin namens Bonnie zum Beispiel „war wirklich auf der Suche nach ihrem Menschen; sie war sehr wählerisch. Während einer Interaktion schien sie sich zunächst zu binden, aber dann zog sie sich in ihre Box zurück. Das bedeutete, dass dieser [Mensch] nicht der richtige war", sagt sie. Dann, eines Tages, „wählte sie ihn, ganz eindeutig. Es war ein kleiner Junge mit Autismus. Sie schien von seinem ungewöhnlichen Sprachrhythmus fasziniert zu sein und war damit zufrieden, ihn anzuschauen und ihm zuzuhören." Die Partnerschaft erwies sich als lang anhaltend. „Hätten wir sie in eine Beziehung gedrängt, hätte es vielleicht nicht geklappt", bemerkt Felice. „Wir wussten, dass sie klug genug war, ihre eigene Entscheidung zu treffen."

Der Gedanke an eine Wahlmöglichkeit erinnert mich an die Jahre meiner Kindheit, als meine Eltern mir befahlen, Klavier zu üben. Sie versuchten leider nicht, es für mich interessant oder freudvoll zu machen, sodass es nur zu einer lästigen Pflicht wurde. Die Befürworter positiver Trainingsmethoden ermahnen uns dringend dazu, es mit den Hunden besser zu machen und die Trainingsübungen spielerisch zu gestalten, damit die Arbeit mit uns für unsere Hunde einen Verstärker an sich darstellt. Auf diese Weise können sie es kaum erwarten, mitzumachen.

All das geschieht letztlich im Namen der Suche nach dem, was der renommierte Trainer Ian Dunbar den „heiligen Gral" der Partnerschaft mit einem Hund nennt: „...dann, wenn ein Hund eine Gehorsamsprüfung absolviert oder glücklich an der Seite seines Menschen läuft, weil es gerade nichts gibt, was er lieber tun würde."

KAPITEL 4

WENN LERNEN BESONDERS WICHTIG IST

Bei intelligenten Hunden wie Beanie und Coral sehen Denkspiele kinderleicht aus und Überflieger wie Marvel und Hawkeye beherrschen ein beeindruckendes und publikumswirksames Repertoire an Tricks. Aber es gibt noch andere Arten des Lernens, bei denen Hunde ihren Menschen unbezahlbare Geschenke in Form von mehr Freiheit und Sicherheit machen. Das ist Hundeintelligenz im praktischen Arbeitseinsatz – mit tatsächlichen, lebensverändernden Ergebnissen.

Lass mich deine Augen sein

Blindenführhunde sind vermutlich die bekanntesten Idole unter den superklugen Hunden. Aber was sie für ihre sehbeeinträchtigten Partner tun, ist nicht ganz das, was ich mir vorgestellt hatte. Blind zu sein bedeutet nicht unbedingt, dass man sich nicht orientieren kann. Die menschlichen Partner von Blindenführhunden erklärten mir, dass immer noch sie für die Planung von Wegstrecken zuständig sind. Ihre Hunde lernen dann den Weg und führen sie sicher zum Ziel, aber natürlich legen die Tiere nicht von vornherein eine Route fest. Klar, Hunde können das Links- und Rechtsgehen für regelmäßige Wege lernen und auch „führen" oder sogar umleiten, wenn ein Hindernis auf dem gewohnten Weg liegt. Aber es geht weniger um Hunde-GPS, als ich erwartet hatte.

Das war nur eines von vielen Dinge, die ich lernte, als ich mich in die kleine Jesse verliebte, die Blindenführhündin in Ausbildung, die am Anfang dieses Buches steht. Ich lernte Jesse am zweiten Tag meines Besuchs bei den Mitarbeitern und Ausbildern von *The Seeing Eye* kennen, der ältesten und zweitgrößten Blindenführhundeorganisation des Landes, die sich auf einem grasbewachsenen Gelände in Morristown, New Jersey, befindet. Jesse war nicht der einzige Hund, den ich am liebsten von dort mit nach Hause genommen hätte – hier gab es beeindruckende Vierbeiner auf Schritt und Tritt.

Das 1929 gegründete *Seeing Eye*, das sich seit 1965 an seinem jetzigen Standort befindet, betreut jährlich durchschnittlich 260 Menschen, die in Schulungen vor Ort lernen, wie sie mit ihrem Blindenführhund arbeiten können. Von den etwa 500 Welpen, die dort jedes Jahr gezüchtet werden, schaffen es mehr als 60 Prozent, die Ausbildung zum Blindenführhund zu absolvieren.

Ich hatte *The Seeing Eye* besucht, um mir ein Bild davon zu machen, wie diese Hunde lernen und arbeiten. Ich habe Blindenführhunde immer als besonders intelligent betrachtet, weil sie nicht nur Befehle lernen, sondern manchmal auch selbst entscheiden müssen, was gerade das Beste für ihre Person ist. Sie müssen dort vorausdenken, wo ihr Besitzer es nicht kann – und das erfordert eine besondere Art von Intelligenz.

Allerdings ist das eine wechselseitige Angelegenheit. „Die Leute denken oft, dass eine blinde Person den Führbügel greift, ‚Supermarkt!' sagt und der Hund sie hinführt", sagt Dave Johnson, der Leiter für Ausbildung und Training, während wir uns in seinem Büro unterhalten. „So ist es aber nicht. Der Hund muss sich auf das Führen, die Sicherheit und das Lösen von Problemen konzentrieren. Der Mensch muss wissen, wohin er gehen muss, wie er dorthin kommt und so weiter."

Die Hunde lernen die Wege zu den gemeinsamen Zielen natürlich schnell, aber laut Johnson ist es kein Sonntagsspaziergang. „Es ist Arbeit für beide Seiten", sagt er. Der Trainingsleiter Tom Pender ergänzt, dass die Hunde intelligent genug sind, um das Vertrauen zu verlieren, wenn ihr Besitzer inkonsequent ist. „Man verliert das Vertrauen eines Hundes, wenn man selbst ständig Fehlentscheidungen trifft", sagt er. „Man muss konsequent sein und meistens Recht haben", damit der vierbeinige Partner zu einem hält.

Zufälligerweise stand während meines Besuchs ein Trainingsausflug nach New York an und ich konnte die Gelegenheit nutzen, diese intelligenten Hunde in der Großstadt zu beobachten. Das Team brachte einen Transporter voller Ausbildungshunde mit, darunter Labradore in verschiedenen Farben, junge Deutsche Schäferhunde und einige Lab-Golden-Mischlinge. Alle waren so ruhig und gut

erzogen, dass ich vergaß, dass sie während der Fahrt in Boxen hinter uns gestapelt waren. Am Ende des Tages hatte jeder Hund einen zügigen, kilometerlangen Spaziergang im Führgeschirr sowie ein paar U-Bahnfahrten mit dem Durchqueren von engen Drehkreuzen und einigen Rolltreppen hinter sich.
Beim ersten Mal erwies sich die Rolltreppe in die Tiefen der U-Bahn für die meisten Hunde als unheimliche Überraschung. „Sie sehen quasi nur einen Abgrund in die nächsttiefere Etage und weigern sich daher schnell", erzählt Johnson. Stellen Sie sich einen schlaksigen Schäferhund vor, der selbstbewusst vorwärtsgeht und dann plötzlich in die Knie geht – ein klares Nein zum Weitergehen. Der Trainer hilft ihm auf die Rolltreppe, wo der Hund die ganze Fahrt über steif dasteht, bevor er in der Nähe des Bodens einen anmutigen Sprung macht und mit den Füßen auf dem Treppenabsatz ausrutscht. Beim zweiten Mal machten es alle besser. Sie lernen schnell, was wirklich gefährlich ist, diese Tiere.
Da Blindenführhunde lernen müssen, trotz solcher Unannehmlichkeiten weiterzumachen und alle Arten von Ablenkungen zu ignorieren, ist es absolut sinnvoll, sie mit der lauten, stinkenden, überfüllten, unvorhersehbaren, mit Hindernissen übersäten Umgebung vertraut zu machen, die an einem Dienstag mitten in Manhattan herrscht. Stellen Sie sich vor, Sie müssten versuchen, konzentriert an der Arbeit zu bleiben, während Ihre Sinne von Gerüchen, Lärm und ständiger Bewegung aus allen Richtungen bombardiert werden. Kein Wunder, dass so viele Hunde in der Blindenführhundeschule durchfallen.
Aber das Ganze ist auch ein Test für die Menschen. Bis drei Uhr nachmittags hatten wir fünfzehn Kilometer zu Fuß zurückgelegt, was erklärt, warum die Trainer von *The Seeing Eye* ein jährliches Schuhgeld erhalten und meist unter 30 Jahre alt sind. Als Pender einen zierlichen schwarzen Labrador namens Roger aus dem Geschirr nimmt, um ihn gegen den nächsten Hundekandidaten auszutauschen, sagt er: „Heute Nacht schläfst du gut!" Ich denke, er meint Roger, der für heute fertig ist, und sage: „Das tut er ganz bestimmt!" Pender darauf: „Ich meinte *Sie*!"
Bei meiner Übung mit Jesse ging es darum, meinen zuverlässigsten Sinn, das Sehen, an ein anderes Wesen abzugeben, die Kontrolle aufzugeben und darauf zu vertrauen, dass dieses Wesen weiß, was es tut. Hier war ein Tier, das für uns beide dachte und zwangsläufig blitzschnell wichtige Entscheidungen traf. Johnson hatte mir erklärt: „Anhalten ist für diese Hunde keine Option. Sie müssen während des Laufens Entscheidungen treffen, vorausschauend planen, wie sie ein Hindernis überwinden oder Fußgängern ausweichen können, und darauf achten, dass ihr Mensch nicht in Schwierigkeiten gerät. Wenn der Hund erfahren und gut in seinem Job ist, wird er sich richtig ins Zeug legen und die Führung übernehmen".

Ein wenig davon spürte ich auch bei Jesse, was irgendwie beunruhigend und befreiend zugleich war. Mir wurde umso klarer, warum die Bindung zwischen Hund und Halter so wichtig für den Erfolg eines Teams ist. Denn die Beziehung ist in der Tat eine Partnerschaft, es sind nicht nur zwei Individuen unterschiedlicher Spezies, die zufällig durch eine Strippe miteinander verbunden sind.

„Beide müssen sich voll einbringen, damit es funktioniert", sagt Melissa Allman, die seit ihrer Geburt blind ist und auf einen Blindenstock angewiesen war, bis sie den Kurs von *The Seeing Eye* besuchte und 2017 ihre Hündin Luna von der Organisation bekam. „Manchmal sieht es für andere wie Zauberei aus, aber es ist wirklich harte Arbeit. Ich muss nicht nur mit mir selbst klarkommen und argumentieren, sondern auch noch mit einem anderen Gehirn, mit einem anderen Lebewesen, das seine eigenen Gedanken hat. Der Blindenstock war nichts dagegen! Trotz aller Herausforderungen kann ich sagen, dass die Erfahrung mit Luna eine der wichtigsten ist, die ich je gemacht habe", fuhr sie fort. „Ich bin nicht mehr in einer Kiste gefangen. Ihre Fähigkeiten und unsere Verbindung haben meinem Leben neue Dimensionen gegeben. Ohne sie wäre ich aufgeschmissen."

Später besuchte ich Melissa in ihrem Büro bei *The Seeing Eye*, wo sie für Öffentlichkeitsarbeit und Zusammenarbeit mit den Behörden zuständig ist. Als ich eintrat, hob Luna, eine kleine, wachsame gelbe Labradorhündin, die auf einem Hundebett in der Ecke lag, ihre Nase für ein flüchtiges Schnuppern, steckte dann wieder ihren Kopf zwischen ihre Pfoten und seufzte hörbar. Obwohl ich das nahezu kindliche Bedürfnis habe, von jedem Hund, der mir begegnet, gemocht zu werden, war mir klar, dass es hier nicht angemessen war, mich ihr zu nähern und ich versuchte, die glanzlose Begrüßung nicht persönlich zu nehmen. Blindenführhunde sind zwangsläufig Ein-Personen-Hunde, die sich extrem auf ihren Besitzer konzentrieren und darauf trainiert sind, alles zu ignorieren, was nicht unmittelbar die beiden betrifft. Melissa behielt die meiste Zeit unseres Gesprächs eine Hand auf Luna – möglicherweise, um das Kommando „Bleib" zu verstärken, aber vielleicht auch, um etwas Subtileres mitzuteilen, das nur die beiden etwas anging.

„Sobald man diese Verbindung hergestellt hat", sagt Melissa, „strömt alles den Führbügel entlang wie über einen Telefondraht. Es ist ein Gespräch, das für andere manchmal unsichtbar ist, weil der Hund seine Sprache durch das Geschirr spricht." Mir gefiel die Art und Weise, wie sie das sagte, und ich war mir ziemlich sicher, dass ich wusste, was sie meinte. Zumindest für ein paar Momente während meiner kurzen Zeit mit Jesse war ich entspannt genug, um die winzigen Kurskorrekturen des Hundes wirklich zu spüren und mit meinen eigenen parallelen Bewegungen zu „antworten". Wenn mein Arm in der richtigen Position sei, so hatte

man mir gesagt, könnte ich den Atem des Hundes spüren. Ich war noch nicht ganz so weit, aber nahe dran. Ein erfahrener Hundeführer reagiert ganz natürlich und unmittelbar auf diese subtilen Hinweise, was zu einem reibungslosen „Lauf" führt, im Gegensatz zum hektischen Schlurfen eines Uneingeweihten (wie mir).
Eine weitere Superkraft setzt der Hund ein, um die Körpersprache, die Handzeichen und den Tonfall seines Halters zu lesen. Und das zusätzlich zum Aufspüren von Gerüchen und wer weiß welchen anderen (für uns) unsichtbaren Hinweisen, um den Kommunikationsaustausch zu vervollständigen.
In diesem Geben und Nehmen steckt Intelligenz. Wobei „Intelligenz", wie wir sie uns normalerweise vorstellen, bei diesen Hunden nicht übermäßig ausgeprägt sein muss. Ja klar, sie müssen Befehle lernen, Probleme lösen und eine Bindung zu ihrem Menschen aufbauen – alles kognitive Übungen. „Aber man muss in der Hundewelt nicht das Äquivalent eines Astrophysikers sein, um ein guter Blindenführhund zu sein", sagt Peggy Gibbon, die bei *The Seeing Eye* für die Auswahl der Hunde zuständig ist. „Hohe Bereitschaft plus mittlere Intelligenz – im Grunde genommen das Selbstvertrauen, draußen eigene Entscheidungen zu treffen – das ist die beste Kombination. Wir möchten keinen Hund, der sich ständig fragt: Was habe ich davon? Das Wichtigste ist, dass der Hund nicht nur den Wunsch zu arbeiten hat, sondern auch mit einem Menschen zusammenzuarbeiten."
Bei Hunden, die zum Führen von Menschen mit Sehbeeinträchtigung ausgebildet werden, ist jedoch eine besondere Art von „Intelligenz" besonders wichtig, die nicht unbedingt allen Arbeitshunden beigebracht wird. „Das nennt man intelligenten Ungehorsam", erklärt mir Dave Johnson. „Er ist das Standbein und Markenzeichen der Arbeit dieser Tiere.

Tu, was ich sage – außer manchmal

Intelligenter Ungehorsam bedeutet: *Tu, was ich sage! Außer manchmal! Und benutze dein bestes hündisches Urteilsvermögen, bevor du dich zu etwas weigerst, denn es kann um Leben und Tod gehen.*
Ein Blindenführhund muss diese Art von Intelligenz einsetzen und sich auf sein eigenes Urteilsvermögen verlassen, sonst wird er bei seiner wichtigsten Aufgabe versagen: die Sicherheit seines Menschen zu gewährleisten. Denn wenn Sie nicht sehen können, dass ein Auto um die Ecke biegt, Ihr Hund aber schon, sollte er sich besser weigern, Sie auf die Straße zu führen – auch wenn Sie darauf bestehen, sie genau jetzt zu überqueren.

Ich habe das, zumindest im Training, in Aktion gesehen, und zwar auf den Bahnsteigen der U-Bahn: Oscar, Tom und zwei andere Trainer führten ihre Hunde bis an den Rand des Gleises, befahlen ihnen, vorwärtszugehen, obwohl das gefährlich gewesen wäre, und lobten sie dann für ihre Weigerung. „Das ist zum Teil reine Selbsterhaltung", sagt Tom, während er versucht, Roger über die sichere Zone hinaus zu locken. Roger bleibt standhaft, weicht dann von der Kante zurück und wird für seine Weigerung gelobt. Aber wenn der Hund erst einmal eine Bindung zu einem Menschen aufgebaut hat, sagt er, dann kommt noch etwas anderes zum Tragen – echte Fürsorge und der Wunsch, dass dem besten Freund nichts Schlimmes passiert.

Und diese Fürsorge hebt die Beziehung auf eine neue Ebene. Peggy Gibbon verweist auf die Stärke der emotionalen Intelligenz dieser Hunde: „Nach etwa einem Jahr geht es nicht mehr immer nur um die Führarbeit, sondern manchmal auch nur um die Gesellschaft", sagt sie. „Manchmal ist das wichtiger als das, was sie im Geschirr tun."

Die Arbeit am intelligenten Ungehorsam und das Üben von ein paar weiteren Fähigkeiten (nicht nur für die Hunde, sondern auch für die neuen *Seeing Eye*-Mitarbeiter und die künftigen Halter der Hunde) beginnt wieder auf den weniger hektischen Straßen von Morristown. Ich habe mich einer Reihe von Teams im Training angeschlossen. Joan Markey, Senior Manager für Ausbildung und Training, nahm mich mit einer jungen Ausbilderin namens Brooke mit, die selbstbewusst mit verbundenen Augen hinter dem Deutschen Schäferhund Monty herlief, das Führgeschirr zwischen ihnen. „Das Schwierigste ist es, den Hund dazu zu bringen, auch nach oben zu schauen", erklärt mir Markey, während wir ein paar Schritte hinter dem arbeitenden Paar hereilen. Für Hunde ist es natürlicher, ihre Nasen tief zu halten, aber ein Führhund muss auch die Gefahr durch überhängende Hindernisse für seine Person einschätzen können. „Das braucht etwas Training, aber irgendwann haben sie diesen Aha-Moment, wenn sie erkennen, dass das, was über ihnen ist – auch wenn es ihnen selbst nicht im Weg ist –, auch wichtig ist", sagt sie.

Als wir die Straße entlangliefen, schlug Brooke mit verbundenen Augen plötzlich mit der Hand gegen einen Laternenpfahl und tat so, als hätte sie sich den Arm gestoßen. Sie blieb stehen, ebenso der Hund, und schlug noch zweimal auf den Pfosten, während Monty zusah. „Wir müssen schauspielern, mit Autos zusammenstoßen, über Bordsteine stolpern, gegen Pfosten laufen und eines großes Ding daraus machen, damit der Hund aus Fehlern lernt", erklärt Markey. Im Training geht der Ausbilder zurück und läuft eine Strecke noch einmal ab, damit das Tier noch einmal versuchen kann, diesmal einen größeren Bogen um ein Hindernis zu machen oder sich weiter von einer Kante zu entfernen. Jede Andeutung einer Veränderung in die richtige Richtung ist ein Grund zum Jubeln (und als Reaktion darauf zum Schwanzwedeln). „Kleine Korrekturen und große positive Verstärkung wirken Wunder", sagt sie.

Vor mir steht ein Prius, der an der Ampel aufs Abbiegen wartet, und Markey erklärt mir, dass der Fahrer einer von uns ist. Die fast lautlose Fortbewegung des Hybrid-Elektrofahrzeugs ist für Hunde eine besondere Herausforderung. Als Brooke und Monty die Straße überqueren möchten, schneidet Walt von *The Seeing Eye* ihnen absichtlich den Weg ab und zwingt Monty, trotz Brookes Vorwärtskommando kurz anzuhalten.

Wie auf dem Bahnsteig der U-Bahn kommt hier intelligenter Ungehorsam ins Spiel. Aber bei dieser ersten Begegnung kam das Auto dem Trainingspaar erschreckend nah. Also gab der Fahrer dem Hund vom Wageninneren aus einen sanften, aber gezielten Klaps auf die Nase, bevor er wegfuhr. „Wir möchten, dass der Hund den Kontakt mit dem Fahrzeug assoziiert, so, als ob er davon angestoßen worden wäre", sagt Markey. „Auf diese Weise lernen sie, in Zukunft nicht mehr zu gehorchen.

Beiß mich vielleicht

Im Gegensatz zu selbständig denkenden Blindenführhunden müssen Polizei- und Militärhunde in entscheidenden Momenten zu absolutem, sofortigem Gehorsam fähig sein, da sie Menschen auf Kommando angreifen und beißen müssen.

Ich komme nicht umhin, darüber nachzudenken, dass diese spezielle Forderung an Hunde das Gegenteil der Beziehung ist, die wir zueinander haben sollten. Wir haben uns gemeinsam in Richtung Freundschaft entwickelt, und jetzt bringen wir ihnen bei, ihren Jagd- und Schutztrieb gegen uns einzusetzen. Unter bestimmten Umständen kommen sie dem auch gerne nach. Am meisten erstaunt mich, dass einem „Beißhund" nicht nur zugetraut wird, den Anweisungen des Hundeführers absolut zu folgen und diesen mächtigen Instinkt im richtigen Moment zu kanalisieren, sondern auch, in der Lage zu sein, einen Schalter umzulegen und ihn sofort abzuschalten. Da der Biss selbst belohnend für Hunde ist, die für diese Aufgabe ausgebildet wurden, kann man sich vorstellen, welch unglaubliche Selbstbeherrschung nötig ist, um kurz vor dem besten Teil aufzuhören. Zumindest bei meiner Begegnung mit einem Schutzhund hat dieser aber seine Belohnung bekommen.

Der Beißanzug war steif, roch nach getrocknetem Schweiß und war mindestens drei Nummern zu groß für mich. Aber ich schlüpfte hinein, weil ich wissen wollte, wie es sich auf der anderen Seite der kraftvollen Kiefer eines Hundes anfühlt, der den Befehl zum Angriff bekommt.

An jenem regnerischen Tag wartete ich in einer Reithalle in Atlanta auf mein verabredetes Treffen mit den Polizeihundeausbildern Mark Leamer und John Bobo sowie einigen örtlichen Hundeführern mit ihren Tieren. Die großzügigen Jungs sowie zwei uniformierte Polizeibeamte hatten angeboten, zu demonstrieren, was passiert, wenn ein „Bösewicht" den Anweisungen eines Diensthundeführers nicht folgt. Bevor sie das Angriffsszenario aufbauten, lernte ich Wick kennen, einen großen, majestätischen belgischen Malinois mit zimtbraunem Fell, schwarzer Maske und riesigen, schwarz umrandeten Stehohren, der von Officer Brandon Decosse geführt wurde. Der Hund strahlte pure Energie aus. Kein Knuddeln und kein Abschlecken, als er seine Einführungsrunde machte; er war ganz bei der Sache und bereit, loszulegen.

Nachdem ich mich angezogen hatte, folgte ich den Anweisungen des Ausbilders und stellte mich in eine Ecke der Reithalle – die Beine für mehr Standfestigkeit etwas gespreizt und die Knie leicht gebeugt, den Ellbogen angewinkelt und den Unterarm wie eine Opfergabe vom Körper weggehalten. Ich spürte, wie mein dünner kleiner Arm in dem Ärmel schwamm, der für einen übergroßen Mann gedacht war, und stellte einen Moment lang die meisten meiner Lebensentscheidungen in Frage, so auch diese. Aber es gab kein Zurück.

Kurz kicherte ich nervös, aber als Officer Decosse und Wick um die Ecke kamen und Wick so heftig an der Leine zerrte, dass der ausgewachsene und gut mit 20 Kilo Übergewicht ausgestattete Polizist mit stotternden Schritten die Kontrolle zu behalten versuchte, spürte ich, wie meine Beine zu zittern begannen. Wick wusste, dass es hier einen Job zu erledigen gab, und folglich gab es keinerlei Subtilität in seiner Kommunikation: Er bellte und knurrte, seine Augen starrten direkt in meine. *Ach du Scheiße.* Decosse und Wick hielten kurz vor mir inne. Und dann, auf knappes Kommando, stürzte sich Wick auf mich. Obwohl ich vorbereitet war, war der Schlag ein Schock und die Wucht des Aufpralls schleuderte mich gegen die Wand. Ich prallte vor allem deshalb wieder von ihr zurück, weil ich nun an Wick hing, dessen Kiefer fest in meinen Arm geschraubt war und dessen Zähne sich in den schwarzen Ärmel vergraben hatten. Sein Beutetrieb war auf Hochtouren: Er bellte durch seinen Biss und riss an meinem Arm. Durch das Schütteln flog mein Kopf wie bei einer Stoffpuppe hin und her, und ich wusste, dass ich trotz der Polsterung blaue Flecken und Nackenschmerzen bekommen würde.

Als Decosse merkte, dass ich genug hatte (vielleicht habe ich auch „OK, reicht" gerufen, aber ich erinnere mich nicht genau), packte er Wick am Halsband und folgte der Prozedur, die er auch im Dienst anwendet – er schrie mich an, ich solle stehen bleiben und mich nicht gegen seinen Hund wehren (haha, als ob), dann befahl er Wick, mich loszulassen. Die Kommandos für Polizeihunde sind in der Regel auf Deutsch oder Niederländisch, zum einen, weil viele Hunde aus Europa importiert werden und schon früh mit diesen Sprachen in Berührung kommen, und zum anderen, um die Worte unverwechselbar zu machen und zu verhindern, dass sie von einem Nicht-Polizisten erraten und verwendet werden. Außerdem steckt einfach mehr Kraft hinter dem deutschen „Los!" als hinter dem englischen „Let go!" Aber aus irgendeinem Grund ließ Wick nicht sofort los. Decosse versuchte es noch einmal mit dem Wortkommando, aber ohne Erfolg. Schließlich benutzte er seinen Schlagstock, um Wicks Kiefer von meinem Arm zu trennen und mich zu befreien.

Ich habe im Namen der Berichterstattung schon viele potenziell gefährliche Dinge getan – mit Tigerhaien getaucht, Kobras gejagt, in kleine klapprige Flugzeuge in abgelegenen Teilen der Welt geklettert – und auf den ersten Blick schien mir das hier nicht mehr oder weniger riskant zu sein. Ich war vorbereitet auf den Angstschock, den Adrenalinstoß und kurz darauf das mit Erleichterung gemischte Hochgefühl.

Aber in diesem Fall fühlte ich noch etwas Neues, das ich erst nach einiger Zeit benennen konnte. Es war ein Gefühl des Verrats – dass ein Hund ausgerechnet *mich* angreift, dass er mich nicht als die Hundefreundin und Tierflüsterin sieht, die ich bin, und sich weigert, mir etwas anzutun.

Mein schwerer Fall des Disney-Prinzessinnen-Syndroms ist mir nur ein bisschen peinlich. Ich möchte gern das Mädchen sein, das eine magische Beziehung zu den Tieren hat, dem sich ein wildes Tier nähert und ihm seine mit einem Dorn durchbohrte Pfote hinhält, das es mit Vertrauen im Blick anschaut. Im Fall des Hundes stellte ich mir vor, er würde sich bestimmt weigern, mich anzugreifen, weil er meine Güte spüren und sich mit mir anfreunden wollen würde. Anstatt mich wie befohlen zu beißen, würde er mir stattdessen das Gesicht lecken.

Laut Jim Crosby – einem ehemaligen Polizeibeamten und heute Experten für veterinärmedizinische Forensik, der Hunde aus Kampfringen, Fällen von Animal Hoarding und anderen tragischen Situationen rehabilitiert – kann es schwierig sein, den Beißschalter umzulegen, wenn die Hunde erst einmal Kontakt zu Menschen haben. „Beim Militär und bei der Polizei ist es am schwierigsten, den Hunden beizubringen, Menschen zu beißen, denn das steht im Widerspruch zu den

Freundschaften, die sie aufgebaut haben“, erklärt er mir. „Den Hunden beizubringen, dass aggressiver Kontakt mit Menschen in Ordnung ist, ist schwieriger als jede Gehorsamsarbeit. Unsere Bindung ist einfach sehr tief.“
In meinem Fall hatte Wick keine Bedenken. Er behandelte mich wie jedes andere Ziel, so, wie es ihm beigebracht wurde. Er hielt sogar länger durch als vorgeschrieben, um mir zu zeigen, dass dies hier kein Disneyfilm war. Der Hund war professionell ausgebildet und sowohl körperlich als auch geistig auf seine Aufgabe fixiert. Ich brauchte einige Zeit, um mir darüber klar zu werden, aber Hunde, die darauf trainiert sind, einen Bösewicht zu verfolgen, diese Person anzugreifen und zu Boden zu bringen, um sie möglicherweise zu verletzen, wenn sie sich nicht fügt, sind keine aggressiven Hunde. Sie sind normalerweise auch nicht „scharf“. Wick, der Polizeihund aus Atlanta, würde niemals angreifen, wenn er nicht dazu aufgefordert wird, und selbst dann ist es für ihn wirklich nur ein Spiel. In einem anderen Zusammenhang würde dieser Hund mich völlig ignorieren oder vielleicht zulassen, dass ich ihn streichle, wenn ich zu ihm nach Hause eingeladen würde. John Bobo erklärt es so: „Ein Polizeihund im Dienst ist ein knallharter Hund. Außerhalb des Dienstes ist er einfach nur ein Hund. Wenn das Blaulicht und die Sirene angehen, schaltet er sofort in den Arbeitsmodus, und seine Verbindung zu dir im Dienst ist so intensiv, dass er deinen Herzschlag kennt. Aber wenn die Scheinwerfer ausgehen, ist er Familie und spielt mit deinen Kindern.“ Ein intelligenter Hund zeichne sich dadurch aus, dass er den Unterschied kenne, sagt er.

Unterlassungserklärung

Selbstbeherrschung ist für jeden intelligenten Hund ein wesentlicher Bestandteil seines Instrumentariums. Auf der Lackland Air Force Base in Texas konnte ich beobachten, wie ein Hund, der auf Kommando zubeißt, sich zurückzuhalten lernt, wenn die Situation das erfordert. Militärhunde oder Polizeihunde im Streifendienst müssen manchmal beißen. Das ist eine unschöne Notwendigkeit, die niemand in den Teams in Lackland auf die leichte Schulter nimmt. Glücklicherweise versteht ein Hund, der für dieses Verhalten in einem Szenario belohnt wurde, dass der Einsatz seiner Zähne kontextabhängig ist und er es nicht ohne Erlaubnis tut. „Es geht nicht, dass Hunde jeden beißen, der ihnen begegnet“, sagte mir ein Hundeführer. Ich war froh, das zu hören. Wie bei all den ihnen antrainierten Verhaltensweisen wissen die Tiere, wann es das Richtige ist und wann es verboten ist. In dieser Hinsicht sind sie schlau.

Das Verhalten des Nachjagens und Zupackens ist auf den Beutetrieb des Hundes zurückzuführen. Stellen Sie sich also vor, wie schwierig es sein muss, vor dem letzten Biss aufzuhören. Der Fachausdruck dafür lautet „kontrollierte Aggression", und genau das müssen diese Hunde lernen. Vom Rande eines Feldes in Lackland aus beobachtete ich einen jungen Malinois namens Griffin, der diese Fähigkeit meisterhaft demonstrierte. Es handelte sich um einen Rüden, aber auch weibliche Hunde werden für das „aggressive" Militär- und Polizeitraining ausgebildet. (Die Tatsache, dass sie läufig werden, macht sie für solche Aufgaben allerdings etwas weniger begehrt.)

Das sah folgendermaßen aus: Die Person mit dem gepolsterten Arm reizte den Hund zunächst mit dem Beißarm, was diesen in einen hohen Erregungszustand brachte, und rannte dann davon. Inzwischen wollte der Hund nichts anderes mehr, als sich an diesem Arm festzubeißen, und als er endlich das Kommando erhielt, das bewegliche Ziel zu verfolgen, war er sofort dabei. Mit angelegten Ohren und fliegender Spucke rannte er in vollem Beutegreifer-Modus über das Feld. Doch ganz knapp, bevor er seine Beute erreichte, rief sein Hundeführer „AUS!" und „SITZ!". Der Hund musste abrupt stoppen, gegen seine tiefsten Instinkte – sich auf die zum Greifen nahe Beute stürzen, – und sich hinsetzen. Er musste auf den natürlichen Verlauf der Jagd und auf die Beute verzichten, denn manchmal schwenkt der Bösewicht die sprichwörtliche weiße Fahne und die Verfolgung wird abgebrochen.

Ich hatte Selbstbeherrschung immer für einen Bestandteil von Intelligenz gehalten, aber nie darüber nachgedacht, warum. Psychologen haben eine Erklärung dafür: Selbstkontrolle ist eine der „exekutiven Funktionen" – eine Reihe grundlegender geistiger Fähigkeiten, die zur Bewältigung des Alltags benötigt werden – und Studien an Menschen haben übereinstimmende Parallelen zwischen der exekutiven Funktion und den Ergebnissen allgemeiner Intelligenztests festgestellt. Eine hohe Exekutivfunktion kann sogar ein genauerer Indikator für den Erfolg in vielen Lebensbereichen sein als der IQ. Das bedeutet nicht, dass die beiden immer Hand in Hand gehen, aber oft tun sie es. Natürlich ist der IQ ein menschliches, für Hunde irrelevantes Maß, aber die Exekutivfunktion und die allgemeine Intelligenz passen bei Hunden wahrscheinlich genauso gut zusammen wie bei uns.

Das schien bei Griffin so zu sein: Er ging von Null auf Hundert und wieder zurück auf Null – kein Problem. Bei ihm sah es leicht aus. Aber ich konnte mir gut vorstellen, dass sein Drang, den Angriff zu Ende zu bringen, und sein Training, sofort auf von seinem Hundeführer angeordnete Änderungen zu reagieren, jedes Mal in seinem Kopf einen Kampf auslösen müssen, wenn eine Verfolgungsjagd beginnt.

Spielzeug-Power

Die meisten von uns haben, so hoffe ich, mindestens eine Leidenschaft in ihrem Leben, für die sie alles andere aufgeben würden. Bei den Hunden in Lackland ist das ein schneemannförmiges, hohles Kauspielzeug aus Gummi, das normalerweise rot ist (seltsamerweise, denn Hunde sind rot-grün farbenblind) und an dem eine Schlaufe befestigt ist. Markenname: Kong.

Mir ist ein spielzeugliebender Hund nicht fremd. Gretel, der Weimaraner meiner Teenagerjahre, war ganz wild auf ihren Tennisball. Tagsüber war er ihr durchnässter, schmutziger Begleiter und nachts ihr Schnuller – sie lag in ihrem Bett und kaute rhythmisch darauf herum, die Augen auf Halbmast, bis sie schließlich einschlief. Aber ich habe noch nie erlebt, dass sich Hunde über ein Spielzeug so aufregen wie die Lackland-Hunde über den Kong. Er ersetzt die Beute, nach der sich ihre Instinkte sehnen. Die Hundeführer helfen den Hunden, indem sie sie auf das Spielzeug vorbereiten, aber die Wertschätzung des Kong ist eine ganz andere Sache. Die einzige Möglichkeit, einen jungen Hund dazu zu bringen, seinen Kong loszulassen, besteht darin, ihm einen anderen Kong zu geben. Das ist Teil der Trainingsstrategie: Der Trainer lockt den Hund mit dem zweiten Kong, bis er den ersten im Austausch freigibt. Irgendwann wird der Ersatz nicht mehr gebraucht.

Aber so vertraut der Anblick eines spielzeugverrückten Hundes uns auch sein mag, es stellt sich heraus, dass das Spielen mit einem Objekt für ein Raubtier nicht wirklich „natürlich" ist. Als ich mich mit Stewart „Doc" Hilliard traf, einem Verhaltensneurowissenschaftler, der seit etwa 20 Jahren das renommierte Lackland-Zuchtprogramm für militärische Diensthunde leitet, wies er darauf hin, dass das Spielen mit Gegenständen eine Art mutiertes Jagdverhalten ist, das die Züchter über Hunderte von Jahren optimiert haben. Und es ist eine äußerst nützliche Optimierung: „Aufgrund der Neigung, sich mit einem Objekt zu beschäftigen, kann ich einen beliebigen Gegenstand nehmen" – er hält sein Handy in die Luft und wackelt damit herum – „und ihm eine Bewegung oder einen Widerstand verleihen, um zu sehen, wie engagiert der Hund ist."

Es wäre mir nie in den Sinn gekommen, dass der Spieltrieb eines Hundes für seine militärische Ausbildung wichtig sein könnte, aber genau das ist er laut Hilliard. Und er ist vor allem eine angeborene Eigenschaft: „Entweder kommen die Hunde mit genug davon zu uns oder nicht." Diejenigen, die genug davon besitzen, werden lernen, so ernsthafte Aufgaben wie das Aufspüren von Bomben zu erledigen. Tatsächlich ist für einen Militärhund die Bindung an den Kong anfangs sogar wichtiger als die Intelligenz, auch wenn die Lackland-Hunde beides zu haben scheinen.

Wie viele andere kluge Hunde müssen auch Militärhunde unter Umständen intelligenten Ungehorsam zeigen. In einer Situation, in der es um Leben und Tod geht, wie es bei Sprengstoffspürhunden oft der Fall ist, müssen sie entscheiden, ob sie dem Befehl des Hundeführers folgen oder dem, was ihre eigenen Sinne ihnen sagen. „Diese Hunde sollten in erster Linie dem Geruch gehorchen", sagt Hilliard. „Wenn ich als Hundeführer eine Ahnung habe, wo eine Bombe versteckt ist, kann ich mich in diese Richtung orientieren, ob ich will oder nicht. Aber wenn die Nase des Hundes etwas anderes sagt, muss er meinen Fokus ignorieren und seiner Nase folgen, und zwar willentlich. Wenn nötig, sollte er mich aus dem Weg schieben."
Es ist ein heikles Gleichgewicht, sagt er, weil diese Hunde so gut darauf trainiert sind, auf die Signale der Hundeführer zu reagieren. „Sie müssen lernen, auf mich zu hören, aber auch bereit sein, mich zu ignorieren, wenn ich falsch liege".

Bitte nicht vorsagen

So rätselhaft uns ihre Fähigkeiten auch erscheinen mögen: Wir dürfen nicht vergessen, dass Hunde keine unfehlbaren Schnüffler und ihre Nasen keine Maschinen sind. Letztendlich sind sie denkende, fühlende Wesen, die nur aufgrund ihres Wunsches, uns zu gefallen, bei Riechaufgaben Fehler machen können.
Aber Fehler sind kein Hinweis auf mindere Intelligenz. Eine andere Art von Schläue, nämlich die, die es Hunden ermöglicht, uns pausenlos zu lesen und die für beide Seiten vorteilhafte artübergreifende Partnerschaft zu unterstützen, kann manchmal sogar die von der Nase gelieferten harten Fakten überlagern.
Vielleicht haben Sie schon einmal vom Klugen Hans gehört, einem Pferd, dessen publikumswirksame Fähigkeit zum Lösen von Rechenaufgaben sich in den frühen 1900er Jahren als Folge subtiler, unbeabsichtigter Hinweise seines Besitzers herausstellte. Seine Geschichte ist unter Wissenschaftlern zu einer Art Synonym für die Notwendigkeit geworden, Situationen zu vermeiden, in denen die Versuchsleiter oder Versuchspersonen versehentlich die Ergebnisse von Tierversuchen beeinflussen könnten.
Hunde sind mit uns im Einklang, so wie Hans mit seinem Besitzer im Einklang war: Sie beobachten und lernen ständig, ob wir uns dessen bewusst sind oder nicht. Hundeführer können einem Hund leicht „sagen", was er tun soll, ohne es zu wollen. Das ist besonders wichtig zu wissen, wenn wir uns auf Hunde verlassen, um Dinge zu finden, die das Leben der Menschen nachhaltig beeinflussen können.

Im Jahr 2010 veröffentlichte die Neurologin Lisa Lit von der UC Davis, die auch Erfahrung als Spürhundetrainerin hatte, eine aussagekräftige Studie, welche die Unparteilichkeit der Hundeteams der Polizei in Frage stellte. Die Forscher führten Tests durch, bei denen den Hundeführern gesagt wurde, dass in vier Räumen einer Kirche Zielgerüche (Sprengstoff oder Drogen) versteckt seien, unter anderem an Stellen, die mit roten Papierschnipseln markiert waren. In Wirklichkeit enthielten die Räume keinerlei Zielgeruch, dafür waren Würstchen und Tennisbälle als Köder versteckt.

Da es nichts zu suchen gab, hätte es in keinem der Räume eine Anzeige geben dürfen. Stattdessen zeigten die Hunde in allen Räumen an, und zwar am häufigsten an den Stellen, die durch die roten Schnipsel gekennzeichnet waren – was darauf schließen lässt, dass die Hundeführer, für die die Markierungen von Bedeutung waren, die Entscheidungen der Hunde in irgendeiner Weise beeinflussten. Das Ziel der Studie bestand weder darin, die Erkennungsfähigkeiten der Hunde in Frage zu stellen noch den Beamten Unehrlichkeit zu unterstellen. Das „Lenken" eines Hundes kann völlig unbeabsichtigt erfolgen, so die Autoren der Studie; es genügt ein winziger unbeabsichtigter Blick, eine Geste oder ein Nicken.

Dies ist vor allem dann wichtig, wenn Hundeteams bestimmen sollen, was als Nächstes geschieht. In den meisten US-Bundesstaaten gibt ein Spürhund, der an einem Auto anzeigt, der Polizei das Recht, das Fahrzeuginnere zu durchsuchen (manche Polizisten nennen die Hunde scherzhaft „wahrscheinliche Ursache auf vier Beinen"). Das kann zu allen möglichen rechtlichen Problemen für den Fahrer führen, wenn etwas entdeckt wird. In manchen Gegenden darf die Polizei sogar aufgrund ihrer eigenen Erfahrung mit dem Hund entscheiden, ob dessen Verhalten einen Hinweis darstellt. (Also: *Ich kenne meinen Hund, und die Art, wie er das Lenkrad anstarrt, sagte mir, dass er etwas gefunden hat.*)

Wird die Anzeige des Hundes aber durch eine Fehlleitung oder Fehlinterpretation des Hundeführers ausgelöst, hätte der Fahrer bzw. dessen Auto niemals durchsucht werden dürfen. Ich habe in Lackland Hundeführer bei der Ausbildung von Spürhunden an Fahrzeugen beobachtet und konnte sehen, wie leicht es ist, eine Voreingenommenheit (falls vorhanden) zu zeigen, indem man einen Hund unbeabsichtigt übersteuert.

Als ich mich dem langgezogenen Parkplatz hinter der Kaserne näherte, auf dem Dutzende von alten Fahrzeugen in unterschiedlichem Zustand nebeneinander abgestellt waren, war gerade eine Prüfung im Gange. Oscar Clayton, der leitende Offizier für die Bewertung von Militärhunden, stand mit einem Klemmbrett dabei und beobachtete, wie sich ein junger Flieger und ein kleiner Schäferhund an einer kurzen, aber lockeren Leine zwischen den Fahrzeugen bewegten. Clayton war sachlich und leicht mürrisch, als ich ihn mit Fragen löcherte, während wir uns eine weniger gute Vorstellung ansahen.

Es fing alles gut an. Während der Hundeführer einen heruntergekommenen Ford-Truck in eilig aufgetragenem blauen Sprühlack umkreiste, führte er die Nase des Hundes am unteren Teil des Fahrzeugs entlang, um die Türkanten herum und in den Radkasten. Dabei klopfte er hier und da gegen das Fahrzeug, um den Hund zu ermuntern, alles zu überprüfen. Das alles war gut. Doch dann kam der Fehler: Die Hündin schien Geruch an der Ecke der vorderen Stoßstange aufzunehmen, ihr Kopf ging ruckartig nach links. Aber der Hundeführer schaute nach vorne und bewegte sich weiter. Als er weiter unten an die Stoßstange tippte, straffte sich die Leine – die Hündin beeilte sich, um zu ihm aufzuholen, und ließ alles, was sie fast entdeckt hatte, liegen.

„Sehen Sie das?" fragte mich Clayton. „Die Hündin hat ihm etwas zu sagen versucht, und er hat nicht zugehört. Er hätte dahingehen sollen, wo sie suchen wollte, und sich von ihr zum Geruch führen lassen. Die Regel heißt: Lies deinen Hund. Folge deinem Hund."

Zum Lesen eines Hundes gehöre es auch, darauf zu achten, wenn der Hund schneller schnüffelt, um die Quelle des Geruchs zu finden. Clayton machte ein versteinertes Gesicht, während er Kästchen ankreuzte und Notizen auf dem Formular auf seinem Klemmbrett machte. Einen Moment lang verspürte ich das Gefühl eines Prüfungstages im Bauch, gefolgt von einem Anflug von Erleichterung, dass er nicht mich testete.

Tests sind wichtig, um sicherzustellen, dass die Hundeführer ihren Hunden das richtige Maß an Selbstständigkeit zugestehen und sich als aufmerksame, aber nicht aufdringliche Partner verhalten. In diesem Fall entging dem Flieger, was der Hund zu sagen hatte, weil er in Eile war und sich möglicherweise darauf konzentrierte, wo er die Geruchsprobe erwartete. Auch das umgekehrte Szenario war leicht vorstellbar: Ein Hundeführer nimmt an, den Geruch an einer bestimmten Stelle zu finden, äußert diese Annahme unbewusst und setzt seinen Hund unter Druck, die Probe *genau da* zu finden. Und der Hund, der nun etwas verwirrt ist und seinem Hundeführer gefallen möchte, hört nicht auf seine eigene Nase und zeigt an, wo es der Hundeführer erwartet.

Zum Abschluss meines Aufenthalts in Lackland führte mich mein Reiseleiter zu den Wurfkisten, in denen die Welpen des militärischen Diensthundeprogramms ihre ersten Tage verbringen. Zu diesem Zeitpunkt war nur ein einziger Welpe dort – ein knöchelhoher, vier Wochen alter Malinois, der bis auf seine schwarze

Schnauze und einen Streifen quer über die Rute rostbraun war. Er war der einzige Überlebende einer problematischen Trächtigkeit und ein echter Kämpfer, der natürlich Warrior hieß.
Ich kuschelte den weichen kleinen Kerl an meinen Hals, bis er es auf meinen Ohrring anlegte. Dann spielten wir Tauziehen mit einem Kauspielzeug, damit seine Nagezähne nicht meine Hände punktierten. (Malinois-Fans nennen die Welpen wegen ihrer Beißlust gern „Malligatoren".) Ja klar, Welpen beißen nun einmal und vielleicht lag es an der Situation, aber ich schwöre, dieser Hund wollte zeigen, was er als Erwachsener tun kann und tun würde.
„Eines Tages wirst du mit diesen Zähnen vielleicht ein paar Bösewichte zur Strecke bringen, Kleiner", sagte ich zu ihm und zog meinen durchstochenen kleinen Finger aus seinem Maul. „Du könntest ein Held werden." Vielleicht würde dieser Welpe aber auch gar nicht zum Soldaten werden und stattdessen einen Beruf ergreifen, bei dem seine beträchtlichen kognitiven Fähigkeiten mehr zum Einsatz kommen als seine körperlichen. Sein Weg lag noch vor ihm, aber egal, was er tun würde, ich wusste, dass er die Gelegenheit bekommen würde, alle möglichen Dinge von allen möglichen Leuten zu lernen.
Was auch immer an Talent in ihm schlummerte, würde seinen Weg nach draußen finden.

KAPITEL 5

GEMEINSAM IN VERSCHIEDENEN WELTEN

Hunde sind sowohl genetisch als auch entwicklungsbedingt ganz klar darauf vorbereitet, in einer vom Menschen gestalteten Umgebung zu gedeihen. Sie binden sich an uns und lernen von uns. Das heißt aber nicht, dass sie unsere gemeinsame Umgebung genauso wahrnehmen wie wir – und das nicht nur deshalb, weil sie auf vier Beinen stehen. Hunde nehmen Informationen über ihre Umgebung auf eine Weise auf, die sich so sehr von unserer unterscheidet, dass sie gewissermaßen eine ganz andere Welt bewohnen.

Zum Teil unterscheiden sich die sensorischen Datenerfassungsmechanismen von Hunden: Die Strukturen der Nase, die Beweglichkeit der Ohren, die Empfindlichkeit der Tasthaare – all das spielt eine Rolle. Aber auch die Informationen, auf die Hundegehirne reagieren, sind nicht die gleichen wie die, die unser Gehirn aufnimmt. Was auch immer Ihr Hund tut, das Sie vielleicht für unerklärlich, seltsam, eklig oder sogar dumm halten – betrachten Sie es stattdessen als hündisch.

Und bedenken Sie, dass die Nase, die Zunge, die Ohren, die Tasthaare und die Pfoten des Hundes zwar die Daten sammeln, diese Daten aber vom Gehirn verstanden werden. Ich nehme an, das ist offensichtlich, aber wir denken oftmals nicht so.

Das Gehirn ist der Ort, an dem sensorische Informationen gesammelt, sortiert, klassifiziert und gespeichert werden und an dem Entscheidungen getroffen werden. Deshalb sollten wir diese Systeme als sensorische Intelligenz und nicht nur als Sinnesrezeptoren zu betrachten. Als ich untersucht habe, wie sich die Sinneswelt der Hunde von unserer unterscheidet, wurde mir klar, dass wir ziemlich ahnungslos sind, was das Erleben eines Hundes wirklich ausmacht. Wir werden gleich zur Nase kommen. Doch zuerst wollen wir einige andere auffällige Unterschiede zwischen den Sinneswahrnehmungen von Hunden und Menschen betrachten.

Hört, hört

Der Neuropsychologe Stanley Coren schrieb elegant, dass die rechte Seite eines Klaviers mit 88 Tasten 52 zusätzliche Tasten benötigen würde, um die höchsten Töne zu spielen, die ein Hund hören kann. Und die obersten 24 Töne müssten elektronisch gestimmt werden, weil selbst die schärfsten Ohren des Menschen sie nicht hören könnten.

Wenn Sie nüchternere Statistiken bevorzugen: Menschen mit perfektem Gehör können Frequenzen von etwa 20 bis 20.000 Hertz (Hz) wahrnehmen, was in etwa dem Kernbereich der menschlichen Stimme entspricht. Das Gehör von Hunden beginnt etwas oberhalb unseres Gehörs, bei etwa 40 Hz, aber sie können bis zu 65.000 Hz hören. Ihre Lautstärkeempfindlichkeit ist viermal so hoch wie unsere, vor allem im Hochtonbereich. Für ein Raubtier, das kleine Säugetiere anhand ihrer quietschenden Notrufe jagt (zumindest, wenn kein Futter im Napf ist), ist dies evolutionär gesehen sehr sinnvoll. Und mit 18 Muskeln, die jedes Ohr steuern, können Hunde dank ihrer überragenden Ohrbeweglichkeit die Quelle von Geräuschen triangulieren und sowohl erkennen, wo sich der Geräuschmacher befindet als auch, ob er kommt oder geht.

Es ist also erklärlich, dass Ihr Hund weiß, dass Ihr Partner fast zu Hause ist, bevor er in die Einfahrt einfährt – er hört das Auto, wenn es noch weit entfernt ist. Die Hörempfindlichkeit von Hunden erklärt auch, warum manche Hunde bei alltäglichen Geräuschen in Stress geraten. Ein Staubsauger ist nicht nur einfach laut, sondern wer weiß schon, wie laut er bei Frequenzen oberhalb unseres Hörbereichs jault? Oder wie viele unserer elektronischen Geräte hohe Töne von sich geben, von denen wir nicht einmal wissen, dass es sie gibt?

Hier gibt es eine Menge zu sehen

Wie das Gehör ist auch das visuelle System von Hunden auf das Aufspüren von Beute ausgerichtet. Sie sehen auch bei schwachem Licht in der Morgen- und Abenddämmerung gut und ihre Augen sind bis zu zwanzig Mal empfindlicher für Bewegungen als unsere. Das bedeutet, dass sie nicht nur das Zittern der Tasthaare eines Kaninchens oder den Pulsschlag einer Ratte wahrnehmen, sondern auch winzige, aber bedeutungsvolle Veränderungen in unserer Mimik und Körperhaltung. Kein Wunder, dass sie die Gedanken ihrer Besitzer zu lesen scheinen.
Und obwohl Hunde zur Kurzsichtigkeit neigen (sie erkennen einen sich nähernden Freund vielleicht erst, wenn er schon ziemlich nah ist) und ihrem visuellen Universum die Empfindlichkeit für den roten und grünen Teil des Farbspektrums fehlt, sehen sie Blau- und Gelbtöne und sind sehr empfindlich für Grautöne (denken Sie an die exquisit detaillierten Schwarzweißfilme aus dem Goldenen Zeitalter des Kinos, bevor Sie Mitleid mit „farbenblinden“ Hunden haben). Hundeaugen sind vielleicht sogar für visuelle Fähigkeiten ausgelegt, die wir gar nicht haben: Wie viele andere Tiere lassen ihre Linsen erhebliche Mengen an ultraviolettem Licht durch – Wellenlängen, die menschliche Linsen blockieren.

Berührungssensoren

Tasthaare (Vibrissen) sind hochsensible Sinnesorgane, von denen Hunde vier Sätze im Gesicht haben. Jeder Tasthaarfollikel hat seine eigene Blut- und Nervenversorgung, und zusammen können die borstigen Haare, wenn sich ein Hund einem Objekt nähert, Veränderungen im Luftstrom schon erkennen, lange bevor es zu einer Berührung kommt. Auch ihre Fußsohlen und die Haut zwischen den Zehen sind hochsensibel. (Eine Gemeinsamkeit mit uns: Viele Hunde sind kitzelig!)

Der Geschmack von Wasser

Hunde haben deutlich weniger Geschmacksknospen als wir – nur etwa 1.700 im Vergleich zu unseren 9.000. Im Gegensatz zu uns haben sie jedoch einen Bereich mit Geschmacksknospen im hinteren Teil des Rachens, der ihnen eine letzte Warnung gibt, bevor sie etwas verschlucken, das potenziell schädlich schmeckt. Und Hunde haben spezielle Geschmacksknospen an den Zungenspitzen, mit denen sie Wasser schmecken können. Das heißt, sie schmecken den „Geschmack" der Moleküle selbst und nicht das, was im Getränk gelöst ist. Auch Katzen haben diese Fähigkeit, wir allerdings nicht. Stanley Coren vermutet, dass sich diese Fähigkeit entwickelt hat, „damit der Körper die inneren Flüssigkeiten im Gleichgewicht halten kann, nachdem das Tier etwas gefressen hat, das entweder zu mehr Urin führt … oder mehr Wasser benötigt, um es angemessen zu verarbeiten." Kluge Knospen, mit Verlaub.

Oh, so sensibel

Alles in allem ist es kein Wunder, dass unsere Hunde so unglücklich sind, wenn sie nach einer Verletzung oder einem tierärztlichen Eingriff einen großen Kragen tragen müssen. Dieser „Kragen der Schande", über den wir lachen, muss ihre Sinneswahrnehmung beeinträchtigen: Er stört die Luftzirkulation und damit Gerüche, schränkt die periphere Sicht ein, blockiert oder verstärkt Geräusche und hindert sie an ihrem natürlichen „Schnüffelverhalten". Ich nehme an, es ist ein Zeichen für den Glauben der Hunde an die Menschheit, dass sie diese Demütigung meistens tolerieren.

Zusammen mit dem Geruchssinn, mit dem wir uns im nächsten Kapitel befassen werden, sind dies die vertrauten Sinne, über die wir alle in der Grundschule gelernt haben. Die auf Aristoteles zurückgehende Liste von fünf Sinnen ist jedoch geradezu lächerlich beschränkt und verrät viel darüber, wie Lebewesen vom Baum bis zum Terrier ihre Umwelt wahrnehmen.

Heutzutage kennen Wissenschaftler eine Fülle von sensorischen Systemen mit unterschiedlicher funktioneller Bedeutung in verschiedenen Organismen. Manche davon sind vermutlich bei Säugetieren oder sogar bei Wirbeltieren im Allgemeinen zu finden, sodass man davon ausgehen kann, dass sie eine Rolle dabei spielen, wie Hunde die Welt wahrnehmen. Dazu gehört die Fähigkeit, die Zeit über eine „Körperuhr" zu spüren und Wetter- und jahreszeitliche Veränderungen vorauszusehen, die durch elektromagnetische Impulse „in der Luft“ signalisiert werden. Jüngste Forschungen haben sogar einen (für uns) völlig neuen Sinn bei Hunden entdeckt: die Fähigkeit, schwache Wärmestrahlung zu riechen, wie sie zum Beispiel von einem kleinen Beutetier ausgeht. (Stellen Sie sich das so vor: Kalte Nase, warme Maus; die Differenz zwischen beidem steuert die Angriffsrichtung.) Unterm Strich: Die sensorische Intelligenz von Hunden verschafft ihnen Zugang zu Räumen in unserem gemeinsamen Haus, die wir nie betreten haben – Räume, die wir uns nicht einmal vorstellen können.

Als ich über die besonderen sensorischen Fähigkeiten von Hunden nachdachte, fragte ich mich vor allem eins: Sind sie wirklich die Pfadfinder mit fast magischen Fähigkeiten, die wir in Büchern und Filmen feiern? Sind ihre Gehirne mit einem hündischen GPS ausgestattet? Wie kommt es, dass manche Hunde den Weg nach Hause finden und andere völlig verloren bleiben?

Verloren und gefunden

Waits (benannt nach Tom Waits, dem Sänger mit der Reibeisenstimme) war ein großer gelber koreanischer Jindo – ein seelenvolles und fast unerschütterliches Tier, das wir aus unserem regionalen Tierheim adoptiert hatten. Zu seinem neuen Leben gehörten regelmäßige Besuche in unserer Blockhütte in den Wäldern von Central Virginia. Wenn wir dort waren, durfte Waits ohne Leine herumlaufen. Angetrieben von seinen Jindo-Hüter-Genen patrouillierte er jeden Morgen auf dem Grundstück und kam eine Stunde später zurück. „Waits ist wieder da“, sagten wir, wenn wir ihn gegen die Tür stupsen hörten. Und er kam immer zurück.

Eines Tages nutzte Monk eine nicht ganz geschlossene Tür, um einem Reh hinterherzurennen, und Waits folgte ihm. Zwei Stunden später kam Monk nass, stinkend und allein zurück. Waits war noch nie zuvor weggelaufen. Wir verbrachten Stunden bis zum Sonnenuntergang damit, seinen Namen durch den Wald zu rufen, Nachbarn anzurufen und Plakate in den Geschäften aufzuhängen. Wir drapierten sogar ein paar verschwitzte Kleidungsstücke meines Mannes an verschiedenen Stellen, die als Geruchssignale dienen sollten.

Es beruhigte uns, dass Jindos für ihren hervorragenden Heimkehrinstinkt bekannt sind. In einer berühmten Geschichte von der Insel, auf der die Rasse beheimatet ist, verkaufte eine Familie für dringend benötigtes Geld den geliebten Hund eines jungen Mädchens. Der fünfjährige Hund verbrachte sieben Monate damit, mehr als 180 Meilen zurück zu seinem geliebten Menschen zu laufen.

Aber anscheinend hatte Waits das „Richtungsintelligenz"-Gen seiner Vorfahren nicht geerbt. Als wir zwei Tage, nachdem er losgetrabt war, endlich einen Anruf erhielten, dass er gesichtet worden war, war er acht Meilen von seinem Ausgangspunkt entfernt. Wir brachten den erschöpften, dehydrierten Hund nach Hause, wo er einen kräftigen Schluck nahm, sich in sein Bett legte und sich 48 Stunden lang nicht bewegte.

Eine gute Orientierungsfähigkeit hätte Waits vielleicht geholfen, schneller nach Hause zu kommen, aber ein durchschnittlicher Hund, der öfter im Auto mitfährt als durch die Landschaft zu streifen, hat nicht viel Gelegenheit, diese Fähigkeit zu entwickeln. Vielleicht ist diese Fähigkeit für Schlittenhunde hilfreich, aber selbst beim Durchqueren verschneiter Wildnis ist der Mensch immer der Hauptnavigator. In seinem Buch *Dog Behaviour, Cognition, and Evolution* (dt.: *Hunde – Evolution, Kognition und Verhalten*) erklärt der ungarische Ethologe Ádám Miklósi, dass die unglaublichen Heimkehrgeschichten, von denen wir ab und zu in den Nachrichten hören, Ausnahmen sind: Die meisten verirrten Hunde bleiben verloren, es sei denn, ein Mensch findet sie und bringt sie nach Hause. Ein Hund, der von einem Streifzug zurückkommt, benutzt wahrscheinlich Duftkarten: Es ist kein Wunder, dass ein Hund auch nach mehreren Kilometern noch zurückfindet, wenn er auf dem Weg dorthin reichhaltige Gerüche – einen frisch kompostierten Garten, den Duft eines vertrauten Menschen – als Wegweiser hat. Hunde können auch darauf trainiert werden, eine „Fährte" zu verfolgen, sprich ihre Nase zu benutzen, um einen Weg umzukehren oder eine „Fährte" auszukundschaften, was bedeutet, dass man eine neue Fährte legen und falsche Abzweigungen riskieren muss. Es gibt jedoch nur wenige wissenschaftliche Studien zur Rückkehr von Hunden über große Entfernungen. Die wenigen vorhandenen deuten darauf hin, dass ein Hund mit einer außergewöhnlichen emotionalen Bindung zu seinem Menschen mit größerer Wahrscheinlichkeit den richtigen Weg nach Hause finden wird.

Jüngste Forschungsergebnisse lassen auch vermuten, dass die Magnetwahrnehmung zur Wegfindung von Hunden beiträgt. Ein Team der Tschechischen Universität für Biowissenschaften legte 27 Jagdhunden aus 10 Rassen GPS-Halsbänder an und ließ sie im Wald frei laufen. Nach mehr als 600 Versuchen berichteten sie, dass Hunde, die nicht denselben Weg hin und zurück benutzten, ihre Rückreise mit einem kurzen „Kompasslauf" starteten: Zwanzig Meter entlang der geomagnetischen Nord-Süd-Achse. Dabei spielte es keine Rolle, in welcher Richtung das Zuhause tatsächlich lag; die Übung schien die mentale Karte der Hunde mit dem magnetischen Kompass zu synchronisieren, half ihnen, den richtigen Kurs zu finden und verbesserte die Effizienz ihrer Suche erheblich.

Es ist denkbar, dass die selektive Zucht der Jagdhunde ihnen bei dieser Aufgabe einen genetischen Vorsprung verschafft hat. Die Fähigkeit, die Navigationsintelligenz zu nutzen, ist eindeutig variabel, wie die Irrwege von Waits gezeigt haben. Miklósi weist darauf hin, dass „von Hunden keine Wunder bei der Navigation in unbekanntem Terrain zu *erwarten* sind“ (Hervorhebung von mir). Das heißt nicht, dass wundersame Heimkehrgeschichten nicht möglich sind. (Als jemand, der sich sogar in seinem Heimatviertel verirrt, bin ich allerdings eindeutig mit der Orientierungsintelligenz eines Hundes überfordert).

Aber von allen Sinneserfahrungen, die ein Hund machen kann, unterscheidet sich der Geruchssinn wohl am stärksten von unseren eigenen. Die Art und Weise, wie Hunde Geruchsmoleküle erfassen, analysieren und auf sie reagieren, ist so wichtig für sie, dass ich der Geruchsintelligenz von Hunden gleich im Anschluss ein eigenes Kapitel widmen möchte.

Doch bevor wir uns dieser sensorischen Superkraft der Nase widmen, wollen wir kurz für eine Feststellung innehalten, die sich durch das gesamte Buch zieht. Wie der Evolutionsbiologe Marc Bekoff zu sagen pflegt: „Es gibt nicht den einen Hund“. Hunde unterscheiden sich je nach Umgebung und Umständen, nach Genetik und Lebensphase enorm. Sie sind Individuen, jedes mit einer eigenen Persönlichkeit und eigenen Stimmungen, mit Freuden und Ärgernissen, mit Dingen, die sie besonders gut können und Dingen, mit denen sie Schwierigkeiten haben. Wenn ich schreibe, dass „es Beweise dafür gibt, dass Hunde xy können“ oder dass „Hunde nicht dafür bekannt sind, yz zu verstehen“, lasse ich diese Wahrheit beiseite, um zu versuchen, das Wesentliche herauszuarbeiten, das alle Hunde gemeinsam zu haben scheinen.

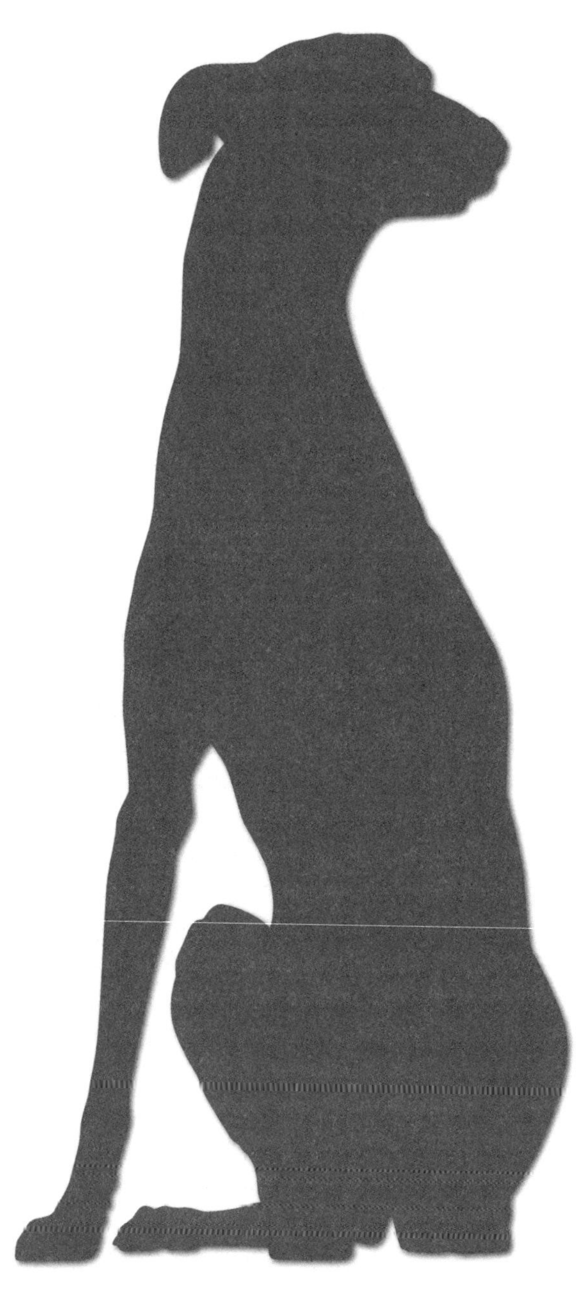

KAPITEL 6

NASENSCHLAU

Hunde denken mit der Nase. Daher ist es nur logisch, dass immer dann, wenn sie eine besonders beeindruckende Intelligenzleistung erbringen, ihr enormer Geruchssinn die Hauptrolle spielt. Die erstaunliche Hundenase führt Hunde auf eine Art und Weise durch das Leben, die wir kaum begreifen können: Sie misst den Raum und erkennt die Zeit; sie identifiziert Freunde und analysiert Gefahren; sie zeigt Gelegenheiten auf. Ein erstklassiger Spürhund kann die Vergangenheit tief im Dreck aufspüren, dem leisesten Fingerzeig eines Menschen folgen und sogar die Zukunft riechen, wenn ein Windhauch von einem Ort zu ihm weht, den er noch nicht erreicht hat.

Deshalb haben wir uns im Laufe der Jahrtausende die Hilfe von Hunden zunutze gemacht, um Dinge zu finden, die für unsere eigenen Augen schwer zu erkennen oder sogar unsichtbar sind. Es ist eine spannende Vorstellung: Jetzt gerade in diesem Moment schnüffeln die unterschiedlichsten Hunde nach den kleinsten gefährdeten Arten. Nach invasiven Pflanzen. Giftstoffen in der Umwelt. Vermissten ältere Menschen. Menschlichen Überresten. Ungeziefer. Bomben. Drogen. Gaslecks. Gluten. Epilepsie. Diabetes. COVID-19. Krebs.

Für Hunde ist ihre Nase natürlich nichts Besonderes. Sie ist nur ein Hilfsmittel (wenn auch ihr wichtigstes), um ihre Umgebung wahrzunehmen. Und täuschen Sie sich nicht: Die Geruchssammlungs-Anatomie des Hundes ist zwar beeindruckend, aber was im Gehirn vor sich geht, ist noch viel beeindruckender. Hunde erkennen, sortieren, kategorisieren und reagieren auf Gerüche mit Hilfe kognitiver Fähigkeiten wie Gedächtnis, Unterscheidung, Bewertung und Auswahl. Die Geruchsintelligenz, die ihre Vorfahren brauchten, um in einer geruchsintensiven Welt zu überleben – um Nahrung aufzuspüren, einen gesunden Partner zu finden, Freund von Feind zu unterscheiden –, ist bei ihren Nachkommen noch heute lebendig und gesund.

Unser eigener Geruchssinn funktioniert für menschliche Zwecke gut genug. Aber Hunde brauchen mehr von allem, was wir haben – fünfmal mehr Riechzellen, 1.200 Gene, die für diese Riechzellen kodieren, verglichen mit unseren 800, und mehr Platz im Gehirn, der dem Geruch gewidmet ist. Der Riechkolben eines Hundes – die Gehirnstruktur, die die neuronalen E-Mails von den Zellen in der Nasenhöhle liest – und das dazugehörige Gewebe sind wesentlich größer als bei uns. Der Geruchssinn ist der am weitesten entwickelte und am meisten genutzte Sinn des Hundes.

Als visuelle Spezies neigen wir dazu, den Geruchssinn zu vernachlässigen – und bitten sogar unsere nasenbewussten Hunde, uns hauptsächlich mit den Augen zu antworten (*Schau mich an! Wo ist dein gelber Ball?*). Diejenigen von uns, die sehen können, nehmen Informationen zuerst über die Augen auf und verarbeiten sie – das Licht des Morgenhimmels, das Gesicht eines geliebten Menschen, die Anordnung der Wörter auf dieser Seite – und diese Dinge bestimmen unser tägliches Leben am unmittelbarsten. Hunde mögen zwar die rosafarbenen Streifen im Sonnenuntergang übersehen, aber sie fangen duftende Botschaften in der Luft auf, von denen wir nie wissen werden, dass sie da sind. In gewissem Sinne führen wir und unsere Hunde ein paralleles Leben, in dem sie manchmal dramatisch unterschiedliche Aspekte derselben Welt erleben. Das können wir leicht vergessen, wenn wir neben unseren hündischen Partnern spazieren gehen. Wir tun gut daran, uns das vor Augen zu halten.

Wenn ich meine eigenen Hunde beobachte, wie sie ihre Nasen benutzen, frage ich mich, wie es wohl wäre, sich so empfindlich gegenüber dem Bombardement von Geruchsmolekülen wie sie durchs Leben zu bewegen. Mit etwa 300 Millionen Geruchsrezeptoren im Vergleich zu unseren mageren fünf oder sechs Millionen stelle ich mir das wie ein ständiges Schnellfeuer vor: *Boum, boum, boum! Riech das! Riech das!* Das würde erklären, warum ein Hund so hartnäckig schnüffelt, während wir an der Leine ziehen und ziehen und ziehen.

Aber werden wir Menschen nicht in ähnlicher Weise von visuellen Signalen überflutet? Schließlich rauschen ständig Datenströme über unsere Sehbahnen, und dennoch blendet unser Gehirn genug davon aus, um uns funktionieren zu lassen.

Der Geruchssinn eines Hundes tut dies ebenfalls: Sein Gehirn verstärkt jeweils einen Geruch, sodass es möglich ist, bestimmte Datenpunkte aus der Nase herauszuziehen. Außerdem müssen Hunde, um etwas wirklich zu riechen, aktiv flüchtige Partikel aus der Luft in die Nase ziehen, was das Wackeln der Nasenlöcher erklärt, wenn sie auf einen Duft fixiert sind. Das Aufnehmen und Analysieren von Gerüchen beeinflusst viele der Verhaltensentscheidungen eines Hundes.
In diesem Sinne sind Monks Spaziergänge für mich zu kleinen Forschungsexpeditionen geworden: zu einer Zeit, in der ich über all die feinen Details nachdenke, die er durchstöbern muss, und was sie bedeuten könnten. Monk ist mein hingebungsvollster Spürnasen-Denker, daher ist „Spaziergang" eine etwas falsche Bezeichnung. Wir sind wirklich zum Schnüffeln unterwegs. Oder zumindest ist er das. (Meistens bin ich nur das andere Ende der Leine, wie Patricia McConnell es in ihrem gleichnamigen Buch so brillant formuliert hat.)
Wenn Monk sich auf eine ernsthafte Schnüffelmission begibt, kommen wir nur langsam voran. Mit gesenktem Kopf und zuckenden Nasenlöchern untersucht er einen kräftigen Grasbüschel wie ein Spurensicherungsteam – jeder Halm wird in seiner ganzen Länge beschnuppert. Dann wird ein Knäuel blasser, trockener Gräser unter die Lupe genommen. Manchmal prustet er dabei. Obwohl ich gehört habe, dass Kälte die Geruchswahrnehmung eines Hundes verändert, scheint Monks Geruchssinn auch bei Winterausflügen in Ordnung zu sein. Die Wissenschaftler wissen noch nicht, ob sinkende Temperaturen die Geruchsstoffe selbst oder die Nasenfunktion des Hundes verändern. Oder beides. Ein weiteres Rätsel!
Plötzlich lässt sich Monk zum Rollen auf den Boden fallen und macht einen schnellen Shimmy auf seinem Rücken, bevor ich eingreifen kann. Als ich meine Nase an sein Fell halte und zaghaft daran schnuppere, rieche ich nichts. Tieferes Einatmen, immer noch nichts Bemerkenswertes für meine Nase. Was ist also der Reiz an dieser Stelle? Ist dort vor einem Monat etwas gestorben? Letzte Woche dorthin gepinkelt? Habe ich mich letzte Nacht dort hingelegt? Was ist das Besondere daran?
Und dann sind da noch diverse Häufchen. Manchmal widmet Monk ihnen Zeit, manchmal nicht. Wie entscheidet er das? Zu unserer Linken liegt ein beeindruckender Haufen, aber wir gehen einfach weiter. Erkennt er ihn als etwas, das er schon bei einem früheren Spaziergang erschnüffelt hat und denkt, dass er schon alle Informationen hat, die er braucht? Ich lasse seine eigenen Häufchen nicht draußen liegen, aber wenn ich es täte, würde er sie am nächsten Tag wieder untersuchen oder die vertrauten Botschaften ignorieren? Wenn er seine Nase so nah an die Quelle hält, dass ich zusammenzucke, welche Geschichte erzählt er dann? Wir

kennen nicht alle Details, aber wir wissen, dass die Hinterlassenschaften von Tieren eine Vielzahl von Informationen enthalten – von der Fortpflanzungsbereitschaft, dem Stressniveau und dem Gesundheitszustand bis hin zu Hinweisen auf verfügbare Ressourcen und Karten, die zeigen, wo das Tier kürzlich unterwegs war. Die langsam schwindende Stärke eines Geruchs fungiert auch als Zeitstempel. Mit jedem stinkenden Haufen wird Monk besser informiert.

Als Mensch bin ich eher der Typ, der den Spuren ausweicht. Ich untersuche alles nur visuell: Sieht aus wie Katzenkacke! Sieht aus wie ein Vogel, der von einer Katze getötet wurde! Ich versuche, meine Nase aus der Sache herauszuhalten. In ihrem hochgelobten Buch *Inside of a Dog* stellt sich die Forscherin Alexandra Horowitz vom Barnard College vor, wie Hunde den Geruch von frischen, zerdrückten und verwelkten Rosenstielen, Blättern und Blütenblättern wahrnehmen. Es ist eine wunderschön geschriebene Beobachtung, die zeigt, dass Hunde den Geruchssinn mit der gleichen exquisiten Sensibilität nutzen, mit der wir sehen.

Aber Hunde können mehr als nur passiv mit ihren Nasen „sehen". Monks Schnüffeln erinnert mich daran, wie ich meine Online-Nachrichten durchforste – manche Artikel lese ich im Detail, andere überfliege ich nur, den Rest ignoriere ich völlig. Was meine oder seine Aufmerksamkeit erregt, ist recht eigenwillig und kann von Tag zu Tag erheblich variieren.

Mein Gespräch mit Horowitz darüber, welch eine Transformations-Erfahrung es wäre, in einem „Geruchsuniversum" zu leben, brachte mich dazu, über die Zeit aus der Sicht eines Hundes nachzudenken. „Gerüche kommen nicht mit der gleichen Vorhersehbarkeit an wie das Licht in unseren Augen", sagt sie, „und das macht den Sinn eines Hundes für den gegenwärtigen Moment anders als unseren. Wenn mein Hund am Boden riecht, erfährt er vielleicht etwas darüber, was hier vorhin passiert ist, während das Schnüffeln an der Luft ihm etwas über die Zukunft verrät – über jemanden, der sich nähert und dessen Geruch schon vor der Person ankommt."

Diese Nasenuhr bietet Hunden eine weitere, für uns meist unerreichbare Möglichkeit, der Welt zu begegnen. Ich werde diesen Punkt zweifellos noch öfter ansprechen: Hunde sind anders.

Geruch und Sensibilität

Der Geruchssinn ist für Hunde so wichtig, dass er vielleicht sogar der Schlüssel zu ihrer Selbsterkenntnis ist. Lange Zeit haben wir „Selbstwahrnehmung" als eine entscheidende Komponente der Intelligenz betrachtet und Wissenschaftler haben immer visuell basierte Tests verwendet, um sie bei anderen Lebewesen zu beurteilen.

Der Aufbau: Wenn man einem Tier einen farbigen Punkt auf das Fell malt und es in einen Spiegel schauen lässt, untersucht es dann die Markierung? Wenn ja, berührt es den Punkt direkt auf seinem Körper – und erkennt, dass das Spiegelbild sein Spiegelbild ist – oder berührt es den Spiegel, was darauf hindeutet, dass es glaubt, dass das, was im Spiegel zu sehen ist, von ihm getrennt ist?

Dieser Test wurde erstmals 1970 an Schimpansen ausprobiert, die ihn „bestanden" haben, und seither an vielen anderen Tieren. Kinder bestehen ihn etwa im Alter von zwei Jahren; Delfine, asiatische Elefanten und Elstern haben ihn ebenfalls „bestanden". Nicht so Hunde. Sie schauen in einen Spiegel und können damit sehen, was hinter ihnen ist, aber sie scheinen ihn nicht zu benutzen, um sich selbst zu „sehen". Hundebesitzer haben vielleicht schon einmal eine Version dieses Phänomens beobachtet: Fido sträubt sich und bellt den Hund im Spiegel an, als ob es sich um einen Eindringling handelt. Diese Unfähigkeit, ein Spiegelbild als „Selbst" zu erkennen, wurde lange Zeit als Beweis dafür angeführt, dass Hunde kein Ich-Bewusstsein haben.

Einige Forscher bezweifeln jedoch, dass eine visuelle Aufgabe der richtige Test für eine nasengeprägte Spezies ist und haben einen Ansatz gesucht, der für einen Hund sinnvoller ist. Der Evolutionsbiologe Marc Bekoff zum Beispiel hat mit „gelbem Schnee" herumgespielt und das Interesse seines Hundes Jethro an dessen eigenem Urin im Vergleich zu dem von anderen Hunden getestet. Bedenken Sie, dass Urin unter anderem Aufschluss über den sozialen Status und die Fortpflanzungsfähigkeit in der Hundewelt gibt und oft fügen Hunde einem stark frequentierten Pinkelfleck ihren eigenen Datenstrom hinzu. Ob sie sich dabei an einem Schwätzchen unter Nachbarn beteiligen, die Signale eines anderen Hundes aus Statusgründen überdecken oder beides tun, weiß niemand so genau. Aber wie auch immer man es deuten mag: Urin ist ein wichtiges Medium in der Geruchswelt eines Hundes.

Als Bekoff Jethros Urinprobe an eine andere Stelle brachte, beachtete der Hund sie kaum und lief stattdessen schnell weiter, um die Hinterlassenschaften anderer Hunde zu untersuchen. Horowitz nahm die Idee mit ins Labor und entwickelte einen „Geruchsspiegeltest“, bei dem ein Hund seinen eigenen natürlichen Urin und eine veränderte Version dieses Urins erschnüffeln konnte. Auch sie stellte fest, dass die Hunde sich selbst zu erkennen schienen und mehr Neugier auf den veränderten Urin zeigten als auf ihren eigenen Urinduft.

Hier geht es um zweierlei: Wenn Ich-Bewusstsein ein echtes Merkmal von Intelligenz ist, dann haben Hunde bewiesen, dass sie wirklich intelligent sind. Zweitens müssen wir, wenn wir Vergleiche anstellen müssen, die Perspektive der Hunde berücksichtigen: Ein seltsamer Farbfleck auf dem Fell hat für sie keine Bedeutung, während geruchintensive Pipi wertvolle Daten enthält. Außerdem müssen wir unsere Tests auf ihre Superkräfte ausrichten, nicht auf unsere. Bei der Erforschung von Hunden müssen wir uns mehr auf Hunde einstellen. Daran müssen wir arbeiten, wenn wir versuchen, den Geruchssinn von Hunden besser zu verstehen. In diesem Zusammenhang – und bevor wir uns weiter mit der Nase befassen – möchte ich noch einen anderen Fall erwähnen, in dem ein intelligenterer Ansatz den Wert der Forschungsergebnisse steigern könnte. Der Spezialist für klinisches Tierverhalten Daniel Mills und sein Team von der University of Lincoln in Großbritannien weisen darauf hin, dass die oft zitierten Studien über die emotionalen Reaktionen von Hunden auf menschliche Gesichter möglicherweise am Ziel vorbeigehen, weil sie sich ausschließlich auf Hinweise im Gesicht konzentrieren und die Körpersprache außer Acht lassen. „Hunde achten mehr auf den Körper als auf den Kopf von Menschen und Hunden“, schreiben die Autoren in einem Artikel aus dem Jahr 2021 – ein Unterschied zwischen unseren Spezies, der eine Änderung der Methodik erforderlich macht, wenn wir wirklich verstehen wollen, was in der Psyche von Hunden vor sich geht. Zweifelsohne können Wissenschaftler viele weitere solche Fälle in der Forschung finden, wenn sie danach suchen würden.

Aber nun zurück zum Geruchssinn. Eines wissen wir mit Sicherheit: Hunde können Stoffe in so geringen Konzentrationen aufspüren, dass wir uns in demütiger Ehrfurcht vor ihnen verneigen sollten. In ihrem Buch *Das andere Ende der Leine* schreibt Patricia McConnell: „Der menschliche Geruch von Fingern, der einem Glas anhaftet, das zwei Wochen lang im Freien oder vier Wochen lang im Haus gestanden hat, ist immer noch ein Signal für einen Hund, der auf der Spur ist. Das Gleiche gilt für ein Viertelmilliardstel Gramm Schweiß, das die Schritte eines durchschnittlichen Menschen auf dem Boden hinterlassen.“

Wie ausgeprägt ist die Geruchsintelligenz eines Hundes, wenn es um kaum vorhandene Gerüche geht? Bis zu welcher Konzentration können sie heruntergehen? Paul Waggoner, Co-Direktor des *Canine Performance Sciences*-Programms am College of Veterinary Medicine der Auburn University in Alabama, hat versucht, diese Schwelle mit Hilfe eines mikrowellengroßen Geräts namens Trace Vapor Generator (ich habe es im Stillen „das Gehirn" genannt) herauszufinden. Mit diesem Gerät können die Benutzer die Intensität des Geruchs einer Substanz einstellen. Es wurde am *U.S. Naval Research Laboratory* entwickelt, um gut kontrollierte Konzentrationen von Sprengstoffen und Betäubungsmitteln zu erzeugen, die auch von Hunden gut aufgespürt werden können, und um (von Menschen gebaute) Instrumente zu testen, die diese Gerüche wahrnehmen können. In Auburn wurde die Anlage so modifiziert, dass sie Dämpfe durch einen Kanal in einen Beobachtungsraum abgibt, wo ein Hund den Forschungsgeruch des Tages durch einen Trichter in der Wand erschnüffeln kann. Wie bei allen derartigen Studien müssen die Hunde darauf trainiert werden, nach dem jeweiligen Geruch zu „suchen" und den Forschern dann Bescheid zu geben, wenn sie ihn gefunden haben. Ich wurde eingeladen, ein paar Runden zu beobachten, also setzte ich mich vor den kleinen „Schnüffelraum" und spähte durch die Beobachtungsscheibe.

Für jede Runde wartete ein Hund in einer Box, die sich zum Testraum hin öffnete. Sobald Waggoner den Dampf einstellte und ihn durch das Rohr strömen ließ, öffnete sich die Hundetür und der Hund konnte zum Trichter eilen und schnuppern. Wenn er den fraglichen Duft aufnahm, setzte er sich vor dem Trichter hin. War dies nicht der Fall, stupste er mit der Nase an einen Targetstab in der Mitte des Raums und ging zurück in seine Box. Jeder Test dauerte nur wenige Sekunden.

Wir haben alle schon so verblüffende Behauptungen gehört wie „Ein Hund kann einen einzigen Tropfen Blut in einer Wassermenge von drei olympischen Schwimmbecken aufspüren" oder eine andere Variante dieses Themas. In der Tat haben Studien bewiesen, dass Hunde manche Substanzen in Konzentrationen von bis zu einem Teil pro Billion wahrnehmen können. Aber hier, bei der neuesten Version der Dampferzeugungstechnologie, werden den Hunden von Auburn viel schwächere Dosen als diese angeboten. Und sie sagen den Forschern: *Ja, das kann ich riechen.*

Glory, eine superfreundliche gelbe Labradorhündin, die das Spiel noch lernte und mir ein Küsschen gab, nachdem sie ihre Runden gedreht hatte, schien bei ihrem ersten Lauf zu vergessen, was sie tun sollte. Sie beschnupperte den Trichter und drehte sich um. Sie ging zu dem Hebel und setzte sich daneben. Sie sah sich um; wartete auf Anweisungen. Man rief sie zurück zur Box für einen weiteren Versuch. Beim nächsten Mal erinnerte sie sich an die Regeln. Der Duftstoff war auf 100 Teile pro Milliarde eingestellt. Sie schnupperte, betätigte den Hebel und kehrte zu der Kiste zurück. Waggoner stellte die Duftspur für den nächsten Durchgang auf 10 Teile pro Milliarde ein. Auch dieses Mal nahm Glory den Geruch auf. Dies wurde als einfache Übung angesehen. „Letztendlich sind die Hunde vielleicht besser als die Maschine“, sagt der Forscher. „Was wir Stand jetzt sagen können, ist, dass sie Gerüche *mindestens* bis zu 500 Teilen pro *Billiarde* erkennen können.“ Später habe ich versucht, diese Zahl zu begreifen, was mir nicht gelang. Was bedeutet eine Billiarde überhaupt, außer einer Zahl mit 15 Nullen dahinter? Es scheint, dass wir noch weit von der wahren Grenze der Fähigkeiten von Hunden entfernt sind. Das Gebiet bleibt ein wissenschaftliches Grenzgebiet, ähnlich wie der Weltraum und die Tiefsee: Es ist aufregend, rätselhaft und erfordert neue Werkzeuge und Technologien für eine vollständige Erforschung.

Auch wenn Spürhunde darauf trainiert sind, ihre olfaktorische Intelligenz für eine bestimmte Aufgabe einzusetzen, wissen die Wissenschaftler nicht immer genau, worauf sie sich bei ihrer Arbeit verlassen. Es sieht also so aus, als müssten wir noch warten, bis wir ihren Spürsinn verstehen. Dies ist ein weiterer Fall, in dem die menschliche Intelligenz die Intelligenz des Hundes einholen muss. Eins zu Null für den Hund.

Wie die Nase weiß

Wenn Sie die Nase Ihres Hundes genau beobachten, während er auf einen Geruch fixiert ist, werden Sie sehen, wie sie niedlich wackelt, und Sie werden die Stakkato-Takte ihrer Arbeit hören. Als Werkzeug ist die Hundenase ein Triumph der natürlichen Auslese: ein komplexes System von Rädchen und Rädern, über das wir selten nachdenken.

Wenn ein Hund einatmet, kann die Luft zwei mögliche Wege nehmen – einen für die normale Atmung und einen für den Geruchssinn. Bei intensiver Erkundung oder Fährtensuche nimmt der Hund durch das schnelle Schnüffeln – bis zu 200 Mal pro Minute im Vergleich zu etwa 30 Mal pro Minute bei einem Spaziergang – zusätzliche Luft auf und lässt flüchtige Partikel in das System strömen. Dadurch entstehen beim Ausatmen winzige Windströme, die das Einatmen unterstützen. Im Nasengewebe wartet dann ein Labyrinth von Rezeptorstellen, die mit winzigen Härchen ausgestattet sind, die Duftmoleküle einfangen und festhalten, während sie vorbeirauschen.

Unsere beiden Nasenlöcher arbeiten immer im Tandem, aber die eines Hundes können unabhängig voneinander arbeiten, was seinen Zugang zu Gerüchen weiter verbessert. Die Beweglichkeit der Nasenlöcher hilft dem Hund zu erkennen, woher ein Geruch kommt, und eine feuchte Nase, die durch eine dünne Schicht von abgesondertem Schleim und Speichel befeuchtet wird, nimmt Gerüche besser auf als eine trockene Nase. Und während die menschlichen Nasenlöcher sowohl das Ein- als auch das Ausatmen durch dieselbe Tür bewältigen müssen, kann ein Hund, der neue Luft aufnimmt, mit einem Muskelzucken die alte Luft in die Tiefe drücken oder durch Schlitze an den Seiten der Nase entweichen lassen: eine elegante Lösung für das Problem der „zu vielen Gerüche".

Hunde haben nicht nur Hunderte Millionen mehr Neuronen zur Geruchswahrnehmung als wir, sondern ihr Riechepithel – die Gewebeschicht, die Geruchsmoleküle in neuronale Signale umwandelt, die das Gehirn als Gerüche interpretiert – ist im Vergleich zu unserer einfachen flachen Schicht ebenfalls ein komplexes Labyrinth aus Windungen, Falten und Ausstülpungen. Hunde haben auch ein funktionierendes Vomeronasalorgan (VNO), einen Beutel voller zusätzlicher Rezeptoren, der auf dem Gaumen sitzt und chemische Signale, so genannte Pheromone, aufnimmt, wenn Luft einströmt oder wenn der Hund sich die Nase leckt. Wenn ein Hund etwas mit Pheromonen Beladenes wie den Urin einer läufigen Hündin erschnüffelt, scheint er den Duft zu „fressen" – ein Verhalten, das weitere Geruchsmoleküle zum VNO zieht. Es wird angenommen, dass das, was dort ankommt, das Sozial- und Fortpflanzungsverhalten beeinflusst.

Der Geruchssinn reagiert empfindlich auf Luftfeuchtigkeit und Luftdruck, Entzündungen, Austrocknung der Nase, überschüssigen Schleim, Giftstoffe und Medikamente – und natürlich auf die Auswirkungen von Ernährung, Alterung und Krankheit. Ein Hund kann an Geruchsmüdigkeit oder „Geruchsblindheit" leiden – wie wir, wenn er einen bestimmten Geruch vorübergehend nicht mehr unterscheiden kann, nachdem er ihn zu oft gerochen hat. Die Schwellenwerte variieren von Hund zu Hund. Diese Desensibilisierung erfolgt, damit das Nervensystem auf neue Gerüche, die wichtig sein könnten, reagieren kann: ein kluger Schachzug für ein Nasentier. Sogar das Darmmikrobiom kann die Geruchsempfindlichkeit beeinflussen. Das Gleiche gilt für Trainingsmethoden: Wie und wie oft ein Hund einem (für uns) interessanten Geruch ausgesetzt wird, kann seine Fähigkeit verändern, ihn von anderen zu unterscheiden.

Die Nasenintelligenz von Hunden hängt also von etlichen Faktoren ab, von denen viele in der Hand des Hundeführers liegen. Indem wir die natürlichen Geruchstalente unserer Hunde unterstützen, können wir die Superkraft fördern, die für beide Arten wohl den größten Wert hat. Da Hunde ihre Geruchsintelligenz meist bei Gerüchen einsetzen, die für sie von Natur aus relevant sind – insbesondere bei solchen, die für ihr eigenes Überleben wichtig sind –, müssen wir sie trainieren, damit sie ihre Nase auf das richten, was wir für interessant oder wichtig halten.

Darin unterscheiden sich Hunde gar nicht so sehr von uns. Müssen wir nicht auch unsere Augen trainieren, wenn wir nach etwas Bestimmtem suchen? Denken Sie nur an Radiologen, Vogelbeobachter, Muscheljäger, Wortsuchrätsel-Fans oder auch nur an jemanden, der in einem überfüllten Konzertsaal nach seinen Freunden sucht. Es erfordert Anstrengung und ein weitgehend unbewusstes Training der Sinne, um das visuelle Chaos auszublenden und uns von unserem „Suchbild" leiten zu lassen. Ein Raubtier, das versucht, versteckte Beutetiere in den Bäumen oder die schwächste Gazelle in der Herde aufzuspüren, arbeitet nach demselben Prinzip. Sobald sich das Bild einstellt und das Gehirn für die spezifischen Merkmale sensibilisiert ist, nach denen wir suchen, wird das Ding plötzlich scharf gestellt. *Es ist da! Und da. Und da!*

Hunde lernen, einen Geruch oder eine Geruchsvariante aufzuspüren und ihn anzustupsen, zu verbellen oder anzustarren. Studien haben gezeigt, dass das Training einen signifikanten Einfluss auf das Verhalten und die Fähigkeiten hat. Zum einen finden die Tiere einen Zielgeruch in einem neuen Kontext besser, wenn sie ihn zum ersten Mal in einem Geruchsgemisch wahrgenommen haben und nicht allein. Außerdem lernen die Hunde mit der Zeit, zu lernen, zu suchen und sensibler für die fraglichen Gerüche zu werden. Letzteres hat auch eine physiologische Komponente: Die Geruchsrezeptoren werden ständig erneuert, ebenso wie die Geruchssinnesneuronen. Und – ein weiterer Aspekt der Superkraft – die Zahl der Rezeptoren für einen bestimmten Geruch nimmt zu, je öfter dieser Geruch erschnüffelt wird. Das ist doch ein evolutionäres Wunder, oder?

Diese Art von Details ist wichtig: Spürhunde, die nur auf sehr geringe Proben eines Geruchs – zum Beispiel den des Sprengstoffs TNT – trainiert haben, können einen großen Cache übersehen, weil der „größere" Geruch ganz anders und möglicherweise überwältigend ist. Die Tiere erkennen ihn vielleicht nicht als etwas, das sie schon einmal gerochen haben, weil sie ihn in gewisser Weise gar nicht gerochen haben. „Man muss beim Training explizit darauf hinweisen, wenn man möchte, dass die Hunde sowohl ganz wenig als auch viel finden", erklärt mir der Hundeforscher Nathaniel Hall.

Das ist ein Phänomen, das wir aus unserer eigenen Geruchserfahrung kennen: Einige Chemikalien riechen für uns in unterschiedlichen Konzentrationen völlig anders. Indol zum Beispiel ist eine organische Verbindung, die in gekochtem Rosenkohl, duftenden Blumen und in unserem Körper vorkommt. Es wird sowohl beim Sex als auch nach dem Tod freigesetzt, und sagen wir einfach, ein kleiner Spritzer reicht aus. In geringen Konzentrationen ist der Duft blumig, sexy und süß: Indol ist ein wesentlicher Bestandteil des Jasminduftes und ein wichtiger Be standteil der Parfümerie. Bei höherer Konzentration beginnt es, faulig zu riechen. Und eine hohe Dosis riecht, nun ja, nach Scheiße. Im wahrsten Sinne des Wortes. Manche Hunde sind so gut auf die Geruchswahrnehmung ausgelegt, dass es ein Wunder ist, dass sie sich überhaupt mit dem Sehen beschäftigen. Der berüchtigtste Schnüffler, der Bloodhound, hat bereits eine großzügig bemessene Schnauze, hängende Ohren, die Geruch in die Nase fächeln und einen ständigen Strang an Sabber, der zusätzlichen Geruch für das VNO aufnimmt und verarbeitet. Bloodhounds haben auch die höchste Anzahl an Geruchsrezeptoren unter allen Rassen, da sie zum selbständigen Suchen gezüchtet wurden. Kopf nach unten, Nase an die Aufgabe.

Die Suche nach Gerüchen gehört zum natürlichen Repertoire von Tieren, die jagen, um zu überleben – oder die jagten, bevor der Mensch begann, Futter in Näpfe zu füllen. Aber weder Anatomie noch Abstammung bestimmen die Geruchsfähigkeit eines Hundes mit Sicherheit. Die Hundeexpertin und Bestsellerautorin Cat Warren erklärt mir, dass der Bloodhound zwar auf eine lange Geschichte des Suchens zurückblicken kann und für seine Nasenleistungen viel Ruhm erlangt hat, dass aber viele Rassen und noch mehr Individuen ebenso meisterhaft im Aufspüren und Verfolgen von Spuren sind. Ungeachtet des Rufs der Rassen gibt es bei der Geruchsintelligenz keine klaren Grenzen, sagte sie. Es kommt auf das Temperament des einzelnen Hundes an, und das kann sehr unterschiedlich sein, unabhängig davon, wer seine Mutter und sein Vater sind – genau wie bei Menschen. Viele andere Faktoren sind relevant: Zum Beispiel das Vorhandensein oder Fehlen von Gelegenheiten. Erhält jemand die Chance, eine Fähigkeit zu erlernen und zu fördern, bringt man ihn dann nicht manchmal entgegen allen Erwartungen voran? Bei der Beurteilung von Mitgliedern unserer eigenen Spezies verstricken wir uns so sehr in Annahmen, die beispielsweise auf der Familiengeschichte, dem wirtschaftlichen Status oder dem körperlichen „Typ“ beruhen, dass wir das Potenzial zum Erfolg, das in jedem von uns steckt, aus den Augen verlieren können.

Wir machen das auch mit Hunden. In einer kleinen Studie am *Canine Science Collaboratory* der Arizona State University verglichen Nathaniel Hall, der inzwischen an die Texas Tech gewechselt ist, und seine Kollegen die untrainierte Schnüffelleistung von Deutschen Schäferhunden, einer Rasse, die oft für die Spürarbeit eingesetzt wird, mit der von Möpsen, die aufgrund ihrer flachen Schnauzen und ihrer schwerfälligen Maulatmung nicht optimal für diese Aufgabe geeignet erscheinen. Windhunde wurden ebenfalls in die Studie einbezogen, nahmen aber im Allgemeinen nicht teil. (Das heißt nicht, dass sie keine Spürnasen sind: Ihre Interessen und Fähigkeiten gehen einfach in eine andere Richtung.)

Die Herausforderung war, duftende Anisproben in einer Schachtel mit ebenso duftenden Kiefernspänen zu finden. Das Ergebnis war überraschend: Selbst als der Zielgeruch verdünnt war, fanden die Möpse ihn mit Bravour. Die Schäferhunde, welche auch noch die größte Riechschleimhaut aller Rassen haben? Nicht so sehr. Dies legte den Autoren etwas nahe, von dem wir wissen, dass es auch auf Menschen zutrifft: Unabhängig von der Anatomie (und sicherlich auch vom Ruf) können Gelegenheit und starkes Engagement zu Spitzenleistungen führen. „Die Möpse schnüffelten einfach gerne", sagt Hall, „und wir sehen das Schnüffeln als einen wichtigen Indikator für das Engagement eines Hundes bei einer Aktivität." Die Möpse waren also voll dabei. Und obwohl die Sensibilität für den Geruch wichtig war, ebenso wie die interessante Fähigkeit der Möpse, bei Bedarf von Mund- auf Nasenatmung umzuschalten, trug ihre „olfaktorische Motivation", wie Hall es ausdrückt, dazu bei, ihren langschnäuzigen Vettern weit voraus zu sein.
Faktoren wie Agilität, Ausdauer, Größe, Ablenkbarkeit und Selbstständigkeit spielen eine Rolle bei der Entscheidung, welcher Hund seine Geruchsintelligenz am besten entfalten kann. Und auch die jeweilige Aufgabe hat Einfluss. Polizeihunde müssen einschüchternd und groß genug sein, um Bösewichte zur Strecke zu bringen, sodass der Einsatz von Möpsen auf Streifengängen wahrscheinlich nicht zu optimalen Ergebnissen führt. Aber Hunde von der Größe eines Brotlaibs könnten genauso fähig und vielleicht sogar engagierter bei der Nasenarbeit sein, die normalerweise von großen Hunden übernommen wird.
Bei der olfaktorischen Intelligenz geht es also nicht nur um Sensibilität. Es geht um eine ganze Reihe von Faktoren, die uns nicht automatisch relevant zu sein scheinen, es aber sehr wohl sind. Wenn Sie also berücksichtigen, wie Hunde – unabhängig von der Rasse – denken, sich erinnern und lernen, und diese Erkenntnisse dann im Training anwenden, können Sie die Spürfähigkeiten verbessern.

Böse Jungs und gute Hunde

In Alabama haben die Wissenschaftler des *Canine Performance Sciences Center* der Auburn University ihre Erkenntnisse über Kognition und Verhalten in die Entwicklung von „Auburn-Hunden" einfließen lassen, einer eigenen Linie von Labrador Retrievern, die für wichtige Spüraufgaben gezüchtet und ausgebildet werden. Die meisten dieser Welpen werden an Organisationen wie die New Yorker Polizei, Amtrak, die Behörde für Transportsicherheit oder an Disney für Sicherheitsaufgaben inklusive Sprengstofferkennung verkauft.

Während meines Besuchs zeigte mir ein Auburn-Junghund in Ausbildung seine Gefahrenabwehr-Spürnase in Aktion. Ein breiter Gehweg vor dem Studentenzentrum der Auburn University stellte ein Flughafenterminal dar, und ich spielte einen Möchtegern-Terroristen mit einer Bombe. In Wirklichkeit handelte es sich bei der „Bombe" nur um eine kleine Probe rauchschwachen Schießpulvers, einer Substanz, die häufig für improvisierte Sprengsätze verwendet wird und die in einem Nylonstrumpf verpackt und unter meinem Shirt versteckt war. Die Erwartung: Der Hund würde den Geruch des Schießpulvers aufnehmen, sobald sich unsere Wege kreuzten, sich umdrehen und mir folgen, ohne die anderen Passanten zu beachten. Ich ging also langsam von einem Ende des Blocks aus, während aus der anderen Richtung ein Hundeführer mit einem schwarzen Labrador namens Jumbo kam, einem Auburn Vapor Wake Spürhund, der darauf trainiert wurde, aus der Bewegung heraus auf Bomben zu reagieren. Aus dem Augenwinkel sah ich, wie Hund und Hundeführer an mir vorbeizogen und wie dann Jumbo nach links zog und die Richtung änderte, um mich zu verfolgen. Als ich merkte, dass er näherkam, wurde ich langsamer und spähte über meine Schulter. Jumbo war da und setzte sich hinter meinem Rücken hin. *Er hatte mich.*

Forschungen, die verschiedene Aspekte der Geruchsintelligenz von Hunden untersuchten, haben viele Details über deren Entwicklung zutage gefördert. Dazu gehört die Tatsache, dass Hunde, die eine Zeitlang nicht geübt haben, eher vergessen, wie man sucht, als dass sie einen bestimmten Geruch vergessen. Oder dass sie sich mindestens ein Jahr lang an Dutzende von Gerüchen erinnern, während sie weiterhin neue lernen; und, wenn die Ergebnisse mit Arbeiten anderer übereinstimmen, dass Diensthunde, die als Welpen weniger „bemuttert" wurden, dazu neigen, unabhängiger und erkundungsfreudiger zu sein als verhätschelte Hunde, wobei ihre Kühnheit auf eine größere Erfolgswahrscheinlichkeit als erwachsene Spürhunde hindeutet. „Die Nasen von Hunden sind immer aktiv, und ein Geruchsreiz wird für sie immer verhaltensmäßig und psychologisch relevanter sein als für uns", erklärt Hall. „Es kommt selten vor, dass man einen Raum betritt und anfängt zu schnuppern. Aber das ist das Standardverhalten von Hunden, das mit allem, was sie tun, eng verwoben ist. Das unterstreicht die Bedeutung dieses sensorischen Bereichs für das Verständnis der Hunde von ihrer Welt".

Und wenn ein Chemiker ein Geruchsmolekül identifizieren kann – auch wenn Menschen es gar nicht riechen können und unabhängig von seiner Herkunft oder seiner Bedeutung für das Leben eines Hundes –, kann das Tier lernen, es zu finden. Und so können Hunde den Menschen helfen, einige sehr ernste Probleme zu lösen.

So geben beispielsweise die in digitalen Speichergeräten verwendeten Materialien – selbst die kleinsten Micro-SD-Karten – Moleküle ab, die von Hunden aufgespürt werden können. Auf die Komponenten von Leiterplatten wird eine Beschichtung aufgetragen, damit sie Wärme ableiten können, und eine andere wird auf Wechselmedien verwendet, die beide für die menschliche Nase nach nichts riechen. In einer Welt, in der Kriminelle aller Art elektronische Spuren ihres schlechten Verhaltens hinterlassen, kann ein Hund, der an einer Hausdurchsuchung teilnimmt, versteckte Laptops, Festplatten, Mobiltelefone oder Speicherkarten finden, die der Staatsanwaltschaft als Beweis dienen.

Hunde stecken ihre Nasen in solche Beweise, seit ein schwarzer Labrador namens Selma 2013 bei der Polizei des Bundesstaates Connecticut elektronische Speichergeräte aufspürte. Nachdem sie aus der New Yorker Blindenführhundschule *Guiding Eyes for the Blind* ausgeschieden war, fand die übermütige Hündin ihre wahre Berufung als erster Elektronikspürhund – das heißt, nachdem ein Chemiker des forensischen Labors herausgefunden hatte, dass es überhaupt Gerüche gibt, die man aufspüren kann.

Zusammen mit einem gelben Labrador namens Thoreau (der später zur *Rhode Island State Police* wechselte) beherrschte Selma die Identifizierung der verräterischen Gerüche großer und kleiner Mengen der Beschichtungsstoffe, sodass ihrer „e-smarten" Nase kein noch so kleines Gerät und keine entsprechende Geruchsansammlung entging. Im Laufe der Jahre bearbeitete sie mehr als hundert Fälle, vor allem in der Kinderpornographie, aber auch gegen Mörder und Hacker. Die engagierte Ermittlerin starb 2022 eines natürlichen Todes, aber andere Elektronikspürhunde finden weiterhin selbst die noch so raffiniert getarnten USB-Sticks und die noch so tief vergrabenen Mikrochips. Oft finden diese Spürhunde entscheidende Beweise, die menschliche Ermittler übersehen haben – und das oft recht schnell.

Eine besondere Erwähnung verdient ein Hund namens Kozak, ein gelber Labrador, der für das Justizministerium von Wisconsin arbeitet. Dieser Hund hilft nicht nur dabei, die schlimmsten Verbrecher aus dem Verkehr zu ziehen, indem er elektronische Beweise für Verbrechen gegen Kinder findet, sondern bleibt auch danach noch in der Nähe, um die Kinder zu trösten, die durch ihre juristische Tortur zu Opfern geworden sind. Geruchsintelligenz *und* emotionale Intelligenz in einem pelzigen, braunäugigen Päckchen verpackt. Was für eine wunderbare Sache.

KAPITEL 7

SCHIETSCHNÜFFLER

Es ist bekannt, dass Hunde Fäkalien faszinierend finden. Sie sind auch nicht gerade schamhaft deswegen. Julianne Ubigau von der Organisation *Conservation Canines*, die vor kurzem ihr eigenes Spürhundunternehmen *FieldLab* gegründet hat, verlässt sich auf diese stinkende Anziehungskraft, um Wissenschaftlern beim Aufspüren, Bewerten und Schützen gefährdeter Arten zu helfen. In ihrer Gefriertruhe befinden sich Plastikbeutel mit Kotproben von Wolf, Kojote, Vielfraß, Puma, Jaguar, Kurzschwanzwiesel, Taschenmaus, Schwarzbär, Grizzlybär, Wal, Eule und Habicht. Außerdem gibt es Ochsenfroscheier in verschiedenen Entwicklungsstadien, ganze Ochsenfrösche, einen mit giftigen Chemikalien beladenen Kalkstrang, ein Knäuel Tierhaare, das aus einem Stacheldrahtzaun gezogen wurde, ein Stück Douglasie und eine Knoblauch-Senfpflanze.

Ein Vorrat an Kot ist ein wichtiges Handwerkszeug, wenn Ihr Hund einer der Artenschutzspürhunde am *Center for Conservation Biology* der University of Washington ist. Jasper, der liebevolle, ballbesessene schwarze Labrador von Ubigau, kennt jede Probe am Geruch, auch exotischere Aromen wie Ameisenbär, Seegurke und Schuppentier, und er zeigt gerne jede von ihnen an, wenn er sie draußen findet (vor allem, wenn am Ende ein Spielzeug für ihn dabei herauskommt).

Ubigau bekam Jasper als einjährigen Rettungshund mit schweren Trennungsängsten und Verhaltensproblemen. Im Gegensatz zu vielen Arbeitshundeprojekten ist *Conservation Canines* nicht auf eine bestimmte Hunderasse angewiesen. Die

Teammitglieder besuchen Tierheime, um die Tiere zu beurteilen, und suchen nach solchen, die in erster Linie arbeiten und spielen möchten. „Spielzeug*süchtig*", wie Ubigau sagt.

Der Antrieb und die Energie, etwas *zu tun*, sind für viele Arbeitshunde die wünschenswerteste Eigenschaft. Die Fähigkeit, Probleme zu lösen und die damit verbundene „Intelligenz" kommen als nächstes, und sie sind in der Regel vorhanden und reif für die Entwicklung. Ubigaus Hund Sampson, ebenfalls ein schwarzer Labrador, war einer der besten Spürhunde von *Conservation Canines*, „ein unermüdlicher Arbeiter", wie sie sagt, mit einer Geruchsintelligenz, die seiner Energie in nichts nachstand. Bis zu seinem 16. Lebensjahr arbeitete er mit großem Enthusiasmus weiter. Als Sampson starb, nahm Ubigau Jasper bei sich auf, um die Arbeit fortzusetzen. Da Hunde Individuen sind, „hat es ein wenig gedauert, bis er Vertrauen gefasst hat", sagt sie. „Wenn Jasper etwas findet, sieht er *mich* an. Sampson würde *den Ball* anschauen. Er wusste, dass er richtig war. Er brauchte nicht zu fragen."

Aber als ich Jasper sah, wie er vor uns herstapfte, im Kreis wedelnd und die Nase auf den Boden gerichtet, schien er sich voll auf seine Aufgabe zu konzentrieren. Er war auf der Jagd nach Wolfskot (je frischer, desto besser) in einem zerklüfteten Gebiet in den Central Cascades. Auch andere Tierausscheidungen könnten nützlich sein, um die Zusammensetzung des Ökosystems zu klären – in diesem Gebiet leben unter anderem Pumas, Kojoten, Bären, Rotluchse und Luchse –, aber hier war der Wolf das Ziel.

Im Rahmen einer Zusammenarbeit zwischen der University of Washington und dem Ministerium für Fischerei und Wildtiere des Bundesstaates haben Hundeführer-Teams von *Conservation Canines* seit 2015 bergige Abschnitte im nordöstlichen Teil des Bundesstaates untersucht. Ubigau und Jasper haben die Wiederbesiedlung und die Bewegungen der Wölfe im Teanaway-Gebiet verfolgt, zum Teil wegen der ökologischen Daten – wie es den Raubtieren geht, was sie fressen, wie sie sich auf die Verbreitungsgebiete und Nahrungsressourcen anderer Arten auswirken – und zum Teil, um den Wildtiermanagern zu helfen, sich auf die wachsende Präsenz der Tiere vorzubereiten, wo es viel Vieh gibt und die Landwirte sich Sorgen machen, dass ihre Tiere zur Beute der Wölfe werden.

In Bezug auf Jaspers Fähigkeiten bei dieser Aufgabe sagt Ubigau etwas, das sich mit dem deckt, was ich von Diensthundeführern beim Militär gehört hatte: Man will eigentlich keinen *super-gehorsamen* Hund haben. Das sagt sie, während wir uns beeilen, mit dem übermütigen Jasper auf dem Waldweg Schritt zu halten. „Ja, wenn er einen einfachen Befehl befolgt", kommentiert sie. „Aber wenn er bei Fuß geht, seinen Führer immer anschaut und um Erlaubnis bittet, den nächsten Schritt zu tun, ist das nicht gut. Sie hält inne und überlegt. „Wir brauchen einen Hund, der etwas wilder ist, der freier ist, um zu erkunden und sich den Raum zu nehmen, den er braucht, um selbständig Probleme zu lösen. Auch wenn Sie ihn in gewisser Weise anleiten, soll er sich wieder auf seine Instinkte besinnen und ihnen vertrauen. Das ist der Grund, warum wir mit Hunden arbeiten – weil sie eine Art von Intelligenz besitzen, die wir nicht haben."

Jasper ignoriert die Kuhfladen, die überall herumliegen. Es würde auch ein langer Tag, wenn er bei jedem Kuchen Alarm schlagen würde. Stattdessen regt er sich nur auf, wenn er auf Hinterlassenschaften stößt, die Fell und Knochen enthalten. „Kannst du es mir zeigen?" fragt Ubigau den Hund jedes Mal, wenn er sich in die Nähe von etwas setzt, das er für bemerkenswert hält. Das kann er, indem er mit seiner Schnauze auf die Probe deutet, damit seine Hundeführerin sehen kann, was seine Nase weiß.

Einige von Jaspers Hinweisen führen zu viele Tage alten Fährten, die nicht sehr nützlich sind. Aber er findet auch ein paar größere und frischere Exemplare, die für Ubigau interessant sein könnten. Sie geht in die Hocke, zieht Handschuhe an und nimmt eine Probe mit, die sie für später in ihrem Rucksack verstaut. Für die kaum vorhandenen Kotspuren bekommt Jasper ein „guter Junge" und ein paar schnelle Rückenkratzer. Ein erstklassiger Haufen bedeutet ein fröhliches Lob, eine Runde Apportieren und etwas Zeit, um auf seinem Spielzeug herumzukauen. Ich habe auch von anderen Trainern von dieser klugen, auf den Hund ausgerichteten Strategie gehört: Man muss eine Belohnungshierarchie aufbauen, die dem Wert der Ziele entspricht, damit der Hund lernt, den wertvollsten Duft zu suchen und ihn allen anderen vorzuziehen.

Es ist phänomenal, wie spezifisch ein Artenschutzspürhund sein kann – dass er eine gefährdete pazifische Taschenmaus von ihren verschiedenen Vettern unterscheiden kann oder einen gefährdeten Jemez Mountains Salamander von einer fast identischen Art. „Jedes Mal, wenn wir eine Studie beginnen, fragen wir uns, was der Hund finden soll und was er ausschließen soll", sagt Ubigau. „So können wir ihn zum Beispiel auf den Swiftfuchs trainieren und ihn alle anderen Fuchsarten ignorieren lassen."

Aber andersherum können die Hunde auch in einem bemerkenswerten Maß verallgemeinern. Da ein einziger Kot so viele verschiedene Gerüche enthält (je nachdem, von welcher Mahlzeit der Kot stammt), trainieren die Hundeführer mit einer Vielzahl von Proben, sogar von ein und demselben Tier, um sicherzustellen, dass die Hunde so viele Varianten wie möglich kennenlernen. Von da an „sortieren die

Hunde irgendwie alles durch und finden den gemeinsamen Nenner", erklärt sie. „Wir wissen nicht, was in einem Fall der Unterschied und in einem anderen Fall die Gemeinsamkeit ist. Aber ihre Nasen können es auseinanderhalten."

Das Aufspüren von Gerüchen mit einem Hund mit Spürnase „ist wie eine Erkundung mit einer geliehenen Superkraft", sagt Ubigau gerne. „Durch diesen zusätzlichen Sinnesapparat bin ich aufmerksamer gegenüber meiner Umgebung. Durch ihn bin ich eine bessere, klügere Ermittlerin." Und man kann wirklich sehen, wie ein Spürhund verarbeitet, denkt, die Hintergrundgerüche analysiert und die Informationen zusammensetzt, sagt sie. „Die Art und Weise, wie sie die Welt wahrnehmen, ist so anders und komplex, dass wir sie vielleicht nie ganz verstehen werden. Ich habe pausenlos Ehrfurcht vor ihnen.

Wenn Jasper nicht gerade auf der Suche nach Kot ist, führt er seinen Hundeführer auf der Suche nach giftigen polychlorierten Biphenylen (PCB) durch das Universitätsviertel von Seattle. PCBs wurden lange Zeit in vielen kommerziellen und industriellen Materialien verwendet, aber ihre Produktion wurde in den USA Ende der 1970er Jahre verboten, als ihre krebserregende Wirkung bekannt wurde. Das bedeutet jedoch nicht, dass sie aus der Umwelt verschwunden sind; sie können sich leider noch jahrzehntelang in der Umwelt halten. Und während PCBs für uns geruchlos sind, können Hunde sie riechen. Deshalb arbeiten Jasper und Ubigau mit den öffentlichen Versorgungsbetrieben von Seattle und mit örtlichen Unternehmen zusammen, um nach PCB zu suchen, die in Gebäuden, Gewässern und Böden verbleiben. Wenn man herausfindet, wo sie sich befinden, kann man die Sanierungsmaßnahmen sowohl auf dem Campus als auch in der Region Seattle vorantreiben.

An einem warmen Sonntagnachmittag konnte Jasper seinen Geruchssinn in der Universität unter Beweis stellen. Architektonisch fragwürdige Gebäude aus den 1970er Jahren schienen seine Nase am ehesten zu interessieren. Er stellte sich auf die Hinterbeine, um hoch oben an den Wänden zu schnüffeln; er stürzte sich mit seiner Schnauze auf Ecken, Fugen und Fensterschächte und gab Ubigau klare Hinweise darauf, dass sie „heiß" waren. „Es ist zum Beispiel in den Fugen „, sagt sie und zeigt auf alte gummiartige Stränge, genau dort, wo Jaspers Nase neugierig geworden war. Das giftige Zeug, so kam mir in den Sinn, ist einer von vielen Gerüchen, die Hunde leicht aufspüren können und die für sie in einem natürlichen Kontext völlig irrelevant sind. Nur weil wir sie auffordern, sie wahrzunehmen, messen sie ihnen Bedeutung bei. Regelmäßige Tests und eine begrenzte Zeit für diese Aufgabe schützen Jasper übrigens vor einer übermäßigen Exposition gegenüber den krebserregenden Chemikalien.

Jasper und andere Artenschutzspürhunde sind auch mit den Gerüchen des weltweiten Verbrechens im Hafen von Seattle vertraut, wo Schiffscontainer illegale Wildtiere und andere Schmuggelware aus dem Ausland enthalten können. Gerade in einer Zeit, in der die „Unterbrechung der Lieferkette" reale Auswirkungen auf die Verbraucher hat, verspricht die Entwicklung eines effizienten Verfahrens zum Aufspüren illegaler Gegenstände in Frachtcontainern, ohne dass Container dazu aus der Reihe gezogen, Sicherheitssiegel aufgebrochen und der Handel verlangsamt werden müssen, einen großen Fortschritt bei der Bekämpfung des illegalen Handels und bei der Verlangsamung der Ausbreitung von invasiven Arten und potenziell verheerenden Pflanzen- und Tierkrankheiten.

Der Biologe Sam Wasser, langjähriger Leiter von *Conservation Canines*, hatte daraufhin die Idee, Luft aus dem Inneren der Container über die Entlüftungsöffnungen abzusaugen, und zwar ganz buchstäblich durch einen herausnehmbaren Behälter, der mit einem Wattebausch ausgekleidet ist. Der Wattebausch kann dann einem Hund vorgelegt werden, der auf den Geruch des betreffenden Materials trainiert ist, von sehr wertvollem Holz über Elefantenelfenbein bis hin zu lebenden Schuppentieren. Wasser leistete 1997 Pionierarbeit im Bereich des Artenschutzes, als er erkannte, dass die Geruchsintelligenz von Hunden die Suche nach gefährdeten Wildtieren wesentlich schneller und einfacher machen könnte.

Als ich Zeit mit Jasper und Ubigau verbrachte, konnte ich nicht anders, als von ihrer Verbundenheit beeindruckt zu sein – ihrer Verschmelzung von Gedanken und Bewegung, die wesentlicher Bestandteil ihres Erfolgs ist. Nachdem Jasper ein Gebiet abgearbeitet hatte (sei es in den Bergen oder in der Stadt) und dabei Kreise um uns herumlief, rief ihn seine Besitzerin zurück, um sich auszuruhen. Mit der Zunge halb auf dem Boden lehnte er sich gegen ihre Beine und hechelte, während sie seinen Kopf streichelte. Nach ein paar Minuten beruhigte er sich, atmete tief durch – ein großer Seufzer – und erst dann schickte Ubigau ihn wieder an die Arbeit.

Ich beobachtete, wie Ubigau geduldig auf den Atemzug wartete, der Jaspers Bereitschaft signalisierte. Ich sah in ihr eine Sensibilität für die Körpersprache des Hundes, die sehr stark war, und seine Augen zeigten Vertrauen, wenn er sie um Rat fragte. Sie hatten die Sprache des anderen gelernt, was jedem von ihnen Zugang zur Intelligenz des anderen verschaffte, und zwar auf eine ziemlich tiefe Weise. Die soziale Intelligenz, die meisterhafte stille Kommunikation, ging eindeutig in beide Richtungen.

Bei meinen Recherchen stieß ich auf eine ganze Reihe von Gruppen, die große Fortschritte bei der Arbeit mit Spürhunden im Artenschutz machen: Die *Rogue*

Detection Teams mit Sitz in Seattle haben ehemalige Tierheimhunde wie Lady, Duo und Hugo, die im ganzen Land Raubtieruntersuchungen durchführen und seltene und gefährdete Arten aufspüren. *Working Dogs for Conservation* verlässt sich auf clevere Anti-Wilderer-Hunde wie Chai, Earl und Rudi, um in den Nationalparks Afrikas Verstecke von Elfenbein und Nashorn-Horn, Buschfleisch und Fellen sowie Fallen, Waffen und Munition zu finden. Und das neuseeländische *Department of Conservation* hat Dutzende von Hunden, die sowohl invasive Raubtiere wie Ratten und verwilderte Katzen als auch gefährdete einheimische Tiere mit Namen wie kākāpō, takahē, whio, pāteke und kea aufspüren. Anderswo lernen Spürhunde, Rohöl an Stränden aufzuspüren – sie können sogar zwischen natürlich vorkommenden „Teerkugeln" aus verwittertem Öl und frischerem, ausgelaufenem Rohöl unterscheiden, das bis zu einem Meter unter der Sandoberfläche liegt. Sie erschnüffeln auch Lecks in vergrabenen Pipelines, Bettwanzen in Hotelzimmern und invasive Schädlinge, die Rebstöcke in Weinbergen zerstören.
Letztere Fähigkeit hat die Aufmerksamkeit des US-Landwirtschaftsministeriums auf sich gezogen, das vor kurzem Wissenschaftler der Texas Tech und der Virginia Tech finanziert hat, um die volle Leistungsfähigkeit von Hunden bei der Bekämpfung der verheerendsten und kostspieligsten Schädlinge und Krankheiten in der Agrarindustrie zu untersuchen. Angesichts der geschätzten jährlichen Verluste in den Weinbergen in Höhe von 300 Millionen Dollar durch nur zwei Schädlinge – Echter Mehltau und die Gefleckte Traubenlaterne – werden intelligente Nasen, die an intelligenten Hunden sitzen, eine willkommene und äußerst wertvolle Ergänzung des Instrumentariums sein.
Nathaniel Hall, der die Labor- und Feldstudien zur Quantifizierung der Fähigkeiten von Hunden in diesem Bereich an der Texas Tech leitet, sagt, dass er seit Beginn dieses Projekts viele Anrufe von Leuten aus verschiedenen Branchen erhalten hat, die den Geruchssinn der Hunde nutzen wollen. „Sie sagen: Wir haben diese Pflanzenkrankheit in der Landwirtschaft oder jenes Problem, aber es ist schwer für uns, es zu lokalisieren. Glauben Sie, dass Hunde bei der Suche helfen könnten?' Und die Antwort ist ja: Es gibt eine lange Liste von Dingen, die hier eingesetzt werden könnten. Wir haben gerade erst an der Oberfläche gekratzt.

Mission (fast) impossible

Habe ich schon erwähnt, dass die Nasen von Artenschutzspürhunden sensibel genug sind, um den Kot selbst der kleinsten gefährdeten Arten aufzuspüren – von der fünf Zentimeter kleinen pazifischen Taschenmaus auf den Wiesen Südkaliforniens bis zu den Raupen des Silberfleck-Schmetterlings in den Bergen von Oregon –, die Kot in der Größe von Reiskörnern bzw. Mohnsamen produzieren? Zumindest fallen diese Mikro-Ausscheidungen aber auf trockenes Land und bleiben an Ort und Stelle. Die vielleicht außergewöhnlichste Darbietung olfaktorischen Scharfsinns in der Welt des Artenschutzes stammt aber von Hunden, die den Kot von Walen im Meer erschnüffeln.

Obwohl die Orcas, die die südliche Schwertwalpopulation im Puget Sound ausmachen, nach US-amerikanischem, Washingtoner und kanadischem Recht geschützt sind, befinden sie sich in Schwierigkeiten. Ihre Zahl ist im Jahr 2023 auf einen Tiefstand von weniger als 75 Tieren in den als J-, K- und L-Schulen bekannten Familiengruppen gefallen. Die Ursachen für ihren dramatischen Rückgang sind vielfältig: Persistente organische Schadstoffe verunreinigen die Gewässer, in denen sie schwimmen und die Nahrung, die sie zu sich nehmen; der Unterwasserlärm der kommerziellen Schifffahrt sowie der Freizeit- und Militäraktivitäten stört die wichtige Kommunikation zwischen den Arten und die Lachse, von denen sie als Nahrung abhängig sind, haben ihrerseits ebenfalls einen starken Rückgang erlitten. Giftstoffe, Stress und schlechte Ernährung haben in Kombination verheerende Auswirkungen auf den Fortpflanzungserfolg der erwachsenen Tiere und das Überleben der Kälber. Um zu verhindern, dass diese prächtigen Tiere ganz verschwinden, müssen die Wissenschaftler so viele Mitglieder der Population wie möglich überwachen. Aber die Überwachung des Gesundheitszustands einzelner Orcas über ihre Lebensspanne von 30 bis 50 Jahren hinweg stellt eine der größten Herausforderungen für den Artenschutz dar. Die Meeressäuger können mehr als sechs Meter lang und über fünf Tonnen schwer werden. Sie immer wieder zu jagen und zu fangen, um ihren Gesundheitszustand zu untersuchen, wäre für beide Arten gefährlich und zermürbend, ganz zu schweigen von den logistischen Schwierigkeiten. Selbst wenn man die Tiere regelmäßig von einem Boot aus anspringen würde, um eine Gewebeprobe zu entnehmen, wäre das ein herkulisches (und kostspieliges) Unterfangen.

Zum Glück kacken die Wale. Und in jeder Ausscheidung stecken jede Menge Gesundheitsdaten, die den Wissenschaftlern eine alternative Informationsquelle bieten – vorausgesetzt, sie können das Zeug finden und schöpfen, bevor es sinkt, was es kurz nach dem Absetzen tut. Und da die Individuen der gefährdeten Orcagruppen weniger als ein Zehntel ihrer Zeit an der Wasseroberfläche verbringen und nicht unbedingt täglich kacken – nun, rechnen Sie mal nach. Kurzum: Orca-Kacke ist eine heiße Ware.

Die gesammelten Kotproben enthalten Daten darüber, was und wie viel ein Tier frisst, ob es trächtig ist oder war, ob es gestresst ist und wie stark es gestresst ist – viele Informationen, die auch im Gewebe der Wale zu finden sind. Der Kot bietet den Wissenschaftlern auch eine nicht-invasive Möglichkeit, die medizinischen und ernährungsbezogenen Daten der Tiere zu lesen.

Aber allein schon das Aufspüren von Kot auf der Meeresoberfläche ist schwierig. Wellen und Gezeiten, Reflexionen, Strömungen und Wind, die Weite der Umgebung – all das macht selbst dem engagiertesten menschlichen Kotsucher zu schaffen. Man sagt mir, es sei wie die Suche nach Nadeln im Heuhaufen, nur dass sich sowohl der Heuhaufen als auch die Nadeln ständig bewegen. An dieser Stelle kommt eine kleine Hündin namens Eba ins Spiel.

„Sehen Sie das? Sehen Sie, wie ihre Nase dort arbeitet? Sie ist einer Sache auf der Spur", sagt Deborah Giles (für ihre Freunde und Studenten einfach „Giles"), Wissenschafts- und Forschungsleiterin von *Wild Orca*, einer gemeinnützigen Organisation mit Sitz in Friday Harbor auf San Juan Island. Ich bin mit der Wissenschaftlerin, ihrem Mann Jim am Steuer und Eba auf dem Boot von Wild Orca unterwegs.

Wir sind in die Salish Sea gefahren, ein nasses Grenzgebiet zwischen den USA und Kanada. Der Hund, der angeleint ist und ein leuchtend orangefarbenes Sicherheitsgeschirr trägt, steht auf dem grauen Teppichdeck und stützt sich mit den Vorderpfoten auf dem Dollbord ab, wobei er mit seiner kleinen Nase wackelt. Giles hat die empfindliche Schnauze und den rosafarbenen Bauch des Hundes bereits mit Sonnencreme eingecremt (natürlich ohne Duftstoffe).

Eba senkt ihren Kopf über das Wasser, geht am Ufer entlang zu einer neuen Stelle und tut dasselbe. Da draußen ist etwas, scheint sie uns zu sagen. Berichte vom Ufer besagen, dass Orcas der Schule J schon den ganzen Morgen hier in der Nähe waren. Schließlich entdecken wir Menschen das, was Eba gerochen hat: eine Mutter mit ihrem Kalb im Südosten und einen einzelnen Erwachsenen im Norden. Mit einem hörbaren Zischen blasen beide eine Fontäne von Gischt aus und kräuseln ihre schlanken schwarz-weißen Körper über der Wasseroberfläche, bevor sie ihre Fluken für einen Tauchgang hochklappen. Obwohl Wissenschaftler eine Sondergenehmigung haben, näher heranzukommen, als es Tourbooten erlaubt ist, halten wir mindestens 300 Meter Abstand, um die Tiere nicht zu stressen.

Im Gegensatz zu den majestätischen Walen ist Eba nur ein kleines Hündchen, ein Mischling, zu dem wahrscheinlich Pitbull, Corgi und vielleicht Jack Russell Terrier gehören. Außerdem ist sie ein absoluter Schatz, der sich schon kurz nach unserem Treffen an mich schmiegte. Giles und Jim haben sie von Giles' Schwester geerbt. Kurz nachdem sie sie aufgenommen hatte, begann Giles, sie zu einem Walhund auszubilden – zunächst an Land und dann in einem schwimmenden Behälter auf dem Wasser, wobei sie sich auf den Geruch der Südlichen Schwertwale spezialisierte.

Die Hündin fand ihre erste Kotprobe an ihrem zweiten Arbeitstag und führte Giles und Jim mit ihren speziellen „Hinweisen" direkt dorthin. Zu diesen Hinweisen gehört ein sich allmählich beschleunigendes Schwanzwedeln, das auf die erste Witterung hindeutete, gefolgt von einem Winseln und Bewegungen entlang des Bugs, wenn sie heranzuzoomen versuchte. Diese Verhaltensweisen werden deutlicher, wenn sich das Boot dem Ziel nähert und lassen bei einer falschen Wendung nach. Der Wind kann es schwierig machen, die Quelle zu verfolgen, aber Eba bleibt dran. „Wir fahren viel im Zickzack", sagt Giles. „Ich habe oft das Gefühl, dass sie der Trainer ist. Sie ist klug genug, um zu wissen, was sie tut: Ich bin es, der ihre subtilen Hinweise lernen muss."

Sobald die Köttel geschöpft sind, schickt Giles sie zur Untersuchung an ein Labor in San Diego. Die Techniker überprüfen den Hormonspiegel, um Hinweise auf Ernährung, Stress und Schwangerschaften zu erhalten und testen auf Umweltschadstoffe wie DDT, PCB und Mikroplastik. Sie suchen auch nach Parasiten und Pilzen und testen auf Antibiotika und können herausfinden, was und wie viel die Wale fressen und sogar aus welchem Fluss ihre Beute stammt. „Jede Probe birgt die Antworten auf eine Menge verschiedener Fragen", sagt Giles.

Die Forscherin möchte vor allem wissen, warum so viele der Walkühe Probleme mit der Fortpflanzung haben. „Wir haben festgestellt, dass fast 70 Prozent der trächtigen Kühe eine Fehlgeburt haben oder ihr Kalb kurz nach der Geburt verlieren", sagt sie. Und 30 Prozent der Fehlgeburten ereignen sich spät in der Tragezeit, was bedeutet, dass sich die Mütter körperlich und emotional sehr für ihren Nachwuchs eingesetzt haben, als dieser starb. Während einer Forschungssaison beobachteten Giles und andere ein Weibchen namens J35, das sein totes Kalb 17 Tage lang mit sich herumtrug und sich zu fressen weigerte, während es seinen Verlust betrauerte; das traf sie schwer und spornte Giles an. „Wir müssen alles tun, was wir können, um das herauszufinden", sagt sie.

Und so sammeln sie Erkenntnisse zusammen mit den Fäkalien. Ebas Geruchssinn ermöglicht es ihr, eine Probe zu riechen, die nur *einen Milliliter* groß ist und bis zu einer Meile entfernt sein kann, wenn die Bedingungen stimmen. Dank ihrer Superkraft hat die Organisation zum Beispiel bereits gelernt, dass die Wale durch Bootsverkehr am meisten gestört werden, wenn sie bereits durch Hunger gestresst sind. Ebas Hinweise auf solchen Ausflügen werden letztlich den Wildtiermanagern helfen, Strategien für die Zukunft der J-Schulen in diesen Gewässern zu planen.

Als ich Eba bei der Arbeit beobachtete, erinnerte ich mich an Cat Warren, die über Leichenspürhunde berichtete, die auf dem Wasser arbeiten: „Der Aufenthalt auf einem Boot nimmt dem Hund viel weg, denn er muss sich ganz auf den Menschen als seine Beine verlassen", sagt sie. Es ist eine 3D-Erfahrung für die Hunde mit der Strömung, dem Wind und dem Geruchskegel. „Der Hund kann nicht seinen ganzen Körper einsetzen. Er hat eine kleinere Bühne und braucht eskalierende Signale und einen neuen Wortschatz, damit er dem Kapitän Anweisungen geben kann."

Giles hat mir erzählt, dass Eba sehr lebhaft wird, wenn sie Orcakot findet. Sie vibriert. Wenn die Probe schließlich geschöpft und an Bord gebracht wird, darf sie zur Belohnung einmal dicht daran schnuppern, bekommt viel Lob und als ultimativen Preis eine Partie Tauziehen mit einem ihrer Lieblingsspielzeuge. Das Team bringt nicht nur Spielzeug mit, sondern auch eine Kotprobe, die es mit Eba teilt, nur für den Fall, dass nichts gefunden wird, damit sie auf jeden Fall gewinnt. Die Moral muss aufrechterhalten werden.

Ich schnupperte an einer Probe von J-Schulen-Kot in einem Glas und roch überhaupt nicht das, was ich erwartet hatte. Es roch grasig, wie leicht säuerlicher Seetang – obwohl Eba nicht auf verrottenden Seetang aufmerksam wird, wenn eine Masse vorbeischwimmt (oder auf anderen Meeressäugerkot), also hat sie eindeutig eine bessere Nase als ich. Kein Wunder. Jedenfalls roch es nicht nach dem üblen Haufen, den Eba selbst fallen ließ, als wir an Land zurückkehrten.

Wasser sagt, dass Hunde den Kot im Wasser etwa 500 Prozent effizienter finden als Menschen, die allein arbeiten. Ein schwarzer Labradormix namens Tucker war der erste, der Walkot aufspürte, und der Rettungshund half dabei, die meisten der 348 Kotproben von 79 einzelnen Orcas zu finden, die in einer siebenjährigen Forschungskampagne gesammelt und analysiert wurden. Tucker ging 2017 in den Ruhestand und verbrachte seine letzten Jahre mit seiner langjährigen Betreuerin Liz Seely. Der erste Orca-Schutzhund der Welt verstarb 2020, aber Eba und Giles setzen den Kampf für das Wohlergehen der Wale fort.

KAPITEL 8

DIE GERÜCHE EINES MENSCHEN

Menschen und Hunde sind seit Jahrtausenden Gefährten. Wir sind für sie wichtig, und unsere Düfte sind es ebenfalls. Studien deuten darauf hin, dass Haushunde auf der Grundlage individueller Gerüche deutliche „Bilder“ ihrer geliebten Menschen im Kopf haben. Mit anderen Worten: Wenn Monk an meinem schmutzigen Hemd schnüffeln dürfte und dann losgeschickt würde, um mich zu suchen, würde er erwarten, dass ich am anderen Ende des Weges warte und niemand sonst. Hunde können also großartige menschliche Fährtenleser sein. Wir machen es ihnen leicht, uns zu folgen, indem wir langlebige Spuren von uns in der Luft und in allen möglichen Ritzen und Fugen hinterlassen – unsere Fußabdrücke, unsere Fingerabdrücke und so weiter. Ein Mensch, der einen geschlossenen Raum betritt, und sei es auch nur für einen Moment, kann nicht anders, als Spuren zu hinterlassen – und dazu müssen wir uns nicht einmal mit Parfüm, Deodorant oder Rasierwasser einreiben. Laut Patricia McConnell hinterlassen wir winzige Hautschüppchen, die uns folgen wie der Rauch einer sich bewegenden Zigarette. Mit jedem Schritt hinterlassen wir eine Duftspur: Ausgebildete Hunde können mit nur fünf Schritten die Laufrichtung einer Person riechen, die eine Stunde zuvor vorbeigegangen ist. Ein bemerkenswertes Talent, aber Hunde gehen in der Regel nicht von sich aus los, um verirrte Senioren oder alte Grabhügel aufzuspüren, ohne dazu angewiesen zu werden. Für sie haben Gerüche wie „verloren“ oder „alt“ keine besondere Bedeutung; sie erzählen ihnen andere Geschichten.

Unabhängig von der Geruchsquelle wird ein Hund auf der Suche nach dem „Rand“ des fraglichen Geruchs hin- und herlaufen und dann in Richtung des stärksten Konzentrationspunktes schnüffeln. Der gesamte riechende Bereich wird oft als „Geruchskegel“ beschrieben, aber die Geruchswolke ist nicht so klar definiert, wie dieser Begriff vermuten lässt. Die Strömungsdynamik lehrt uns, dass Kräfte wie Auftrieb, Temperaturunterschiede und Schwerkraft einen sauberen theoretischen Kegel in eine sich formverändernde Wolke verwandeln. Die Terminologie ist wichtig, weil sie erklärt, warum selbst ein geübter Spürhund eine Fährte verlieren oder beim Versuch, ihr zu folgen, unberechenbar erscheinen kann.

Die Breite und Konzentration der Fahne verrät das Alter eines Geruchs; außerdem zerstreuen Wind und Zeit einen Geruch und schwächen ihn dadurch ab. Aber wenn ein Spürhund einen heißen Geruch gefunden hat, wird er ihn so weit wie möglich bis zur Quelle verfolgen. „Das Problem für Hunde ist normalerweise nicht, den Geruch zu finden“, bemerkt Cat Warren, „sondern die Vielzahl der Gerüche zu sortieren, die es bereits gibt.“

Das bedeutet natürlich, dass das Gehirn des Hundes eine Reihe von kognitiven Übungen durchführen muss, die weit über das Sammeln von Daten hinausgehen: Es geht darum, zu erkennen, sich zu erinnern und zu ignorieren, was im Moment nicht relevant ist. Diese Arbeit erfordert Überlegung und Urteilsvermögen. Mit anderen Worten: Intelligenz.

Hunde erkennen Menschen anhand unserer Gerüche, seit wir zusammenleben, und sie tun dies schon seit Ewigkeiten *für uns*. Die Geschichten reichen weit zurück: Vor mehr als zwei Jahrhunderten fingen bayerische Beamte den Mörder Andreas Bichel, nachdem ein Hund sein Herrchen zu den Leichen von Bichels Opfern geführt hatte. Ein König aus dem vierten Jahrhundert vor Christus setzte Hunde ein, um seine in den Bergen versteckten Feinde aufzuspüren. In jüngerer Zeit haben Hunde erfolgreich Massengräber aus dem Zweiten Weltkrieg bis hin zu den Konflikten auf dem Balkan in den 1990er Jahren gefunden. Sogar in der Literatur finden sie Erwähnung: Vor etwa 2 700 Jahren schuf der griechische Dichter Homer mit dem treuen Hund Argos eine Hommage an die besondere Art und Weise, in der Hunde uns kennen. Argos war das einzige Tier, das seinen Herrn Odysseus erkannte, als dieser nach einer epischen, 19 Jahre dauernden Reise aus dem Trojanischen Krieg nach Ithaka zurückkehrte – äußerlich unerkannt, aber anscheinend mit dem gleichen Geruch.

Schnauze der Hoffnung

Als ich vor nicht allzu langer Zeit in Borneo war, um über einen der letzten intakten Tieflandregenwälder der Insel zu berichten, verirrte ich mich hoffnungslos. Ich war mit dem Fotografen und einem einheimischen Assistenten tief in die Wildnis vorgedrungen, und während die beiden Kamerafallen aufstellten, machte ich mich auf eigene Faust auf die Suche nach einem Aussichtspunkt. Ich würde bald zurückkommen, sagte ich ihnen, bevor ich einen steilen, hinter uns liegenden Abhang hinaufstieg. Aber als ich den Berg wieder hinunterkam, kam ich ungewollt von der Spur ab. Zwei Stunden später, als ich in scheinbar kreisförmigen Bewegungen durch knietiefen Schlamm stapfte, merkte ich, dass ich völlig die Orientierung verloren hatte und nicht mehr wusste, wohin ich gehen sollte. Schließlich hörte ich auf zu wandern, setzte mich auf einen Felsen und wartete.

Ich fühlte mich eher dumm als ängstlich. Ich war nicht wirklich in Gefahr (Orang-Utans fressen keine Menschen) und ich wusste, dass meine Kollegen nach mir suchen würden. Innerhalb einer Stunde hörte ich in der Ferne jemanden „Huuuu-uuu" rufen (das Signal, mit dem sich Primatenforscher im Wald gegenseitig finden); ich folgte dem Geräusch und antwortete meinerseits mit „Huuuu!", und schließlich kam ich wieder an meinem Ausgangspunkt an, deutlich bescheidener als bei meinem Aufbruch. Und ja, ich war gaaanz weit vom Weg abgekommen.

Aber diese Erfahrung brachte mich zum Nachdenken: Was, wenn man sich an einem wilden Ort *ohne* Rettungsleine verirrt? Vielleicht weiß niemand, wohin man gegangen ist, und dann wird man krank oder klemmt sich ein Bein zwischen den Felsen ein oder man wird unter einem umgestürzten Baum oder in der furchterregenden Masse einer Lawine verschüttet. Da kann man nichts anderes tun als warten, beten, sofern man zu den Betern gehört, und hoffen.

Hier kann ein Spürhund, der eine gute Nase hat, Ihnen den Tag retten. Wenn Sie Glück haben, endet Ihre Tortur mit dem, was ich gerne als das Bellen der Verheißung bezeichne – *Wuff! Wuff! Wir haben deine Spur!* – gefolgt von einer Superheldennase, die sich zwischen den Felsbrocken oder durch die Schneewehe drückt – der Nase der Hoffnung.

Das Bellen der Verheißung!

Die Nase der Hoffnung!

Auf der Suche nach Verheißung und Hoffnung traf ich auf einer Reportagereise für dieses Buch die sechsjährige Angie, einen Boxer mit einer besonderen Gabe, lebende Menschen zu finden. Angie und ihr Hausgenosse Darwin – ebenfalls ein Boxer – gehören Alex Collier, einer Trainerin, die mit dem bekannten Hundeverhaltensexperten Mark Spivak's *Comprehensive Pet Therapy* in Atlanta zusammenarbeitet. Beide Hunde sind vom *Georgia K9 Tactical Tracker Team* als Fährtenleser der Stufe 3 zertifiziert und nehmen unter der Leitung von Collier freiwillig an Such- und Rettungsaktionen sowie an Leichenfunden teil.

Collier lud mich ein, Angie im Fährtenmodus zu beobachten, nachdem sie ihren Vater gebeten hatte, sich für die Übung „zu verlaufen". Während Angie noch im Auto saß, machte sich ihr Vater auf den Weg in das Waldschutzgebiet von Atlanta und ließ ein Sweatshirt zurück, das er den ganzen Morgen über getragen hatte. Er nahm einen Umweg, den seine Tochter nicht kannte, um sicherzustellen, dass sie den Hund nicht versehentlich in die richtige Richtung „führen" konnte. Ab und zu machte er kehrt und schlängelte sich durch die Bäume, um seine Fährte in ein verwirrendes Gekritzel zu verwandeln, und nutzte eine Smartphone-App, um seine genauen Schritte zu kartieren.

Wir warteten über eine halbe Stunde, bevor Collier, Angie und ich uns zum oberen Ende des Weges begaben. Collier hielt Angie das Sweatshirt ihres Vaters vor die Nase und sagte: „Such!" Die Hündin sprang auf und machte sich auf die Suche, wobei eine sehr lange, lockere Leine ihr Unabhängigkeit gab.

Boxer sind langbeinig und haben einen etwas albernen Gang, aber Angies Nase führte uns an diesem Tag vom Weg ab, durch dichtes Gestrüpp, über Hügel und über einen Bach und zurück. Ein paar Mal lief sie in eine Richtung, blieb stehen und wackelte mit der Nase in der Luft, um dann umzudrehen und eine andere Richtung einzuschlagen. Das ist ganz normal, da sich ein Geruch verändert und bewegt: Ein Hund kann ihn eine Zeit lang verlieren und die Richtung ändern, um ihn wiederzufinden. Aber „Angie ist ein bisschen zu sehr am Überlegen", sagt Collier. „Sie neigt mehr zum Zögern und Überlegen als andere Hunde. Aber wenn man ihr Zeit gibt, wird sie es schaffen.

Als Angie den Weg ihrer Zielperson entwirrte, schien sie tatsächlich immer sicherer zu werden, bewegte sich schneller und schlängelte weniger. 33 Minuten nach dem Start entdeckte sie den Mann, den sie erschnüffelt hatte – er saß auf einem Felsen mit einem Buch auf dem Schoß –, rannte zu ihm und ließ sich zu seinen Füßen nieder. Collier, der hinter ihr herlief, belohnte sie schnell verbal und mit dem Wurf eines Balles. Nachdem die Arbeit erledigt war, durfte Angie auch Colliers Vater begrüßen, was sie auf zwei Beinen und mit großer Begeisterung tat.

Als wir den Wegverlauf auf den Handys des Verlorenen und des Finders verglichen, war die Überschneidung bemerkenswert. Das Hundeteam hatte insgesamt mehr Strecke zurückgelegt als Dad, aber die Linien sagten uns immer wieder, dass Angie die richtige Spur gefunden und verfolgt hatte. In einigen Fällen konnten wir sehen, wo Colliers Vater absichtlich einen Umweg gemacht hatte, um Angies Fähigkeiten herauszufordern – indem er sie hoch und herum und wieder zurück führte – und wo sie hervorragende Arbeit geleistet hatte, indem sie dem Geruch folgte, der wiederum ihm folgte. Wenn es sich um einen echten Notfall gehandelt hätte, hätte der Geruchssinn des Hundes einen verirrten Mann rechtzeitig zum Abendessen nach Hause gebracht.

In diesem Fall war Angies Zielperson ihr bekannt, was ihr vielleicht geholfen hat, ihn leichter aufzuspüren. Aber wie wir von Hunden wissen, die in der Wildnis verirrte Wanderer aufspüren, sind diese Tiere genauso in der Lage, völlig Fremde aufzuspüren, und das nur, wenn man sich ihrem Geruch aussetzt. Bei mehr als einer halben Million Vermisstenmeldungen in den USA pro Jahr ist der Bedarf an Hilfe bei der Suche nach Vermissten groß, und Hunde sind bereit, ihre Nase in unseren Dienst zu stellen.

Studien zur Zusammensetzung des menschlichen Geruchs deuten darauf hin, dass viele chemische Verbindungen an der Art und Weise beteiligt sind, wie wir riechen und von denen die Wissenschaftler noch nicht alle identifiziert haben. Wenn noch Gegenstände ins Spiel kommen, die angefasst wurden, werden diese gemischte Gerüche tragen – menschliche und andere. Alles in allem ist es schwierig, im Einzelfall genau zu wissen, was die Hunde riechen und worauf sie reagieren. Und dennoch reagieren sie darauf. Die besten Spürhunde können den Geruch einer Person aus den vielen Gerüchen, denen sie begegnen, herausfiltern, sich daran festhalten und sich darauf konzentrieren, bis sie Erfolg haben.

Immer wieder haben Hunde mit ihrer Fähigkeit verblüfft, Menschen über beeindruckende Entfernungen aufzuspüren, trotz gestörter oder kontaminierter Proben und Schauplätze oder trotz der Zeit, die seit Entstehung der Geruchsspur vergangen ist. Aus diesem Grund werden Spürhunde seit mehr als 120 Jahren offiziell zur Verbrechensaufklärung eingesetzt. Das Aufspüren menschlicher Leichen ist seit den 1970er Jahren eine offizielle Aufgabe für ausgebildete Diensthunde. Die Ausbildung von Hunden auf Rauschgift begann etwas früher, und auf Sprengstoff noch früher, als die britische Armee im Zweiten Weltkrieg Hunde zum Aufspüren von Landminen einsetzte. Spürunde haben bewiesen, dass sie weit in die Vergangenheit zurückreichende Rätsel lösen können, indem sie Gerüche dort aufspüren, wo es unmöglich scheint, dass sie noch vorhanden sind.

Leiche, Geruch

Ich kann es nicht ändern: Ich bin fasziniert von der Welt der Leichenspürhunde. Ich kann meine Augen vor einer Massenkarambolage auf der Autobahn und vor der allzu realen Gewalt im Fernsehen und in Filmen abwenden, aber wenn man mir beschreibt, wie eine Leiche nach dem Tod verwest oder wenn man mir Geschichten über Hunde erzählt, die sich ihren Weg zu dieser Leiche bahnen, dann bin ich voll dabei. Hunde sind für die Aufklärung von Verbrechen, in denen Geruch eine Rolle spielt, unverzichtbar geworden, ebenso wie die Ausbilder, die bereit sind, sich mit den Unannehmlichkeiten des Todes auseinanderzusetzen, um ihre Hunde für diese Aufgabe fit zu machen.

Letzteres ist nichts für schwache Nerven. Um ihre Tiere bestmöglich auszubilden, suchen die Ausbilder von Leichenspürhunden (oft HRD-Hunde genannt, was für „Human Remains Detection“ steht) nach Möglichkeit nach Proben von echtem menschlichem Gewebe – Reste von bearbeiteten Tatorten. Das liegt zum Teil daran, dass sich die Liste der Inhaltsstoffe und die Anteile flüchtiger organischer Verbindungen (VOCs), die von einem toten Menschen aufsteigen, subtil oder dramatisch von denen anderer toter Tiere unterscheiden, die ein Ausbilder zum Üben beschaffen könnte. Ein Hund, der an einem Tatort nach menschlichen Überresten sucht, muss klug genug sein, um den Unterschied zu erkennen, sonst würde er wahrscheinlich jeden Vogelkadaver und jeden Rehknochen im Wald aufspüren. Außerdem muss er seine Geruchsintelligenz optimal einsetzen und Hunderte von Gerüchen aus der Umgebung selektiv ignorieren. Unabhängig von den Details des Schauplatzes sieht er sich einem olfaktorischen Ansturm gegenüber, den es zu bewältigen gilt.

Erschwerend kommt hinzu, dass der menschliche Körper bei seiner Zersetzung 427 flüchtige organische Verbindungen (VOCs) produziert, und je nachdem, ob sich die Leiche über oder unter der Erde befindet, dominieren unterschiedliche Chemikalien die Mischung. Die Konzentrationen der Bestandteile des „Todescocktails“ (darunter Kohlenwasserstoffe, Aldehyde, Ketone, stickstoffhaltige Verbindungen, Sulfide und organische Säuren) nehmen mit der Verwesung zu und ab, sodass sich der Geruch ständig ändert. Um die jungen Leichenspürhunde auf diese Veränderungen vorzubereiten, gibt es im Handel auch unterschiedliche Düfte: Ein Unternehmen bietet zum Beispiel Mischungen aus kürzlich Verstorbenen, Verwesten und Ertrunkenen an. Aber Experten sagen, dass sie die echten Gerüche nicht perfekt imitieren oder den gesamten Zeitablauf der Verwesung widerspiegeln.

Die sich entwickelnde Natur des Geruchs von Toten ist eine große Herausforderung für Trainer und ein Grund, warum einige ihre Hunde zu „Leichenfarmen" bringen – forensisch-anthropologische Forschungseinrichtungen, die gespendete Leichen in verschiedenen Stadien des natürlichen Zerfalls in freier Natur platzieren. Solche Umgebungen stellen sicher, dass die Nase des Welpen genügend Einträge im Leichengeruchskatalog findet, damit das Tier findet, wonach es sucht, und dass es *es* erkennt, wenn es *es* riecht.

Egal, wie gut ein Mörder den Tatort geschrubbt hat oder wie verwittert die Grabstätte ist: Ein guter Spürhund kann die Wahrheit ans Licht bringen, was wo passiert ist. Viele Böden, von alten Holzdielen bis hin zu frisch gegossenem Beton, wurden auf Anweisung eines Spürhundes aufgerissen – ganz zu schweigen von all den Gärten, die auf der Suche nach Überresten zerstört wurden. Schon 15 Milligramm menschliches Gewebe reichen aus, um dem Hund Gewissheit zu verschaffen: Zum Beispiel ein Knochensplitter, ein Blutfleck, eine Haarsträhne, ein Stückchen Zahn oder ein Fingernagelsplitter. Wetter, Wasser und Zeit können die Proben stark beeinträchtigen, aber wenn etwas übrigbleibt, weiß die Hundenase Bescheid. Weder ein aufgeräumter noch ein chaotischer Tatort kann also die Entdeckung vereiteln.

Das ist sicherlich beeindruckend. Aber dann ist da noch dies hier: Hunde können auch noch hundert Jahre später Tote und Verschüttete aufspüren. Zweihundert Jahre später. Vielleicht sogar tausend Jahre, nachdem sie tot sind.

Zeitpunkt des Todes

Fletch sprang von der Ladefläche des Geländewagens herunter und rannte über ein Feld davon. Er durchquerte die Landschaft und verschlang mit langen Schritten ganze Landstriche. Mit seinem größtenteils schwarzen Schwanz wedelte er ständig und hielt kurz an einem hohen Punkt der Steilküste an, um über den Fluss zu schauen, bevor er weitertobte.

Eine kleine Gruppe von Menschen folgte dem übermütigen Hund, darunter Fletchs Besitzerin Suzi Goodhope, Dawn Lawrence vom *National Forest Service*, Jeffrey Shanks vom *National Park Service* und ich. Seit 2017 arbeiten Lawrence und Shanks mit Goodhope und ihren Hunden – jetzt Fletch und früher ein anderer talentierter Hund namens Shiraz – daran, die Überreste von Dutzenden von Menschen zu finden, die hier vor mehr als 200 Jahren gestorben sind.

Am 27. Juli 1816 feuerte ein Kanonenboot der US-Marine auf ein Fort am Apalachicola River in Florida, traf einen Munitionsschuppen und sprengte die gesamte Anlage in die Luft. Etwa 270 Männer, Frauen und Kinder kamen bei der Explosion ums Leben. Die zerstörte Zitadelle, bekannt als Fort Gadsden, hatte die größte freie schwarze Kolonie des Landes geschützt, die sich aus ehemaligen Sklaven aus dem spanischen Florida und aus Flüchtlingen aus Louisiana, Georgia, der Creek Nation, dem Mississippi-Territorium und den Carolinas zusammensetzte, die während des Krieges von 1812 an der Seite der britischen Streitkräfte gekämpft hatten und im Gegenzug das Versprechen auf weitere Freiheit erhielten. In ihrer Blütezeit zählte die Gemeinde etwa eintausend Mitglieder; die meisten von ihnen, die 1816 noch vor Ort waren, starben bei der Explosion oder erlagen kurz danach ihren Verletzungen. Was mit ihren sterblichen Überresten geschah, ist jedoch seit mehr als zwei Jahrhunderten ein Rätsel.

Der größere Bereich, die Prospect Bluff Historic Sites, war für die Öffentlichkeit wegen Restaurierungsarbeiten geschlossen, seit Hurrikan Michael im Jahr 2018 gewütet hatte. Aber an einem warmen Herbsttag durften wir das verschlossene Tor passieren und das nun friedliche, 16 Hektar große Fort besuchen. Das Gelände, das vom unteren Apalachicola River und dem Apalachicola National Forest begrenzt wird, ist sanft hügelig, mit hohen Gräsern bewachsen und wird durch Bestände von Schräg- und Laubkiefern und gelegentlich majestätischen Eichen und Zypressen unterbrochen. Ein offenes Gelände direkt oberhalb des Flusses war der perfekte Ort für Fletch, um sich nach der langen Autofahrt die Beine zu vertreten, bevor seine Nase an die Arbeit ging.

Fletch ist ein Malinois, Goodhopes bevorzugte Rasse sowohl als Familienhund – „nicht für jedermann", warnt sie und verweist auf die unglaubliche Stärke und Unabhängigkeit dieses Hundes – als auch für die Arbeit, die er verrichtet. Er verfügt über all die Kraft und Intensität, die die Rasse verspricht, und war ursprünglich für den Schutzdienst gedacht. Ich konnte mir das nur schwer vorstellen: In der ersten Minute unseres ersten Treffens drückte er sein beträchtliches Gewicht gegen meine Beine und schaute mit einem zungenbrecherischen Grinsen zu mir hoch, dann drückte er seine Schnauze in meine Handflächen und bat um eine Streicheleinheit. (Ich kam dem Wunsch nach, wie ich es immer tue.) Als seine ursprüngliche Unterbringung nicht klappte, nahm Goodhope ihn zu sich und plante, ihn stattdessen als Leichenspürhund auszubilden. Sie musste sich mit einigem schlechten Benehmen auseinandersetzen – Fletch zerstört gerne Pakete, handgestrickte Schals und Torschlösser –, aber er erwies sich als sehr fähig, Tote zu finden.

In den letzten Jahren hat sich gezeigt, dass die Hunde, die im Auftrag der Strafverfolgungsbehörden frischere Leichen aufspüren, auch darauf trainiert werden können, ihre Nasen in die tiefe Vergangenheit zu stecken und winzige Mengen jahrhunderte- oder sogar jahrtausendealter menschlicher Überreste aufzuspüren – selbst dann, wenn Plünderer oder Bauherren die Grabstätten stark entstellt haben. In den USA arbeiten Hundeführer seit Jahrzehnten mit Hunden an Stätten der amerikanischen Ureinwohner und des Bürgerkriegs. In einer sorgfältigen Studie an einer antiken Nekropole in Drvišica, Kroatien, die 2019 veröffentlicht wurde, zeigten Hunde Gräber *aus der Eisenzeit an* – die etwa 1500 v. Chr. beginnt und damit wesentlich älter ist als Experten für möglich hielten. Und als ob das nicht schon genug wäre, um osteuropäische Hunde stolz zu machen, möchte ich noch erwähnen, dass kürzlich in einem Dorf in der Region Hradec Králové in der Tschechischen Republik ein Hund namens Monty – ohne Aufforderung – bei einem Spaziergang Artefakte aus der Bronzezeit ausgegraben hat. Artefakte, die 3.000 Jahre alt sind. Bei einem Spaziergang. Als ob das nichts wäre.

Wie bei allen Spürhunden ist es auch bei den Hunden, die die Überreste der Toten finden, die Liebe zum Spiel. Traurige und düstere Hintergrundgeschichten sind ihnen fremd. „Finde die Leiche", egal in welchem Zusammenhang, bedeutet einfach nur Spaß. Solche Spiele passen perfekt zu Fletch: Er ist ein großes Kind in einem Hundeanzug, ein bisschen ein Tollpatsch. Einerseits elegant – haben Sie schon mal einen Malinois gesehen? – aber dennoch albern. „Er lebt das Leben in vollen Zügen, egal was er tut", sagt sein Besitzer.

Goodhopes vorheriger Hund, Shiraz, war von der gleichen Rasse, aber kleiner und mit einem wunderschönen, ausdrucksstarken Gesicht. Die Hündin starb im Alter von 12 Jahren und arbeitete fast bis zu ihren letzten Tagen fröhlich mit. Sie war ein Brokatstöffchen von einem Hund, der auf Zehenspitzen durch das Gras lief, als ob er darauf achten würde, seine Pfoten sauber zu halten. Sogar ihre Anzeige war delikat: Sie zeigte ein sanftes Sitz – im Gegensatz zu Fletch, der sich abrupt auf den Hintern fallen ließ (obwohl ich an diesem Tag bemerkte, wie er sein Hinterteil schweben ließ, um stacheligen Dornen auszuweichen). Wenn Shiraz sich schnell bewegte, schwebte sie. Und sie nahm ein Leckerli sanft an und genoss es dann, im Gegensatz zu Fletch, der, wie Goodhope sagt, „angreift wie ein großer weißer Hai, und dann ist es in Millisekunden weg". Shiraz war in ihrem ersten Leben ein Ausstellungshund, „was in der Welt der Arbeitshunde im Allgemeinen nicht gern gesehen wird", sagt sie. „Ausstellungshunde gelten nur als hübsch und haben sonst wenig zu bieten. Shiraz bewies das Gegenteil."

Sie lernte schnell und war bei jeder Aufgabe eine willige Partnerin. Sie war zurückhaltender als Fletch und wirkte älter und weiser, als ihr Alter vermuten ließ. Auf dem Feld machte sie sich sofort an die Arbeit, ohne erst herumzuspringen, wie Fletch es tut. Und wenn sie bei der Sache war, „war Shiraz unaufhaltsam und umkreiste eine Fährte wie ein Hai“, erinnert sich Shanks.

Infolgedessen machte sie einige bemerkenswerte Funde. Der spektakulärste war 2013, als Goodhope den Hund zu einer Stätte im Florida Panhandle brachte, wo Shanks seit Jahren nach einem in historischen Dokumenten erwähnten Grabhügel der amerikanischen Ureinwohner gesucht hatte. Innerhalb einer Stunde hatte Shiraz menschliche Überreste ausfindig gemacht, die sich als ein einziger, mehr als einen Meter tief vergrabener Zehenknochen herausstellten, der mit Radiokarbondaten auf das Jahr 670 n. Chr. datiert wurde. Das ist über 1.300 Jahre her – für all diejenigen, die (wie ich) Hilfe beim Rechnen brauchen. „Nicht schlecht“, sagt Goodhope über diese Entdeckung. Und Shanks, der ehrfürchtig schaut: „Dieser Fund! Dieser Fund war etwas ganz Besonderes!“

Wenn Goodhope zu einem echten Einsatz gerufen wird, lässt er einen Hund in einem gründlichen Raster laufen, während Shanks oder Lawrence die Stellen kartieren und markieren, die sie dann mit dem Bodenradar weiter untersuchen. Farbige Fähnchen, die hier und da aus dem Gelände ragen, markieren die Stellen, die die Hunde bei früheren Besuchen angezeigt hatten.

Unser Ausflug war weniger methodisch: Wir konzentrierten uns auf Gebiete, die bereits abgesucht worden waren, damit ich die Reaktion des Hundes beobachten konnte. Wir wanderten vom Fluss weg, wobei Shanks und Lawrence uns die wichtigsten Stellen zeigten: *Der Rand des Forts war hier, die Explosion begann dort, ein Dorffriedhof scheint ungefähr hier zu enden.* Fletch tobte herum. Goodhope hat eine Sammlung von Tierknochen, die sie für ihr Training verwendet, damit ihre Hunde lernen, zwischen dem Geruch menschlicher Überreste und dem Geruch anderer Lebewesen zu unterscheiden. Während wir umherwanderten, sammelte sie einen Schädel und ein paar Rippen von einem längst toten Tier – vermutlich einem Opossum – ein, um sie ihrem Fundus hinzuzufügen.

An einer schattigen Stelle unter einem Baum zeigte Goodhope auf eine leichte mit Pflanzen bewachsene Vertiefung im Boden. „Ich wette, das ist ein Grab“, sagt sie. Solche Vertiefungen, sogenannte Slumps, erkennt man an ihrer Vertiefung und an ihrer Fruchtbarkeit, erklärt sie. Irgendetwas von unten hat dieses Fleckchen Erde genährt; in gewisser Weise ist es jetzt ein Gedenkgarten. Ich begann, sie um uns herum zu sehen, wie sie im Gebüsch verschwanden. Es war schwer zu vermeiden, auf sie zu treten, und ich flüsterte den Toten meine Entschuldigung zu.

Um die Nasenarbeit zu demonstrieren, ruft Goodhope Fletch zu sich und streicht mit dem Arm über die Felsen. „Find Hoffa", bellt sie, ihr Kommando für „an die Arbeit", und eine Weile tat er, wie ihm geheißen, die Nase in die Luft, dann ins Gras, sein Atem ein stakkatoartiges Schnaufen, während er sich über eine eingesunkene Stelle bewegte. Es dauerte nicht lange, bis er zu Goodhope aufschaute und sich hinsetzte, das Zeichen für „Ich rieche hier den Tod".

Fletch bekam ein sanftes verbales Lob für dieses Sitz und die Aufmunterung, „mehr zu finden". Aber das war nichts gegen den Jubel, den ich erlebte, wenn andere Spürhunde ihre Arbeit getan haben. Das liegt daran, dass es bei einer echten Suche keinen schnellen Weg gibt, um zu bestätigen, dass ein Hund eine richtige Stelle angezeigt hat. „Ich kann nicht riskieren, ihn für einen Fehler zu belohnen", erklärt Goodhope – zum einen, weil der Hund dann nicht weiß, worauf er reagieren soll, und zum anderen, weil ich nicht will, dass er anfängt zu täuschen und mir falsche Signale gibt. Hunde sind schlau, sagt sie, und sie finden heraus, wie sie bekommen, was sie wollen, ohne dafür zu arbeiten – eine Aussage, den ich von Hundeführern überall gehört habe.

Wie Giles es mit dem Walschnüffler Eba macht, kann Goodhope an Arbeitstagen, an denen es keine Entdeckungen gibt, später eine Aufgabe stellen, bei der der Hund gewinnt und eine Belohnung erhält, „um die Arbeit mit einem guten Gefühl zu beenden", sagt sie. (Ohne positives Feedback lässt bei Hunden der Antrieb zur Arbeit nach, genau wie bei Menschen.) Sie führt auch Trainingsläufe mit „Leerstellen" – ohne Geruch – durch, damit die Hunde lernen, dass es auch lohnend sein kann, nichts zu finden.

So oder so, ein Leichenspürhund muss *jetzt* arbeiten, um später bezahlt zu werden. Das bedeutet, dass seine Arbeit nicht nur eine immense Geruchsintelligenz erfordert, sondern auch eine ganz besondere Art von Vertrauen. „Man kann sich kaum vorstellen, dass hier mehr als 200 Jahre Historie liegen, mit so vielen menschlichen Geschichten, die niemand erzählt hat", sagt Lawrence. „Wir können uns glücklich schätzen, dass wir Fletch als Werkzeug haben, um diese Geschichte zu erzählen. Zusammen mit Bodenradar, Landvermessungen, historischen Texten und manchmal Bodenproben oder Ausgrabungen helfen uns die Hunde, die Geschichte zu vervollständigen", sagt sie. Fletch gab uns einen weiteren klaren Hinweis. Als er den Auftrag erhielt, Hoffa zu finden, zielte er diesmal auf einen von Reben umwucherten Baumstumpf; der Rest des Baumes ist wahrscheinlich während des Hurrikans Michael abgebrochen. Goodhope war von diesem Hinweis nicht überrascht. Sie erklärt, dass menschliche Überreste oder deren Geruch durch die Wurzeln in einen Baum gezogen werden können. Die eigentlichen Knochen liegen vielleicht nicht direkt darunter, aber ein Teil der Person ist nun in das Gewebe des Baumes eingewoben, und der Hund weiß das. Die Idee war für mich reine Poesie, und ich stellte mir vor, wie die Eichen, Zypressen und Kiefern um uns herum von der Essenz der verlorenen Dorfbewohner durchdrungen waren und die lebenden Hunde ihnen zu Ehren heulten.

Wir beendeten den Tag mit der Baumstumpfanzeige – eine gute Nachricht –, was für den braven Jungen ein paar grobe Spiele mit einem Tauspielzeug bedeutete. Aber abgesehen von den beiden „Funden", die den Abschluss unseres Besuchs im Fort bildeten, war Fletch größtenteils nicht sehr arbeitswillig. Selbst ich konnte feststellen, dass er nicht ganz bei der Sache war, sich leicht ablenken ließ und sich mehr auf das Knabbern von Gras und das Kratzen von Schrammen konzentrierte als auf die Arbeit. Goodhope hatte Mühe, ihn länger als ein oder zwei Minuten in den intensiven Suchmodus zu versetzen, und ich konnte ihr ansehen, dass sie frustriert und sogar verlegen war, weil ihr Superschnüffler seine Superkräfte nicht unter Beweis stellen konnte.

Aber für mich war dieses „abweichende" Verhalten die perfekte Erinnerung daran, dass ein Spürhund, egal wie wichtig die Aufgabe und wie intelligent seine Nase ist, immer noch ein Hund ist. Er ist kein Roboter und darf auch mal einen schlechten Tag haben – vor allem, wenn er seine normale Routine aufgeben muss, in eine Box und ein Auto hüpfen muss, das er nicht gewohnt ist, mit Menschen unterwegs ist, die er nicht kennt, und dann auch noch unter Umgebungsbedingungen arbeiten muss, die für seine Arbeit vielleicht nicht ideal sind. „Es stimmt, manchmal muss man den Tag aus der Perspektive des Hundes betrachten", sagt Goodhope, „und man kann eine Erklärung für alles finden, was passiert ist.

Mehrere Faktoren können die Arbeit eines Leichenspürhundes beeinträchtigen. Zu hohe und zu niedrige Wind- und Lufttemperaturen können die Fähigkeit des Hundes zum Orten von Gerüchen beeinträchtigen. Luftfeuchtigkeit, Gelände und Bodenbeschaffenheit wirken sich auf die Leistung aus. Aber die Umgebung ist nur ein Teil; die Emotionen sind ein anderer. Von Fletch wurde nicht nur erwartet, dass er auch an einem Tag, an dem seine normale Routine aus dem Ruder lief, gut arbeitet. Goodhope gab auch zu, dass sie an diesem Morgen nervös war, weil sie wollte, dass Fletch Leistung brachte und befürchtete, ich könnte anderenfalls denken, dass sie seine Fähigkeiten überbewerten würde. „Er hat ein gutes Gespür für mich und hat wahrscheinlich meine Ängste wahrgenommen", sagt sie. „Sein Verhalten – Gras fressen, unkonzentriert sein – war sicherlich ein Anzeichen für einen gestressten Hund. Hier zeigten emotionale Intelligenz und die Bindung zwischen Hund und Mensch, wie stark sie sind.

Eine andere Möglichkeit? Wie ein müder Schriftsteller, der auf einen leeren Bildschirm starrt, war Fletch einfach nicht in der Stimmung. Sogar ein Hund kann sich entscheiden. *Nee. Mir ist heute einfach nicht danach. Bitte hör auf, mir zu sagen, was ich tun soll.*

KAPITEL 9

KRANKHEIT RIECHT

Krankheit sorgt dafür, dass wir riechen. In Wahrheit riechen wir alle ständig, und das ist nichts, wofür man sich schämen müsste. Wie in anderen Lebewesen stecken auch in uns Menschen Flüssigkeiten, Gase und zelluläre Aktivitäten, die Gerüche erzeugen, von denen viele außerhalb unseres Wahrnehmungsbereichs liegen (Gott sei Dank). Aber manche dieser Gerüche können auf eine bakterielle oder virale Infektion, einen Parasitenbefall oder eine irgendwie gestörte Körperfunktion hinweisen. Das liegt daran, dass Krankheiten die Stoffwechselprozesse des Körpers verändern und Geruchsmoleküle als Nebenprodukte erzeugen.

Dass Gerüche Krankheiten begleiten, ist altbekannt: Der griechische Arzt Hippokrates, der im fünften Jahrhundert v. Chr. lebte, schrieb, dass die Nase des Arztes bei Fieberpatienten gut anzuzeigen könne. Davor und danach wurden viele andere Krankheiten am Geruch erkannt. So sind fruchtiger Urin und Atem bekannte Anzeichen für Diabetes; Scharlach, Lungenentzündung und Tuberkulose verursachen fauligen Atem; Typhus lässt den Körper nach frisch gebackenem Brot riechen; viele Krebsarten verursachen einen fauligen Geruch in der betroffenen Gegend und Malaria verändert den Körpergeruch in einer Weise, die Menschen für Moskitos attraktiver macht.

Es gibt sogar eine Krankheit, die sich Ahornsirup-Urin-Krankheit nennt und deren Duft an einen durchweichten Stapel Pfannkuchen erinnert, solange man nicht zu sehr über die Quelle des Dufts nachdenkt.

Früher gehörten Gerüche zu den am besten verfügbaren Krankheitsanzeichen und Ärzte verließen sich darauf, um Diagnosen zu stellen. Heute können Wissenschaftler sehr spezifische chemische Verbindungen zu den Gerüchen einiger der schlimmsten Krankheiten herstellen – und genau wie Ärzte erkennen auch geruchskundige Hunde Krankheiten, wenn sie sie riechen.

Das gilt auch für den Geruch von Lungenkrebs, der weltweit häufigsten Todesursache bei Krebs. Laut Forschern des taiwanesischen Kaohsiung Chang Gung Memorial Hospitals und Kollegen können Hunde sogar das früheste Stadium von Lungenkrebs erkennen, indem sie einfach an Atemluftproben von Patienten schnüffeln. In einem Anfang 2023 veröffentlichten Bericht stellten die Forscher fest, dass die Diagnosegenauigkeit ihrer Versuchshunde weder vom Krebsstadium oder -typ noch von der Lage der Tumormasse abhängt. „Selbst bei Lungenkrebs im Stadium 1A", schreiben sie, „können gut ausgebildete Hunde eine Diagnoserate von 100 % erreichen".

Bei Lungenkrebs bedeutet die Früherkennung buchstäblich den Unterschied zwischen Leben und Tod. Wenn offensichtliche Lungenkrebssymptome auftreten, ist eine heilende Operation in der Regel unmöglich, und selbst die aggressivsten Medikamenten- und Strahlenbehandlungen können das grausame Fortschreiten der Krankheit nur verlangsamen. Mehr als die Hälfte der Menschen, bei denen Lungenkrebs diagnostiziert wird, sterben innerhalb eines Jahres.

Wissenschaftler des Mount Sinai Medical Center in New York haben jedoch herausgefunden, dass Lungenkrebspatienten, bei denen die Krankheit in einem frühen Stadium diagnostiziert wird, eine 20-Jahres-Überlebensrate von 80 Prozent haben – erstaunlich im Vergleich zu der durchschnittlichen Fünf-Jahres-Überlebensrate von 18,6 Prozent für alle Patienten mit Lungenkrebs. Bisherige Früherkennungsmethoden erfordern kostspielige Spezialgeräte wie CT-Scanner und Massenspektrometer, die für einen Großteil der Weltbevölkerung nicht zugänglich sind. Die Forscher aus Taiwan kamen zu dem Schluss, dass Spürhunde dies ändern könnten: „Der Einsatz von Spürhunden zur Früherkennung von Lungenkrebs könnte gute klinische und wirtschaftliche Vorteile haben", schreiben sie. Die Nase der Hoffnung, in der Tat.

Die beharrliche Daisy

Es ist bemerkenswert: Krankheitsgerüche können schon von kranken Körpern ausgehen, lange bevor wahrnehmbare Symptome oder Labortests eine Warnung ausgeben, und Hunde sind in beeindruckender Weise in der Lage, solche Spuren zu erkennen. Bemerkenswert ist auch, wie sehr sich manche Hunde bemühen, ihre Erkenntnisse den Menschen mitzuteilen, die vielleicht gar nicht ahnen, dass etwas nicht stimmt.

Tangle, ein rostfarbener Cockerspaniel, hat eine solche Person gefunden. Der Hund machte zunächst einen großen Fehler, so schien es zumindest. Auf der Suche nach einer Urinprobe, die von einem Patienten mit Blasenkrebs stammte, schnüffelte er immer wieder an Urinbechern und stieß dabei auf die Probe eines vermeintlich gesunden Probanden. Tangle arbeitete im Rahmen einer Studie, die beweisen sollte, dass Hunde Blasenkrebs am Geruch erkennen können, und er war hartnäckig: Der Urin in diesem Glas war positiv. Es stellte sich heraus, dass der Hund Recht hatte. Nur hatte der Patient, der die Probe abgegeben hatte, Nierenkrebs und keinen Blasenkrebs. Die Urinprobe, die als gesunde Kontrollprobe für die Studie gekennzeichnet war, enthielt jedoch Krebszellen. Aufgrund der Beharrlichkeit des Hundes wurde der Mann weiter untersucht, diagnostiziert und bald darauf behandelt.

Die Studie wurde von der britischen gemeinnützigen Organisation *Medical Detection Dogs* (MDD) durchgeführt, die von der Hundetrainerin Claire Guest und ihren Partnern gegründet wurde, um die Fähigkeit von Hunden zu untersuchen, eine Reihe von Krankheiten anhand ihres Geruchs zu „diagnostizieren". Ironischerweise hatte Guest gerade zu dem Zeitpunkt, als sie die Fähigkeiten von Hunden zu verstehen begann, ihre ganz persönliche Begegnung mit der hündischen Geruchs-Superkraft, eine Geschichte, die sie mir bei unserem Gespräch im Jahr 2022 erzählte.

Kurz vor der Gründung von MDD hatte Guest einen fuchsroten Labrador namens Daisy erworben – eine „sanfte, ruhige, schöne, treue und erstaunliche Freundin" und eine ihrer „Seelenverwandten", wie sie in ihrem Buch *Daisy's Gift* schreibt. Sie begann, Daisy für die Teilnahme an Krebserkennungsstudien zu trainieren. Dann, im Laufe von zwei Wochen, wurde der Hund unruhig und schnüffelte wiederholt an der Brust seiner Besitzerin. Zunächst tat Guest das Verhalten als Marotte ab, aber der Hund ließ sich nicht von den „Möpsen" abbringen. Mein Kollege bemerkte das und fragte eines Tages: „Hast du Daisy verärgert? Sie verhält sich seltsam und sieht dich komisch an!" erzählt mir Guest. Guest machte eine

Selbstuntersuchung und entdeckte einen winzigen Knoten, der sich als gutartige Zyste in der Nähe der Brustoberfläche herausstellte. Doch tiefer in derselben Region lauerte ein seltener Krebs, der extrem schwer zu diagnostizieren ist.

„Als ich die Ergebnisse der Biopsie erhielt, dachte ich: Oh mein Gott, das ist *mir* passiert", sagt sie. „Trotz all meines Wissens und meines Glaubens an die Fähigkeiten der Hunde hatte ich gar nicht gemerkt, was Daisy mir sagen wollte. Was sie mir unbedingt sagen wollte!"

Guest wurde erfolgreich behandelt und spricht Daisy das Verdienst zu, ihr Leben gerettet zu haben. Was das Ganze noch interessanter macht, ist, dass Daisy auf die Erkennung von Blasenkrebs trainiert wurde. Wie bei Tangle beruhte ihre Warnung an Guest auf ihrer Fähigkeit, von einem Krebs auf einen anderen zu verallgemeinern – eines der größten Rätsel der Geruchsintelligenz von Hunden. Wissenschaftler sind sich nicht sicher, welche Gemeinsamkeiten zwischen den Gerüchen verschiedener Krebsarten bestehen; unsere empfindlichsten und hochtechnologischen Tests legen oft nahe, dass sie nichts gemeinsam haben. Und doch wissen Hundenasen Bescheid. In gewisser Weise ist Krebs für sie gleich Krebs. Daisy wurde schließlich zu einer der „Superschnüfflerinnen" von MDD, mit einer Trefferquote von 93 Prozent bei Trainingsübungen zur Krebserkennung.

Super-Screener

Trotz der vielen Forschungsarbeiten, die die Fähigkeiten von Spürhunden erforschen, untersuchen die Wissenschaftler immer noch, worauf die Hunde reagieren. Das gilt nicht nur für Krankheiten: Ausbilder von Leichenspürhunden und andere haben mir dasselbe gesagt. Klar ist, dass die Tiere über Nasen und Gehirne verfügen, die sensibel und intelligent genug sind, um Krankheiten zu erkennen, für die der Mensch komplexe Diagnosegeräte und oft unangenehme Verfahren benötigt. Ein Beispiel dafür ist die Darmkrebsvorsorge. Waren Sie schon einmal bei einer Darmspiegelung? Das ist sicherlich die effektivste Methode, um in den Darm zu schauen und nach Dingen zu suchen, die dort nicht hingehören, was extrem wichtig ist. Aber ohne zu sehr ins Detail zu gehen – sagen wir einfach, dass es zwei beschissene Tage in Ihrem Leben sind. Die bisher beste nicht-invasive Alternative ist ein Test auf okkultes Blut im Stuhl – nur ein Abstrich aus dem Stuhl, keine Vorbereitung und keine Untersuchung –, aber die Sensitivität für kolorektale Neoplasien ist einfach nicht so gut wie die Koloskopie. Nicht schlecht, aber für einen potenziell tödlichen Krebs, der früh erkannt werden muss, nicht gut genug.

Vergleichen Sie das mit einer Studie der japanischen Kyushu-Universität, bei der Hunden Atem- und Stuhlproben von Patienten mit und ohne Darmkrebs präsentiert wurden. Empfindlichkeit der Nase auf den Geruch von Neoplasie im Atem? 91 Prozent. Wurde den Hunden ein wenig Kot zum Schnüffeln gegeben, stieg die diagnostische Genauigkeit auf 97 Prozent. Und doch ist die Schulmedizin noch weit davon entfernt, die natürlichen Superkräfte von Spürhunden zu akzeptieren und anzuerkennen, dass sie genauso schlau sein können wie einige unserer Labortests – und vielleicht sogar noch schlauer. Was den Darm betrifft, so werden wir zumindest in absehbarer Zukunft wohl weiterhin die Wahl haben, in einen Becher zu kacken oder ein Endoskop in den Bauch gesteckt zu bekommen. Ich würde lieber einen Hund bitten, das zu tun, wozu er ohnehin neigt – an meinem Hintern zu schnüffeln. Sie nicht auch?

Medizinische Spürhunde sind nicht nur angenehmer als ein durchschnittlicher diagnostischer Test, sondern auch anpassungsfähiger. Wie wir bereits von mehreren Ausbildern gehört haben, kann ein Hund, sobald er lernt, ein Verhalten zu kopieren, ein Problem zu lösen oder eine Frage zu beantworten, verschiedene Formen einer Herausforderung in kürzester Zeit meistern, wie Spürhunde während der COVID-19-Pandemie gezeigt haben.

Passagiere, die Ende 2020 und Anfang 2021 auf dem internationalen Flughafen Helsinki-Vantaa in Finnland ankamen, trafen auf Hunde, die die Menschenmassen kontrollierten. Er ist einer der verkehrsreichsten Flughäfen in Europa, und selbst auf dem Höhepunkt der Pandemiebeschränkungen passierten vier bis fünf Millionen Reisende pro Jahr seine Tore. Die Hunde waren ausgebildete Geruchsdetektive, die normalerweise ihre Nasen und ihren Scharfsinn einsetzten, um illegale Drogen, Gefahrgüter und sogar Krebs zu erkennen. Aber die Pandemie ließ sie nach etwas noch Dringlicherem schnüffeln: SARS-CoV-2. Die Hunde erwiesen sich als mindestens ebenso genau wie die Standard-Labortests, wenn es darum ging, positive Fälle zu finden und negative auszuschließen, wobei die Sensitivität durchweg bei über 90 % lag. Bemerkenswerterweise erwiesen sie sich auch als fähig, sowohl zu verallgemeinern – Unterschiede zwischen Virusmutationen zu ignorieren und das Vorhandensein einer beliebigen Version der Krankheit zu signalisieren – als auch zwischen den Varianten zu unterscheiden, je nachdem, was ihre Menschen von ihnen verlangten. Egal, ob ihnen Hautabstriche, Schweißproben oder sogar schmutzige Socken vorgelegt wurden, ausgebildete Spürhunde, die in Europa, Großbritannien und den USA untersucht wurden, waren hervorragend darin, Infizierte von nicht Infizierten zu unterscheiden.

Fortschritte in der Bekämpfung der Parkinson-Krankheit

Obwohl die Labortests für COVID-19 mit höchster wissenschaftlicher Geschwindigkeit entwickelt wurden, ist es nach wie vor frustrierend schwierig, viele verheerende Krankheiten mit Sicherheit zu diagnostizieren. Die Parkinson-Krankheit ist eine davon. Sie betrifft weltweit mehr als 10 Millionen Menschen, und allein in den USA kommen jedes Jahr etwa 60 000 neue Patienten hinzu. Sie schädigt die dopaminproduzierenden Neuronen im Gehirn und kann neben dem Zittern und anderen motorischen Problemen, für die sie am besten bekannt ist, auch Schlafstörungen, Depressionen, Verlust des Geruchssinns, Verstopfung, kognitiven Abbau und andere Symptome verursachen, die oft auf eine Vielzahl anderer Erkrankungen zurückgeführt werden. Die Pathologie kann ein Jahrzehnt vor dem Auftreten schwerer Symptome wie Zittern beginnen, die auf die eigentliche Ursache hindeuten, und zu diesem Zeitpunkt sind bereits viele irreversible Schäden im Gehirn entstanden. Das Wissen um die Parkinson-Krankheit im frühesten Stadium würde es den Menschen ermöglichen, sich besser auf die Krankheit vorzubereiten, sie zu bewältigen und sogar ihre Auswirkungen zu verlangsamen. Aber ein definitiver Frühtest für diese Geißel hat sich den Ärzten lange entzogen.

2015 fragte die schottische Krankenschwester Joy Milne, deren Mann an Parkinson litt, den Forscher Tilo Kunath, warum Ärzte den Geruchssinn nicht als Diagnoseinstrument einsetzten. Milne hat eine erbliche Hyperosmie, eine seltene Erkrankung, die ihr eine extrem empfindliche Nase verleiht. Jahre zuvor hatte sie bemerkt, dass ihr Mann einen Moschusgeruch entwickelt hatte, der sich in seinen Hemden festsetzte – ein Geruch, den sie später in Räumen wahrnahm, in denen Selbsthilfegruppen von Parkinson-Patienten zusammenkamen. Ihr Vorschlag an Kunath führte schließlich zur Erforschung des einzigartigen Geruchs von Parkinson, von dem Wissenschaftler glauben, dass er mit chemischen Veränderungen im Talg (Hautfett) von Menschen mit aktiver Krankheit zusammenhängt.

Wenn Milne es erkennen konnte, „na ja, sollten Hunde es auch können". Das dachte Lisa Holt, als sie zum ersten Mal von Milnes besonderer Fähigkeit hörte, und zwar von einer Freundin, Nancy Jones, deren einst dynamischer Ehemann durch Parkinson geschwächt war. Als professionelle Trainerin für Spürhunde erkannte Holt schnell, dass die Anwendung der Geruchsintelligenz von Hunden auf diese schreckliche Krankheit für Millionen von Menschen lebensverändernd sein könnte. Innerhalb weniger Monate starteten sie und Jones ein rein ehrenamtliches, selbstfinanziertes Forschungsprojekt, um herauszufinden, ob Hunde tatsächlich etwas riechen können, das mit der Krankheit zusammenhängt – vielleicht denselben Duft, den Joy Milne entdeckt hatte. Sie konnten es. Holt gründete die gemeinnützige Organisation *PADs for Parkinson's* in der Hoffnung, die olfaktorische Begabung von Hunden optimal nutzen zu können.

Wie so oft bei Spürhunden lassen sich auch diejenigen, deren Nasen intelligent genug sind, um Parkinson zu erschnüffeln, nicht in eine Schublade stecken. „Wir haben Hunde vom Zwerkschnauzer bis zur Dogge und vom Welpen bis zum Veteranen", sagt Holt, als ich PADs im Büro der Organisation auf San Juan Island, Washington, besuche. Einer der ersten PADs-Hunde war ein schwarzer Standardpudel namens Mia, die 2016 ihre erste Parkinson-Probe erschnüffelte. Sie ist jetzt 10 Jahre alt und immer noch im Einsatz. Einige Mitglieder des Spürhundeteams sind aus dem Tierschutz stammende Hunde wie der Basset Bubba; andere haben einen legalen Stammbaum in Urkundengröße, wie Bendy, ein italienischer Lagotto Romagnolo, dessen Rasse für die Trüffeljagd gezüchtet wurde; andere kamen mit einem handgekritzelten Schild „freier Hund". Ihr Nasentrieb und ihr „unabhängiges Arbeitsverhalten" zeichnen sie aus, sagt Holt.

Zu ihren besten Hunden gehört ein Magyar Vizsla namens Hudson, der „seine Arbeit so sehr liebt, dass er versucht, seiner Nase davonzulaufen". Holt beschreibt einen Moment, in dem Hudson so intensiv schnüffelte, dass er bei der „heißen" Probe stehen blieb und „buchstäblich Hals über Kopf umkippte" sagt sie. Ein sehr engagierter Pomeranian namens Shugga nimmt manchmal in einem Tütü an den Trainingseinheiten teil, und ein Papillon namens Tessa schlüpfte einmal auf dem Jahrmarkt in Friday Harbor aus dem Auto ihrer Besitzerin und verschwand im Durcheinander des Marktgeschehens. Ihre Besitzerin suchte verzweifelt zwischen den Fahrgeschäften und Imbissbuden – ohne Erfolg. Schließlich erreichte sie das hintere Ende des Messegeländes, wo sich das Trainingsgebäude der PADs befindet – und fand den kleinen Papillon. „Dieser Hund saß einfach am Eingang der PADs und wartete geduldig darauf, hineinzugehen und seinen Job zu machen", sagt Holt.

Jahrelang haben Ärzte, die Parkinson-Patienten betreuen, Proben an Holt und die PADs-Hunde geschickt, um sie bei der Diagnose zu unterstützen. Zum Zeitpunkt meines Besuchs waren 18 geschulte und erfahrene Parkinson-Schnüffler im Einsatz, und mindestens zehn von ihnen arbeiteten an jeder Probe. Damals handelte es sich noch um ein kleines Projekt, aber die Möglichkeit, Menschen zu helfen, bevor die Krankheit ihr Leben fest im Griff hat, war unglaublich vielversprechend. Andere sahen das genauso, und im Jahr 2023 schloss sich PADs, dessen wissenschaftliche Ergebnisse bereits in Arbeit waren, mit *Nosais* zusammen, einer

gemeinnützigen Forschungsabteilung innerhalb der Nationalen Veterinärmedizinischen Hochschule (NEVA) in Maison-Alfort, Frankreich, auf einem Campus, auf dem die Spürhundearbeit Platz hat, sich auszudehnen.
Diese Aussichten waren auch der Grund, warum sich die 47-jährige Sarah Winter an die Hunde wandte, nachdem eine Reihe von körperlichen Veränderungen, die scheinbar nichts miteinander zu tun hatten, in ihrem Kopf eine Alarmglocke läuteten. Zuerst schwand ihr Geruchssinn. Dann hatte sie starke Krämpfe in den Füßen, bekam schuppige Hautstellen und litt unter Muskelsteifheit und Stimmmüdigkeit. Als Sozialarbeiterin, die einen Großteil ihrer beruflichen Laufbahn mit Patienten mit neurologischen Erkrankungen, darunter Parkinson, verbracht hatte, wurde Sarah klar, dass wirklich etwas nicht stimmte, als sich die seltsamen Episoden häuften. „Aber wenn ich nicht bereits in die Welt der Parkinson-Krankheit eingetaucht wäre“, sagt sie, „hätte ich die Sache vielleicht nicht weiterverfolgt.
Sarah war durch ihre Arbeit mit PADs vertraut, und als sie die Kriterien für Holts Projekt erfüllte, packte sie ihr Geruchsmuster-Shirt für die Hunde ein. Holt meldete sich kurz darauf mit den Ergebnissen: Neun von zehn Hunden reagierten auf den Geruch mit „Ja“. Sarah ist die bisher jüngste Person, bei der die Hunde Parkinson nachgewiesen haben. Das ist ein nützlicher Datenpunkt, da die Wissenschaftler noch nicht wissen, wann sich der Körpergeruch im Verlauf der Krankheit verändert.
„Die Hunde haben ihre Aussage gemacht“, sagt sie mir, und sie betrachtet ihre Stimmen als einen echten Beweis für eine endgültige Diagnose. Da sie keine motorischen Beeinträchtigungen hat, gilt ihre Krankheit als „prodromal“, und sie erfüllt noch nicht die klinischen Kriterien für Parkinson. Das hat es schwierig gemacht, ihre Ärzte zu überzeugen; selbst eine Überweisung zu PADs zu bekommen, hat einige Mühe gekostet. Solange die Schulmedizin die Hunde nicht als gültige Hilfsmittel akzeptiert, wird ihr Wert nicht voll ausgeschöpft werden, sagt sie. Und alle verbleibenden Zweifler sollten wissen, dass ein Folgetest – eine Hautbiopsie, der das medizinische Establishment vertraut – mit den Ergebnissen des Hundes übereinstimmte.
Sarah wandte sich an eine Forscherin und Ärztin für integrative Medizin namens Laurie Mischley, die den Lebensstil und die Ernährung von Menschen untersucht, deren Parkinson-Krankheit nur langsam voranschreitet. Die Hunde gaben ihr den Anstoß, sagt sie, und drängten sie, die Hautbiopsie durchführen zu lassen. „Ich vertraue den Hunden, und ihretwegen habe ich die nächsten Schritte unternommen“, erzählt sie mir. In Zusammenarbeit mit Mischley hat sie ihre Ernährung und ihr Bewegungsprogramm umgestellt, da Mischley festgestellt hat, dass diese

beiden Faktoren für das Fortschreiten der Symptome von Bedeutung sind. Als sie außerdem feststellte, dass das Gesundheitssystem in Bezug auf Prodromalpatienten große Lücken aufweist, bemühte sie sich um eine Stelle bei dem Unternehmen, das die Hautbiopsie zur Bestätigung ihrer Krankheit durchgeführt hatte, „um einen Platz in der Runde zu bekommen. Ich wollte die Leute kennenlernen, die sich für die Entwicklung von neuroprotektiven Behandlungen für Menschen einsetzen, bei denen die Krankheit noch nicht weit genug fortgeschritten ist, um eine eindeutige Diagnose zu stellen", sagt sie. Jetzt ist sie bereit, an der Gestaltung von Pflegestandards und des rechtlichen Schutzes für Patienten mitzuwirken und denjenigen, die es am dringendsten brauchen, die neuesten Forschungsergebnisse und Technologien zukommen zu lassen. „Die Hunde haben das alles in Gang gesetzt", sagt sie.

Holt weist darauf hin, dass frühe Diagnosen durch die Nase der Hunde auch dazu führen könnten, dass Wissenschaftler die Auslöser der Krankheit erkennen. „Und wenn man der Krankheit stromaufwärts folgt", sagt sie, „findet man vielleicht ihren Ursprung". Irgendwann, so hofft sie, „wird es ein Heilmittel geben, und wir werden die Hilfe der Hunde nicht mehr brauchen".

KAPITEL 10

DER WARNENDE HAUCH

Das Aufspüren von Krankheiten über den Geruchssinn ist etwas, was Hunde schon seit langem tun. Ihre Fähigkeit, besondere Partnerschaften mit Menschen einzugehen, eröffnet uns auch die Möglichkeit, sie bei der Bewältigung der Auswirkungen dieser Krankheiten – insbesondere der chronischen – zu unterstützen. Das bedeutet, dass nicht nur ihr Geruchssinn, sondern auch ihre kommunikativen und emotionalen Fähigkeiten zum Einsatz kommen. Denn in vielen Fällen scheint es ihnen wirklich wichtig zu sein, was mit uns geschieht.

Eine Nase für Süßes

Normalerweise ist ein Hund, der mit seiner Nase im Müll erwischt wird, ein schlechter Hund. Aber an dem Tag, an dem Armstrong mit seiner Schnauze in einer mit Papiertüchern gefüllten Mülltonne herumwühlte und ein bestimmtes herauszog, um es zu untersuchen, war Mark Ruefenacht erstaunt und lobte den Hund in den höchsten Tönen. „Da wusste ich, dass wir wirklich etwas gefunden hatten", erzählt er mir. Das Papiertuch war von Jeannie Hickey benutzt worden, einer Diabetes-Krankenschwester, die selbst an Typ-1-Diabetes leidet. Sie tupfte sich während einer Niedrigzucker-Episode die verschwitzte Stirn ab, markierte das Tuch mit einem kleinen X und gab es Ruefenacht.

Ruefenacht hatte mehrere Jahre lang daran gearbeitet, zu beweisen, dass sein Hund seinen eigenen blutzuckerarmen Geruch aufspüren konnte, und Armstrong war darin recht geübt. Aber was ist mit dem Geruch eines anderen Menschen? Gab es eine Gemeinsamkeit zwischen Menschen mit Diabetes, und würde der Hund den Geruchssinn haben, um sie zu erkennen? Die Antwort war eindeutig ja: An diesem Tag zog Armstrong ohne Zögern das richtige Papiertuch. Es schien, dass Armstrong in der Lage sein würde, jedem Diabetiker zu sagen, wann er unterzuckert ist.

Ruefenacht kam auf die Idee, Hundenasen gegen Diabetes zu testen, als er im Beisein eines Hundes, den er pflegte, einen Anfall erlitt, der mit einer Hypoglykämie zusammenhing. Das Tier war aufmerksam und schien während des Anfalls aufgeregt zu sein, was den Mann zum Nachdenken brachte. Da er wusste, dass mit Hunden an der Erkennung von Krebszellen gearbeitet wurde, fragte sich Ruefenacht, ob der Hund nicht nur auf die äußeren Anzeichen des Anfalls reagiert hatte, sondern auch auf einen Geruch, den er vor dem Anfall abgab. Er und Hickey arbeiteten mit Armstrong und einem schokobraunen Labrador namens Danielle und entdeckten, dass die Tiere Hypoglykämie und Hyperglykämie in Speichel- und Schweißproben von Diabetikern erkennen konnten.

Ein hoher Blutzucker verrät sich durch eine Anhäufung von Ketonen im Blut, die den Atem fruchtig riechen lassen. Der von Hunden wahrnehmbare Geruch eines niedrigen Blutzuckerspiegels kann von der Chemikalie Isopren herrühren, einer häufigen organischen Verbindung in unseren Ausdünstungen, deren Volumen sich während einer Hypoglykämie verdoppeln kann.

Im Jahr 2004 gründete Ruefenacht *Dogs4Diabetics*, eine gemeinnützige Organisation, die den Weg für eine ganz neue Branche von medizinischen Assistenzhunden für zu Hause ebnete. Diabetes-Warnhunde können heute beide Zuckerwerte mit beeindruckender Genauigkeit riechen, und zwar lange bevor andere Technologien eine Warnung ausgeben.

Die Fähigkeit der Hunde, jede Krankheit zu riechen, deren Geruch nur von einigen wenigen Molekülen unter Millionen stammen kann, ist zweifellos eine olfaktorische Intelligenz. Aber Ruefenacht wies auf eine andere Art von Intelligenz bei den Tieren hin, die so eng mit ihren Menschen zusammenarbeiten. „Wenn ein Hund erkennt, dass das, was er tut, eine wichtige Aufgabe ist, macht es bei ihm Klick, und sein Denken ändert sich", sagt er. Dann werden Verhaltensweisen zu Entscheidungen und nicht mehr nur zu trainierten Reaktionen auf bestimmte Reize. Die Verbindung zwischen Mensch und Hund scheint sich auf die Dringlichkeit auszuwirken, mit der der Hund die gesundheitliche Anomalie wahrnimmt, auf die er reagiert. Mit der Zeit entwickelt er eine ganz neue Bindung zu seiner Person: Es gibt dann nicht mehr nur einen Geruch, sondern einen Geruch, der bedeutet, dass jemand, der ihm wichtig ist, in Schwierigkeiten ist.

Eine gerettete Familie

Bob Collett ist seit über 60 Jahren an Typ-1-Diabetes erkrankt. Zu Beginn seiner Ehe stand seine Frau Marie fünfmal pro Nacht auf, um den Blutzuckerspiegel ihres Mannes zu kontrollieren, damit er nicht vor dem Morgen einen potenziell tödlichen Anfall erlitt. Wenn sein Blutzuckerspiegel tagsüber aus dem Gleichgewicht geriet, verhielt sich Bob plötzlich wie betrunken oder verwirrt und manchmal auch unhöflich, sodass sich das Ehepaar und ihr Sohn abkapselten. „Wir hatten kein Leben", sagt Marie. „Überhaupt keins."

Als ich mich über Zoom mit den Colletts unterhielt, die in ihrem Wohnzimmer in Großbritannien saßen, konnte ich einen großen, kantigen gelben Lab-Golden-Retriever-Mix auf dem Teppich neben Bob sehen – und obwohl der Hund sich während unseres Gesprächs weder bewegte noch einen Laut von sich gab, war er im Raum sehr präsent. Die Familie lebt auf einem Bauernhof mit einem halben Zoo, aber dieser Hund ist ihnen ans Herz gewachsen wie kein anderes Tier. Denn Mack hat nicht nur Bobs Leben immer wieder beschützt, sondern auch der ganzen Familie ein Leben zurückgegeben, das sie schon aufgegeben hatte.

Sowohl Bob als auch Marie geben zu: Als sie zum ersten Mal von den Medizinischen Spürhunden (MDD) hörten, waren sie skeptisch, dass ein Tier das tun könnte, was ihnen weder Medikamente noch Technik zu helfen vermochten. Verzweifelt bewarben sie sich aber trotzdem bei MDD. Schließlich wurde ein Hund frei, der laut der MDD-Mitarbeiter gut zu der Familie passen würde. „Er kam probeweise für ein Wochenende zu uns und ist nie wieder gegangen", sagt Bob.

Die letzte Skepsis gegenüber den Fähigkeiten des Hundes verschwand kurz nach seiner Ankunft: Mit starrem Blick auf Bob gab der Hund nach einer halben Stunde des „Besuchs" sein erstes Signal, obwohl er noch gar nicht auf Bobs Geruch trainiert war. Wenn ein Hund zu einem Kunden vermittelt werden soll, beginnt MDD normalerweise damit, das Tier methodisch der Kleidung auszusetzen, die dieser während der Hypo- und Hyperglykämie-Episoden trägt, und den Hund zu loben, wenn er darauf reagiert. Mack übersprang diesen Schritt und ging gleich an die Arbeit. „Ich sagte: Bob, er reagiert, überprüfe deinen Blutzucker. Und peng, Mack hatte Recht!" sagt Marie.

Sobald Mack sich an Bobs Geruch gewöhnt hatte, schlug er Alarm, lange bevor der Blutzucker seines Besitzers messbar anstieg oder abfiel, und fungierte so als (sehr) frühes Warnsystem. Und er lässt nicht locker, bis er sicher ist, dass sein Besitzer in Sicherheit ist. „Er wird unruhig und bleibt so, bis mein Blutzuckerspiegel auf einen bestimmten Wert gesunken ist", sagt Bob.

Mack bleibt die meiste Zeit in Bobs Nähe, aber wenn sie sich in getrennten Zimmern aufhalten, schaut der Hund von Zeit zu Zeit vorbei, geht zu Bob und schnuppert die Luft, bevor er in sein Bett zurückkehrt oder sich anderweitig beschäftigt, sobald er sich vergewissert hat, dass alles in Ordnung ist. Nachts macht er das Gleiche, und wenn ihm nicht gefällt, was er riecht, stupst er Bob wach. Wenn Bob nicht reagiert, geht Mack zu Marie auf die andere Seite des Bettes und steckt seine Nase in ihr Gesicht. Für seine Bemühungen bekommt Mack ausgezeichnete Pflege und viel Liebe, jede Menge seiner Lieblingsleckerlis (Frischkäsewürfel werden besonders geschätzt), überschwängliches Lob, wenn er seine Arbeit gut macht (ein kleines Liedchen und Tänzchen ist manchmal gerechtfertigt), und tägliche „freie" Zeit, um einfach ein Hund zu sein – schwimmen, wandern und spielen.

Seit der Hund ihnen zur Hilfe kam, so die Colletts, benötigt Bob viel weniger Insulin, hat an Gewicht zugelegt und fühlt sich wesentlich besser. Ein unschätzbarer Vorteil ist, dass Mack Bob dabei hilft, seinen Blutzuckerspiegel nicht in die Höhe zu treiben. Außerdem scheint Mack dazu beizutragen, Bobs verbliebene Sehkraft zu erhalten, die rapide abnahm, bevor der Hund in den Haushalt kam – eine häufige und verheerende Folge von unkontrolliertem Diabetes.

Was Mack für die Familie Collett bedeutet, abgesehen davon, dass er ihr täglich das Leben und die Sicht rettet, ist schwer in Worte zu fassen. Es geht nicht nur um das Körperliche: Seine Anwesenheit und die verbesserte Lebensqualität, die er ermöglicht, haben auch Bobs und Maries geistige Gesundheit verändert. Bevor Mack kam, war der autistische Sohn von Bob und Marie oft derjenige, der seinen Vater in einer Krise fand: „Papa hat sich wieder im Garten hingelegt", sagte er zu seiner Mutter. Er machte sich laut Sorgen, dass sein Vater sterben würde, aber das ist vorbei. „Wenn ich jetzt zurückblicke", sagt Marie, „habe ich keine Ahnung, wie wir all die Jahre gemeistert haben, bevor Mack uns gerettet hat."

Diese Art von Wertschätzung für die Nasen und Herzen von Hunden habe ich während meiner Berichterstattung in vielen Haushalten gefunden. Und obwohl ich wusste, dass Spürhunde menschliche Gerüche aufspüren, die Leben retten, haben mich die Geschichten immer wieder verblüfft. Wussten Sie zum Beispiel, dass ein epileptischer Krampfanfall einen Geruch hat? Ich auch nicht. Ed Crane ging es ebenso, bis er einen Hund mit nach Hause brachte, der ihm das sagte.

Ein zurückgewonnenes Leben

Ed Crane kann Ihnen nicht sagen, was er gestern Abend gegessen hat. Oder heute Morgen zum Frühstück. Eine Operation zur Kontrolle schwerer epileptischer Anfälle, die ihn seit seinem 30. Lebensjahr plagen, hat sein Kurzzeitgedächtnis beeinträchtigt. Gekritzelte Merknotizen und geduldige Familienmitglieder übernehmen die Arbeit, die sein Gehirn nicht mehr leisten kann. Die Operation hat zwar dazu beigetragen, die Anzahl und Schwere seiner Anfälle zu verringern – die ganz schlimmen Anfälle gehören der Vergangenheit an –, aber die Korrektur seines linken Schläfenlappens bedeutete auch keineswegs eine Heilung. An dem Tag, an dem wir miteinander sprachen, hatte er bereits zwei partielle Anfälle, und er sollte am Nachmittag und in der Nacht weitere haben.

Dennoch hat Crane dank mehrerer Epilepsiewarnhunde ein schmales Scheibchen Leben gegen ein viel umfangreicheres, erfüllteres eingetauscht. Seit 2003 hatte er drei dieser hochintelligenten Hunde, und in all diesen Jahren gab es keinen einzigen anfallsbedingten Sturz oder eine Verletzung. Das ist eine enorme Leistung. Nach Angaben der Weltgesundheitsorganisation ist das Risiko eines vorzeitigen Todes bei Menschen mit Epilepsie dreimal so hoch wie in der Allgemeinbevölkerung, wobei die Todesfälle am häufigsten durch Stürze und andere anfallsbedingte Unfälle verursacht werden.

Eine schwarze Labradorhündin namens Charity war Cranes erste Helferin, ein Assistenzhund von *Canine Partners for Life* (CPL), die schon zuhause auf ihn wartete, als er von der Operation aus dem Krankenhaus kam. Gleich am ersten Tag warnte sie ihn vor einem bevorstehenden Anfall – zwanzig Minuten vorher. „Ich legte mich auf den Boden und sie wartete den Anfall an meiner Seite ab", schrieb mir Crane. „Das war ein neuer Anfang für mich."

Als Charity 2011 starb, „war das ein Rückschritt in meinem Leben", schrieb er. „Diese Zeit dazwischen ist wirklich hart, vor allem, wenn das Warnsystem plötzlich fehlt." Doch schon bald stellte CPL Alepo zur Verfügung, einen blonden Labrador – intelligent, anpassungsfähig, selbstbewusst, höflich und immer arbeitsbereit, so Crane. Sechs Jahre lang waren die beiden beste Freunde und Alepo gab ihm Sicherheit. „Er war absolut genau und zuverlässig. Er war erst zufrieden, wenn ich mich hinlegte, damit er seine Vorderbeine über meine Hüfte legen konnte, und er ließ mich erst wieder aufstehen, wenn mein Anfall wirklich ganz vorbei war", erzählte mir Crane. Als Zeichen dafür, dass nach einem Anfall alles wieder in Ordnung war, leckte ihm der Hund das Gesicht.

Alepo ging 2018 in den „Ruhestand" und lebt immer noch bei Crane, seine Zeit im Dienst ist aber vorbei. Jetzt ist Zern, ein robuster Labrador mit einem glatten, buttermilchfarbenen Fell und tiefbraunen Augen, die einem in die Seele zu blicken scheinen, im Einsatz. Während unseres Videoanrufs konnte ich einen Blick auf Zern werfen, der neben Crane lag. Er trug sein Geschirr und war bereit, Crane überallhin zu begleiten. Der Hund unterstützt unter anderem auch beim Halten des Gleichgewichts und bleibt deshalb ganz nah bei seinem Menschen. „Ich bin durch die Hölle dahin gegangen, wo ich heute bin. Ich bin wiederhergestellt, ich kann reisen, aufstehen und sprechen, mein Leben leben", sagt Crane. „Dank dieser außergewöhnlichen Hunde bin ich keine Geisel meiner Behinderung mehr."

Canine Partners for Life, die in Cochranville, Pennsylvania, ansässige gemeinnützige Organisation, die Crane mit seinen Assistenzhunden versorgt, hat ein kleines Zuchtprogramm, das hauptsächlich Golden Retriever, Labradore, Standardpudel und Smooth Collies hervorbringt; aber auch Mischlinge aus dem Tierschutz oder anderen Organisationen werden aufgenommen. Die Fähigkeiten und das Temperament der Welpen werden frühzeitig beurteilt, um festzustellen, ob sie für eine Aufgabe geeignet sind. Etwa ein Drittel bis die Hälfte der CPL-Hunde werden als Anfallswarnhunde eingesetzt. Und das ist das Bemerkenswerteste daran: „Wir bilden keine Anfallswarnhunde aus", sagt Programmdirektorin Deb Bauer. „Wir finden diejenigen, die es von Natur aus können." Die meisten ihrer Hunde sind in der Lage, einen Anfall zu erkennen, sagt sie, aber nur einige reagieren automatisch darauf. Das sind die Hunde, deren Verhalten immer und immer wieder verstärkt wird, sodass sie auch in Zukunft immer wieder reagieren.

Um herauszufinden, welche Hunde zum „Warndienst" neigen, setzt das CPL-Team die Hunde sowohl der Kleidung aus, die potenzielle Kunden während eines Anfalls getragen haben, als auch den Menschen selbst und beobachtet die Reaktionen der einzelnen Hunde. Selbst ohne jemals zuvor einen Anfall erlebt zu haben, „haben wir Hunde, die aus einem anderen Raum kommen und anzeigen", sagt Bauer. „Andere haben tief geschlafen und sind plötzlich aufgewacht und haben angezeigt".

In vielen Fällen, so fährt sie fort, „spielt es keine Rolle, ob der Hund die Person kennt oder nicht. Noch nicht einmal, ob die beiden sich zuvor je begrüßt haben. Wenn sich ein Anfall anbahnt, wird er uns sagen: Hey, da stimmt etwas nicht. Sobald wir wissen, dass ein Hund anzeigt, können wir schnell feststellen, um welches Verhalten es sich handelt und wie lange im Voraus es auftritt", erklärt sie. Jegliches Training im Zusammenhang mit Warnanzeigen ist eigentlich nur eine Ermutigung, die Intelligenz, die den Hund bereits zum Handeln befähigt, weiter

zu nutzen. Man teilt ihm durch Lob, Zuneigung oder Spielzeit mit, dass es gut ist, ein bestimmtes Verhalten in diesem Kontext auszuführen.
Es gibt seit Jahrzehnten Berichte über Hunde, die Anfälle bei Menschen vorhersagen und das bevorstehende Ereignis durch aufmerksamkeitsheischendes Verhaltensweisen wie Anstarren, Winseln, Stupsen und Pfötchengeben signalisieren. Und sie tun dies bis zu 90 Minuten vor einem Anfall. Wie das? Es gibt Hinweise darauf, dass Hunde ihre Geruchsempfindlichkeit und ihr Urteilsvermögen nutzen, um auf VOCs zu reagieren, die vor und während eines epileptischen Ereignisses ausgestoßen werden – wie bei vielen anderen Krankheiten auch. Die Forschung hat in der Tat VOCs vor einem Anfall bestätigt und trainierte Hunde können bei ein und demselben Patienten eindeutig zwischen Anfalls- und Nicht-Anfallsgerüchen unterscheiden.
Doch wie Bauer weiß, finden auch Ungeübte den Geruch bedeutsam. In einer kleinen Studie vor einigen Jahren fanden Neil Powell von der Queen's University Belfast und seine Kollegen heraus: Hunde reagierten deutlich stärker auf Proben von Schweißgeruch ihres Besitzers, der mit Anfällen in Verbindung zu stehen schien, als auf Kontrollproben. „Warum dieser Geruch Aufmerksamkeit erregt, wissen wir nicht", sagt Powell. „Aber unsere Studie zeigt, dass die Hunde mit den besten Leistungen auch die engste Beziehung zu ihrem Besitzer haben. Diese Zugehörigkeit ist also von Bedeutung."
Der Geruchssinn ist vielleicht nicht einmal die ganze Geschichte. Manchen Wissenschaftler vermuten, dass Hunde empfindlich auf elektromagnetische Veränderungen reagieren und möglicherweise auch auf winzige Veränderungen im elektromagnetischen Feld des Körpers, wenn sich ein Anfall anbahnt. (Wenn dies zutrifft, wäre es eine weitere Form der sensorischen Intelligenz, die uns Menschen fehlt und die sich darauf auswirkt, wie Hunde uns, ihre sensorisch eingeschränkten Gefährten, „sehen" und auf sie reagieren. „Wahrscheinlich spielen mehrere Dinge eine Rolle", sagt Bauer. Das Offensichtliche wäre ein Geruch oder eine subtile Veränderung im Verhalten der Person. „Aber vielleicht ist auch ihr Gleichgewicht gestört oder ihre Stimme verändert sich – auch das wird ein Hund wahrnehmen. Sie sind viel schlauer, als wir es ihnen zutrauen: Sie sehen das ganze Bild, und es braucht nur eine winzige Veränderung in diesem Bild, um ihnen zu sagen, dass etwas passieren wird."
Viele der CPL-Hunde reagieren auf mehrere Krankheiten, darunter andere Anfallsleiden, Blutzuckeranstiege und -abfälle, Migräne und Herzprobleme. Und natürlich zeigen sie für verschiedene Probleme unterschiedliche Anzeigearten, was zum Beispiel für Kunden, die sowohl an Diabetes als auch an Epilepsie leiden, sehr

praktisch ist. Um passend reagieren zu können, ist es wichtig, zwischen einer Anfallswarnung und einer Hyperglykämie-Warnung zu unterscheiden – und der Hund ist so schlau, jeweils deutlich zu machen, was er gerade meint.

Die Beziehung zwischen Mensch und Hund geht aber über die medizinische Assistenzleistung der Hunde hinaus. Nach Jahren der Partnerschaft sagt Crane, dass Zerns emotionale Intelligenz gewachsen ist und seine Hilfe um eine weitere Ebene bereichert hat. „Der Hund versteht mich. Er ist immer aufmerksam, schaut mich an und wendet sich mir zu. Er hilft mir, die Depressionen in Schach zu halten, die mit einer Behinderung wie der meinen einhergehen. Es sind die einfachen Dinge, erklärt er: „Wenn es mir schlecht geht, kommt er zu mir und legt seinen Kopf auf meinen Schoß. Oder er setzt sich dicht an mich heran, legt seinen Kopf an meinen und leckt mich ab. Das hört sich vielleicht nach nichts Großartigem an, aber es kann einen großen Unterschied dafür bedeuten, wie ich mich in diesem Moment oder an diesem Tag fühle. Und das tut er *jeden* Tag für mich."

Kann man mit Fug und Recht behaupten, dass Hunde die menschenfreundlichsten Tiere der Welt sind? Ich glaube schon. Noch stärker als seine Supernase zeichnet einen Hund aus, dass er möchte, dass wir wissen, was er denkt. Bellen, Heulen, Hüftcheck, Pfötchenstupsen: Ihr Hund will sich mitteilen, eine Verbindung herstellen. Genau das ist vielleicht die Stärke seiner Spezies: eine soziale Intelligenz, die dem Menschen angepasst und auf ihn übertragen wurde. Die Tatsache, dass die soziale Intelligenz von *Canis familiaris* schon vor Jahrtausenden die Grenzen zwischen den Arten zu überschreiten begann – und dass Hunde bereit und in der Lage waren, sich über die Grenzen der Hundewelt hinaus zu verbinden – hat zu einer tiefgreifenden und wunderschönen Freundschaft zwischen den Arten geführt.

Ich nenne meinen Monk meinen Oxytocin-Hund. Ich habe ihm diesen Spitznamen gegeben, nachdem ich gelernt habe, dass es einen Oxytocinschub bewirken kann, wenn Mensch und Hund sich gegenseitig in die Augen schauen. Je enger die beiden miteinander verbunden sind, desto stärker ist der Effekt. Dieses besondere Hormon wirkt als Neurotransmitter, als chemischer Botenstoff im Gehirn, der unter anderem mit Empathie und dem Aufbau von Beziehungen zu tun hat. Wenn Ihr Hund sich bei Ihrer Rückkehr vom Einkaufen ausgelassen freut, wird dieser Freudentanz durch Oxytocin unterstützt.

Zusammen mit dem eng assoziierten Hormon Prolaktin könnte der Anstieg von Oxytocin sogar dazu führen, dass er eine Träne vergießt: Eine aktuelle Studie der japanischen Azabu-Universität hat gezeigt, dass Hunde, die mehrere Stunden von ihren Besitzern getrennt waren, beim Wiedersehen tatsächlich weinen. Ob es sich dabei um ein rein physiologisches Phänomen handelt, das durch die natürliche Selektion begünstigt wird – zu Tränen neigende Hunde könnten beim Menschen mehr Fürsorge hervorrufen als solche mit trockenen Augen und daher eine höhere Überlebensrate haben – oder ob die Hunde tatsächlich „die Liebe spüren“ und vor Freude weinen, weiß noch niemand so genau.

Jedenfalls haben Monk und ich ein kleines Ritual, wenn ich etwas traurig bin. Er sitzt am oberen Ende der Treppe, und ich stehe mit ihm zwischen meinen Knien. Ich beuge mich vor und streichle seinen Nacken, wo sein Fell unglaublich weich ist. Vielleicht verrät ihm mein Geruch, wie ich mich fühle, oder er genießt einfach meine Berührung, aber er neigt seinen Kopf immer weit nach hinten und sieht mich mit seinen sattbraunen Augen auf eine Weise an, die sich wie Liebe anfühlt. Normalerweise leckt er mir sanft über das Kinn (seine Zunge, mein Kinn). Und währenddessen ist für einen Moment alles ruhig und das Leben ist gut.

Viele von uns lehnen sich für dieses besondere Gefühl an einen Hund an, egal ob man das nun einen chemischen Vorgang oder bedingungslose Liebe nennt. Und seit Tausenden von Jahren, seit Hunde (meistens) ihr wildes Leben aufgegeben haben und in einer vom Menschen beherrschten Umgebung zu Hause sind, sind wir auf ihre Unterstützung in einer Art und Weise angewiesen, die einfach nicht möglich wäre, wenn sie sich nicht an unserer Seite entwickelt hätten. Unsere Bindung hat sich nicht nur darauf ausgewirkt, wie Hunde denken, lernen und Probleme lösen, sie hat auch dazu beigetragen, wie sie sich fühlen – und auch, wie sie über uns denken. Natürlich gibt es individuelle Unterschiede, aber viele Hunde verfügen über eine ausgeprägte emotionale Intelligenz, um eine Beziehung zu uns aufzubauen, uns zu lesen und auf unsere emotionalen Bedürfnisse zu reagieren.

Solche sozialen Fähigkeiten sind in der Physiologie verwurzelt, stellt Clive Wynne in *Dog Is Love* (dt.: *…und wenn es doch Liebe ist?*) fest: „Die Affinität von Hunden zu Menschen hat ihren Ursprung tief in ihrem Gehirn, und ihre neuronale Aktivität kann sogar bestimmen, wie sehr sie sich um uns kümmern“, stellt er fest. „Es ist vielleicht nicht übertrieben zu sagen, dass Hunde für Zuneigung geschaffen sind“. Als Wynne und ich uns unterhielten, kam er schnell auf den Kern der Sache. „Dieses Wesen zu haben, das mit uns zusammen sein möchte, das ein riesiges Theater um Freunde und Familie macht, das bellt, wenn sich ein Fremder nähert, aber einen Laut der liebevollen Vorfreude ausstößt, dessen Schritte es erkennt, das ist einfach wunderbar", sagt er. „Wenn ich ein religiöser Mensch wäre, würde ich sagen, der Hund ist ein Geschenk der Götter."

Als Mensch bin ich natürlich versucht, hier zu verweilen und darüber nachzudenken, wie wir in das Bild der hündischen Beziehungsfähigkeiten passen. Aber haben wir noch einen Moment Geduld und befassen uns zunächst mit der sozialen Intelligenz von Hunden – und zwar in Bezug auf andere Hunde. Schließlich ist die Beziehung innerhalb einer Art die wichtigste für das Überleben jeder Spezies: Wenn Hunde nicht mit anderen Hunden sozialen Umgang pflegen würden, gäbe es bald keine Hunde mehr.

Diese Art von Intelligenz ist offensichtlich, wenn Hunde untereinander kommunizieren; aber sobald wir ihnen unsere Aufmerksamkeit schenken, wird die immense Komplexität ihrer Gespräche deutlich. Allein die Körpersprache der Hunde scheint eine vollwertige Sprache zu sein, die voller Feinheiten steckt. Brillante Beispiele sozialer Intelligenz zeigen sich im rauen Spiel, wenn Hunde mit einem Schwanzwedeln oder dem Heben einer Pfote Bände sprechen – während sie gleichzeitig die Erfahrung und die Intelligenz aufbauen, um sicherzustellen, dass sie eingehende Signale richtig deuten und auf alles vorbereitet sind.

Kluges Spiel

Als Kinder haben mein Bruder Adam und ich ein Spiel gespielt, das wir „Du musst mir eine Chance geben!" nannten. Es war ein Wettrennen und ging darum, als Erster ins Wohnzimmer zu rennen und sich auf Papa zu stürzen, der ausgestreckt auf dem Wohnzimmerboden lag und zweifellos auf einen Ellbogen am Auge oder ein Knie in der Leiste wartete. Die Runde begann im Hinterzimmer der Wohnung. Auf drei kämpften wir uns durch die Tür und versuchten, den anderen am Durchkommen zu hindern, was mit viel Geschrei verbunden war. Derjenige, der sich zuerst freimachte, rannte den Flur entlang ins Wohnzimmer und sprang auf den armen, am Boden liegenden Vater. Kind Nr. 2 stürzte sich, obwohl es nur Zweiter war, ebenfalls auf ihn drauf. Das Ganze war unsere Version von „Hop on Pop" nach dem gleichnamigen Kinderbuch. Da ich jünger, kleiner und langsamer war, verlor ich fast immer. Dann fing ich an zu heulen und schrie Adam an: „Du musst mir eine Chance geben!" Was er normalerweise in der nächsten Runde auch tat. Offensichtlich machte es uns allen Spaß, sogar Papa, der immer ein guter Vater war, sich auf Augenhöhe zu uns herabließ und sich daran erfreute, dass seine beiden knochigen Kinder darum wetteiferten, in seinen Armen liegen zu dürfen.

Wenn ich heute zurückdenke, erkenne ich klarer, was unter der Oberfläche unserer Spiele eigentlich vor sich ging. Wir hatten nicht nur Spaß, sondern wir entwickelten Strategien, kämpften um Ressourcen, knüpften Familienbande, lasen die Absichten und Emotionen der anderen, lernten etwas über Regeln, Vertrauen und Fairness (und emotionale Manipulation) und übten (manchmal) Empathie. Wir entwickelten unsere soziale Intelligenz. Unsere Gehirne veränderten sich, bauten neue Schaltkreise auf und verdrahteten die Bereiche, in denen Problemlösung und emotionale Regulierung stattfinden.

Das Spiel von Hunden weist viele Parallelen zu unserem eigenen Spiel auf. Was auf den ersten Blick wie ein munterer Ringkampf aussieht, ist nach Ansicht von Experten ein Baustein für die kognitiven, sozialen und emotionalen Fähigkeiten unserer Welpen. Hunde – insbesondere diejenigen, die mit Menschen zusammenleben – spielen mehr als die meisten Säugetiere und widmen dem Spiel auch als Erwachsene noch viel Zeit und Energie, was ebenfalls ungewöhnlich ist. Meine beiden eigenen Hunde, Monk und Geddy, sind nicht gerade zurückhaltende Spieler. Wenn sie beide in Stimmung sind, geht es schnell von der Spielaufforderung zu einem Vollgas-Match über. Sie knurren und bellen, ringen und beißen, manchmal mit weit aufgerissenen Mäulern, manchmal mit knirschenden Zähnen, fliegendem Speichel und schleudernden Köpfen. Monks Haltungen und Körpertreffer scheinen ziemlich strategisch zu sein: Mein Mann, der früher einmal nationaler Meister im Ringen war, staunt über die Fähigkeit der Hunde, von unten zu kämpfen (nicht die bevorzugte Position), und über vertraute Bewegungen wie den „Single Leg Snatch“, bei dem Monk sein Maul benutzt, um eines von Geddys Beinen zu packen und zu zerren, um ihn zu Boden zu bringen.

Nicht alle Hunde spielen auf dieselbe Weise. Nur Monk bekommt zum Beispiel die „Zoomies“. (Für diejenigen, die den Begriff nicht kennen: Das ist, wenn ein Hund plötzlich über den Hof flitzt und dabei oft ein oder zwei große, schnelle Runden dreht, mit einer Energie, die aus dem Nichts zu kommen scheint und genauso schnell wieder verpufft). Geddy wartet geduldig darauf, dass er wieder zu sich kommt, macht aber nicht mit. Ich habe gelernt, dass Zoomies genauso oft auf Stress wie auf Ausgelassenheit hindeuten. Ich hoffe, dass das bei Monk nicht der Fall ist, aber angesichts des Machtverhältnisses zwischen unseren Hunden ist es durchaus möglich. Monk neigt auch eher zu Schleichangriffen, indem er sich Geddy aus einer geduckten Position oder aus einem Versteck nähert. Beide honorieren jedoch eine Auszeit: Sie hecheln, sind in Reichweite, vereinbaren aber, nicht anzugreifen und ruhen sich aus. Und dann, mit einer neuen Spielaufforderung oder einem plötzlichen Start, verkündet einer, dass die nächste Runde begonnen hat. Der andere schließt sich an oder sagt Nein, indem er weggeht, und das Spiel endet ohne Zwischenfälle.

Als ich vor Jahren Kurse über Tierverhalten belegte, lernten wir, dass der Zweck des rauen Spiels darin besteht, jungen Tieren eine Möglichkeit zum Üben von Fähigkeiten wie Jagen und Kämpfen mit geringem Einsatz zu geben. Bestimmt probieren spielende Tiere Verhaltensweisen aus, die sie im Erwachsenenalter brauchen werden, aber laut einigen Wissenschaftlern geht es bei ihren Possen weniger um das Üben als vielmehr um die Entwicklung des sozialen Gehirns. „Spielen ist Gehirnnahrung", sagt Marc Bekoff. Selbst für Erwachsene wie Monk und Geddy ist Spielen erfüllend und hält die sozialen Rädchen in Schwung. Es ist eine Plattform für körperliche Betätigung und für das Üben von Problemlösungen und Kommunikation innerhalb einer Art. Außerdem lieben sie es eindeutig.

Die Autorin von *Inside of a Dog,* Alexandra Horowitz, erzählte mir, dass das Studium des Hundespiels ihr Denken über die Welt des Hundes verändert hat. Für ihre Recherchen zu diesem Thema verbrachte sie viele Stunden damit, Videos von spielenden Hunden anzuschauen, sie Bild für Bild durchzugehen und selbst die kleinsten Verhaltensänderungen von Sekunde zu Sekunde zu bemerken. „Die Interaktion sah in dieser Zeitlupenwiedergabe ganz anders aus", sagt sie. „Als ich mir ansah, wie ein Hund die Aufmerksamkeit des anderen Hundes nutzte, um zu entscheiden, ob und wie er kommunizieren sollte – soll ich ein Spielsignal geben? Wie erhalte ich seine Aufmerksamkeit und was sage ich zu ihm, wenn ich sie habe?", stellte ich fest, dass es sich um einen komplizierten Tanz handelte, bei dem die Gedanken des anderen in hoher Geschwindigkeit berücksichtigt wurden. Wenn ein Hund in einem Spielpaar abgelenkt war, konnte sie sehen, wie schnell sich der andere anpasste, um das Spiel wieder in Gang zu bringen.

Der Evolutionsbiologe Marc Bekoff stimmt zu, dass diese Art des Austauschs ein Beweis dafür zu sein scheint, dass Tiere als Teil ihrer sozialen Intelligenz über mentale Zustände – ihre eigenen und die eines anderen – nachdenken können. Die Forscher nennen dies eine „Theorie des Mentalen". „Wenn ich dich zum Spielen auffordere und du ja sagst, habe ich eine Vorstellung davon, was du denkst und fühlst und umgekehrt", sagt er. „Bei diesem Austausch gibt es lange Sequenzen von Überzeugungen und Zielen", die zum Teil mit bestimmten Verhaltensmustern zusammenhängen, die beide Parteien erwarten. „Wenn wir das alles analysieren, scheint eine Art Theorie des Mentalen im Spiel zu sein.

So ist es vielleicht nicht verwunderlich, dass ein Blick in die Köpfe der Raufbolde faszinierende kognitive Gymnastik offenbart, bei der Gene ein- und ausgeschaltet werden und Neuronen feuern, sich verbinden und das Gehirn neu verdrahten.

Laut dem verstorbenen Neurowissenschaftler und Psychobiologen Jaak Panksepp von der Washington State University, der das Spiel bei Ratten untersuchte, ist das Spiel eine evolutionär gesehen sehr alte und gut konservierte Aktivität, die den gesamten Neokortex erhellt und dauerhafte neuronale Veränderungen verursacht. Sie ist unerlässlich für den Aufbau eines „prosozialen Gehirns“, das heißt eines Gehirns, das es den Tieren ermöglicht, sich in sozialen Gruppen zurechtzufinden. Claudia Fugazza und ihre Kollegen von der Eötvös-Loránd-Universität berichten, dass superkluge Hunde – insbesondere die begabten Wortschüler in ihrer *Genius Dog Challenge* – auch die verspieltesten sind. Wir wissen, dass Spiel beim Menschen dazu beiträgt, flexible Fähigkeiten zu entwickeln, die für innovatives Denken und Problemlösungen benötigt werden. Eine Verbindung zwischen Spiel und Intelligenz bei einem anderen intelligenten Tier macht also Sinn.

Beim sozialen Spiel können Tiere auch Grenzen austesten und „für das Unerwartete trainieren“, sagt Bekoff. Indem sie absichtlich die Kontrolle abgeben, können sie ihr Repertoire an körperlichen und emotionalen Reaktionen auf jede Position erweitern, in der sie sich befinden, egal ob sie Außenseiter oder Platzhirsch sind. Stärkere Spieler müssen Selbstbeherrschung lernen, um zu vermeiden, dass sie einen schwächeren Partner überwältigen und das Spiel ruinieren. Durch diese Interaktionen lernen die Tiere, dass Fairplay ein kluges Spiel ist, denn es hilft ihnen, solide soziale Bindungen aufzubauen, die später lebenswichtig sein können.

Diese Dynamik zeigt sich oft auf dem Hundeplatz: Sozial intelligente Spieler halten das Spiel aufrecht, erhalten die Vorteile der Bewegung und festigen die Beziehungen; Hunde, die „schummeln“ oder einfach nicht angemessen auf die Signale der anderen Spieler reagieren, geraten wahrscheinlich in Kämpfe oder werden von der Gruppe gemieden. Das ist auch in der freien Natur so: Bei Feldbeobachtungen von jungen Kojoten stellte Bekoff fest, dass diejenigen, die nicht fair spielten, häufiger die Gruppe verließen und mit bis zu viermal höherer Wahrscheinlichkeit jung starben als ihre regeltreuen Artgenossen.

„Hinter dem fröhlichen Leichtsinn verbirgt sich eine Spielsprache, die Ehrlichkeit, Empathie und Kooperation beinhaltet“, sagt Bekoff in einem Interview mit *Current Biology*. Hunde führen im Spiel ein „Kaleidoskop von Handlungen“ aus, sagt er, darunter Aufforderung und Klärung, Warnung und Entschuldigung; sie gehen auch mit einer Menge Unvorhersehbarkeit um. Sie machen Fehler, und die sozial klügsten unter ihnen lernen daraus und „entschuldigen“ sich sogar, wenn ihre Signale sich gekreuzt haben (was mehr ist, als wir Menschen oft tun).

Bei jeder sozialen Interaktion können Fehler dazu führen, dass die Dinge aus dem Ruder laufen. Hier setzen Hunde auf intelligente Weise Signale ein, um den Frie-

den wiederherzustellen. Klare Botschaften sind sozial intelligente Botschaften. Knurren zum Beispiel ist extrem variabel, kontextspezifisch und voller Bedeutung. Änderungen des Timings, der Tonhöhe und der Lautstärke können die Botschaft ziemlich dramatisch verändern. In einer 2010 in der Fachzeitschrift *Animal Behavior* veröffentlichten Studie mit dem Titel „This bone is mine: Affective and referential aspects of dogs' growls" (Affektive und referentielle Aspekte des Knurrens von Hunden) fanden die Forscher heraus, dass Spielknurren im Vergleich zu agonistischem Knurren eine eigene akustische Signatur hat und dass sich Knurren zur Verteidigung des Futters von dem unterscheidet, das in einer „bedrohlichen fremden" Situation ausgestoßen wird und andere Hunde davon abhält, einen scheinbar unbeaufsichtigten Knochen zu ergattern.
Sowohl der Klang eines Knurrens als auch die Absicht, die dahintersteckt, sind also von großer Bedeutung. Ein wirksames Signal für „Bleib weg" ist ein wesentlicher Bestandteil des Vokabulars eines Tieres, bei dem eine Verletzung zu einer behindernden Infektion oder sogar zum Tod führen kann. Ist Ihnen schon einmal aufgefallen, wie stoisch Hunde sein können, wenn sie Schmerzen haben? Das ist ein Überlebensmechanismus: In freier Wildbahn ist Schwäche ein eigenes Signal, und Raubtiere sind besonders gut darin, es zu erkennen. Wenn möglich, ist es am besten, den Kampf zu vermeiden, bevor er beginnt.

Pelzige Körpersprache

Wackeln Sie mal mit den Ohren. Klappts? Außer manchen Großvätern haben nur wenige Menschen diese muskuläre Kontrolle. Hunde schon. Und ihre beweglichen Ohren sagen viel über ihre Stimmung, ihren Stress und ihr Energieniveau aus. Hochgestellte Ohren deuten auf einen aufmerksamen Hund hin, der vielleicht sogar die Ohren auf etwas Interessantes richtet. Steif aufgestellte und nach vorne gerichtete Ohren signalisieren Aggression. Zurückgezogene Ohren zeigen Freundlichkeit, während weit nach hinten gezogene Ohren sagen: „Ich habe Angst" oder „Ich unterwerfe mich". Sowohl Schlappohren als auch von Natur aus aufrechte Ohren haben anderen Hunden viel zu sagen.
Ein Hund spricht auch durch die Stellung seines Kiefers und seiner Lefzen, die Ausrichtung seiner Vibrissen und durch das Zeigen seiner Zähne. Ein entspanntes Maul, bei dem die Zähne nur beiläufig durchscheinen, deutet auf Freundlichkeit hin. Ein ängstlicher Hund hält vielleicht das Maul geschlossen, streckt aber die Zunge heraus oder leckt sich die Lippen. Wenn er die Lefzen zu einem „Grinsen"

zurückzieht, signalisiert er Unterwerfung. Ausgestellte Vibrissen deuten auf Erregung hin. Ein „agonistic pucker", bei dem die Zähne bei geöffnetem Maul und zurückgezogenen Lippen zu sehen sind, und vielleicht ein leichtes Knurren bedeutet, dass ein Konflikt im Gange ist, der zu Aggressionen führen kann. (Zumindest diese Botschaft erkennen wir!) Und es gibt noch viele andere Gesichtsausdrücke, die jeweils eine bestimmte Absicht signalisieren.

Auch die Augen drücken etwas aus. „Caniden nutzen den direkten Augenkontakt von Angesicht zu Angesicht mit Bedacht", schreibt Barbara Handelman in *Canine Behavior: A Photo Illustrated Handbook* – übrigens eine hervorragende Quelle für alle, die „Hündisch" lernen möchten. Eine Begegnung der Augen sagt viel aus, deshalb muss sie richtig gemacht werden. Hunde müssen harte Augen, weiche Augen, schielende Augen und sogar „Wal"-Augen interpretieren. Letztere treten in der Regel auf, wenn Hunde gestresst sind oder sich bedroht fühlen – dann spannt sich die Haut über dem Kopf an, wodurch die Augenlider vom Auge weggezogen werden und das Weiße zum Vorschein kommt. Das Weiße kann aber auch sichtbar werden, wenn ein Hund sich anstrengt, um etwas in seinem peripheren Sichtfeld zu sehen – ganz ohne Stress. Hunde müssen den Unterschied erkennen können.

Sogar die Art und Weise, wie Caniden in bestimmten Situationen atmen, kann Informationen übermitteln, wie bei einer Studie über afrikanische Wildhunde festgestellt wurde, bei der die Tiere niesen – oder, wie die Autoren der Studie schreiben, „hörbare schnelle Nasenausatmungen" machen, um über die Bewegung des Rudels abzustimmen. Die Autoren berichteten, dass „Versammlungen nie scheiterten, wenn ein dominantes ... Individuum den Anstoß gab und es mindestens drei Nieser gab, während Versammlungen, die von rangniedrigeren Individuen initiiert wurden, mindestens zehn Nieser benötigten, um den gleichen Erfolg zu erzielen". Eine Studie aus dem Jahr 2022, an der auch Horowitz beteiligt war, zeigt, dass Hunde ein „Spielhecheln" an den Tag legen, das während der Trainings- und Ruhephasen meist ausbleibt. „Diese Vokalisationen traten meist in Verbindung mit Spielverhalten (z. B. Spielaufforderung) oder beim Kitzeln und Kuscheln auf", schreiben die Autoren. Sie bezeichnen sie als potenzielles „Lachäquivalent" und halten sie für eine bedeutungsvolle, nicht sprachähnliche Vokalisation, die weitere Untersuchungen verdient.

Und dann ist da noch die Eloquenz des anderen Endes. Hunde haben wohl kein ausdrucksstärkeres Anhängsel als den Schwanz, und dieser erzählt im Zusammenhang mit Körperhaltungen, Äußerungen, Augen- und Lippenstellungen und so weiter alle möglichen Geschichten. Und übrigens – Wedeln bedeutet nicht immer Freude. Zweifellos sind wir alle mit den Grundlagen-Vokabular des Schwanzes vertraut – dem fröhlichen Schwanzwedeln bei Freude und dem Einklemmen bei Besorgnis.

Aber sehen Sie mal genauer hin: Schnelles Schwanzwedeln, langsames Schwanzwedeln, hohes Schwanzwedeln, niedriges Schwanzwedeln, lockeres Schwanzwedeln, steifes Schwanzwedeln – all das und seine verschiedenen Kombinationen sind Teil der Hundesprache. Sogar die Richtung des Schwanzwedelns enthält eine Botschaft. Fröhliche Reize scheinen das Schwanzwedeln eher nach rechts zu lenken, während negative Reize das Schwanzwedeln nach links steuern. Wenn man die Signale noch weiter herunterbricht, scheint auch der Quadrant eines Schwanzwedelns eine Bedeutung zu haben, und Forschungen legen nahe, dass Hunde Asymmetrien in den Schwanzbewegungen anderer Hunde erkennen und daraus Daten darüber ableiten können, was dieser Hund fühlt. (Wow, oder?) In Kombination mit anderen Signalen kann ein Hund, der das Schwanzwedeln liest, eine fundierte Entscheidung darüber treffen, was er als Nächstes tun soll: Schnüffeln? Spielen? Kämpfen? Fliehen? Schwanzwedeln ist oft ein Zeichen der Verbundenheit – mein Favorit und das zuverlässigste freundliche Schwanzwedeln ist das entspannte kreisförmige Wedeln, das am schönsten ist, wenn der Hund zur Begrüßung auf Sie zuläuft. Aber lassen Sie sich nicht täuschen: „Das Schwanzwedeln ist ein kontextspezifisches Verhalten, das Erregbarkeit oder Stimulation signalisiert, z. B. Freundlichkeit / Vertrauen, Ängstlichkeit / Nervosität und sogar drohendes aggressives Verhalten“, schreibt der Verhaltensexperte James Serpell. Es ist also nicht verwunderlich, dass die Einmischung in Hund-Hund-Gespräche Probleme verursachen kann. Bevor ich dieses Buch in Angriff nahm, hatte ich eine Form der Einmischung nie als Problem betrachtet: Blindenführhunde werden darauf trainiert, nicht auf andere Hunde zu reagieren, wenn sie arbeiten – und das scheint sie anfälliger für Angriffe zu machen.

Eine von *The Seeing Eye* durchgeführte Umfrage ergab, dass 44 Prozent der Blindenführhundeteams schon einmal von anderen Hunden angegriffen wurden, während 83 Prozent der Teams von aggressiven Störungen betroffen sind. Das ist eine ganze Menge. Meistens ereignen sich diese Vorfälle auf dem Gehweg oder der Straße, wo sich beispielsweise zwei angeleinte Hunde normalerweise beschnuppern, vielleicht auch knurren, aber nicht kämpfen, weil sie sich ausreichend verständigen können, um die Situation zu deeskalieren. Da der Blindenführhund jedoch darauf trainiert ist, nicht zu reagieren, kann er Signale übersehen, auf die er sonst reagieren würde – und ein anderer Hund, der Angst hat, ignoriert zu werden, kann aus Verwirrung oder Angst angreifen.

Wenn wir also Hunde zu unseren Helfern machen, unterdrücken wir möglicherweise ungewollt eine wichtige Komponente ihrer sozialen Fähigkeiten innerhalb der Art. Ich spreche mich keineswegs gegen die Ausbildung von Hunden zu Blindenführhunden aus. Aber es ist wichtig, dass wir Gassigänger uns darüber im Klaren sind, dass Arbeitshunde im Dienst unter ihresgleichen zwangsläufig „still" sind und dass dieses Schweigen unbeabsichtigte Folgen haben kann.

Ein Plädoyer für Achtsamkeit – und Freundlichkeit

Da wir gerade darüber sprachen, wie wir die normalen Kommunikationskanäle von Hunden stören können, möchte ich mich kurz für ein Plädoyer ans Rednerpult stellen, wenn ich darf. Wenn wir die Anatomie eines Hundes verändern, um ihm ein bestimmtes Aussehen zu verleihen oder um einen Standard für Ausstellungen zu erfüllen, können wir seine natürliche Stimme stören oder sogar zum Schweigen bringen.

Ohren und Schwänze bzw. Ruten, die am häufigsten veränderten Körperteile, werden neben vielen anderen wichtigen Kommunikationselementen dazu gebraucht, um Aggressionen innerhalb der Spezies abzubauen. Das „Kupieren", die chirurgische Veränderung der äußeren Ohren, damit sie dauerhaft aufrecht und nach vorne gerichtet sind, erfordert das Abschneiden von Teilen der Ohrlappen und das anschließende „Trainieren" des Knorpels durch schmerzhaftes Dehnen und Kleben. Das Ganze lässt einen Hund gegenüber anderen Hunden aggressiv erscheinen. Außerdem werden die Ohren dabei weitgehend unbeweglich gemacht, sodass der Hund sie nicht mehr steuern kann, um Geräusche zu erkennen und zu lokalisieren. Die Rolle der Rute in der Hundekommunikation wird laut einer Studie von David J. Mellor von der Massey University in Neuseeland aus dem Jahr 2018 „stark unterschätzt", und das „Kupieren" der Rute – ein Euphemismus für eine Amputation – „kann eindeutige Interaktionen zwischen verschiedenen Hunden sowie zwischen Hunden und Menschen deutlich behindern. Diese Interaktionen beinhalten den Ausdruck von … Emotionen, Stimmungen und Absichten, die für das Wohlergehen von Hunden von täglicher Bedeutung sind."

Die *American Veterinary Medical Association* spricht sich gegen diese Eingriffe aus, wenn sie aus rein kosmetischen Gründen vorgenommen werden und befürwortet die Streichung von kupierten Ohren und kupierten Schwänzen aus den

Rassestandards. „Die chirurgische Amputation der Hunderuten", heißt es in der Erklärung des Verbandes, „führt zu Verhaltensweisen, die auf akute Schmerzen hindeuten", und ein solches Leiden, wenn die Welpen noch sehr jung sind, „kann die normale Entwicklung des zentralen Nervensystems dauerhaft verändern". Das Kupieren der Rute wurde 2007 in Großbritannien verboten und ist in den meisten europäischen Ländern sowie in Australien, Israel und Südafrika verboten oder stark eingeschränkt. *(In Deutschland ist das Kupieren der Ohren seit 1987 und der Rute seit 1998 verboten, in Österreich seit 2000, Anm. d. dt. Verlages).*

Ich fühle mich an Gretel erinnert, den Weimaraner unserer Familie, als ich Teenager war. Glücklicherweise sieht der *(amerikanische, Anm. d. dt. Verlages)* Rassestandard für diese eleganten, vor Energie sprühenden Hunde naturbelassene Ohren vor, nicht jedoch so bei der Rute. Und weil Gretel ein Ausstellungshund werden sollte, musste ihre lange Rute weg. Ich erinnere mich an ihren winzigen Gips und später an das Kichern darüber, wie ihr kleiner grauer Stummel eher vibrierte als wedelte. Aber heute weiß ich, dass solche Veränderungen den Tieren die Möglichkeit nehmen, ihre soziale Intelligenz auszuleben, sich auszudrücken und auf die Kommunikation mit anderen zu reagieren. Sie haben etwas Besseres von unserer Seite verdient: Wir sollten doch ihre Freunde sein.

Es tut mir schrecklich leid, Gretel.

KAPITEL 12

NETZWERKEN AUF HÜNDISCH

Wenn man sie mit all ihren natürlichen Werkzeugen „sprechen" lässt, sind Hunde in der Regel bereit, mit uns – und auch mit vielen anderen Tieren – herumzuplänkeln und zu scherzen. In neueren Studien, u. a. von der Eötvös Loránd Universität, haben Ethologen mit Hilfe von am Kopf angebrachten Elektroenzephalogrammen (EEG) zum nichtinvasiven Ablesen von Gehirnströmen festgestellt, dass Hunde sehr schnell den Unterschied zwischen den Lautäußerungen verschiedener Tierarten lernen. Und egal, welche Sprache von einer anderen Spezies gesprochen wird, bieten sich Hunde oft als Spielkameraden zwischen den Arten an.

Meine Buchreihe *Unwahrscheinliche Freundschaften* ist voll von *Canis familiaris* – ich habe sogar eine Sonderausgabe nur über Hunde gemacht. Ihre Bereitschaft, sich mit anderen Lebewesen zu verbinden und ihre Fähigkeit, dies zu tun – ob mit uns oder mit Katzen, Ziegen, Hühnern, Delfinen und sogar Schildkröten – ist bemerkenswert und sagt viel über die Reichweite ihrer sozialen Intelligenz aus. Zugegeben, ihr Leben in Haushalten und auf Bauernhöfen bietet ihnen vielleicht mehr Gelegenheiten, mit den unterschiedlichsten tierischen Gefährten zu verkehren als vielen anderen Tierarten. Und da ihre Grundbedürfnisse befriedigt sind, haben in einem Haus lebende Hunde vielleicht den Luxus, ihre Energie in solche unwichtigen Beziehungen zu stecken. Aber was auch immer die Hintergründe sind: Hunde haben eine besondere Art, wenn es um soziale Interaktionen geht. Immer wieder steht auf Fidos Zeugnis: *Spielt schön mit anderen.*

Zu Hause auf einer belebten Interspezies-Straßenkreuzung

Carla King ist die Art von Frau, die sich über ein Schaf zu Muttertag irre freut. Sie war ihr ganzes Erwachsenenleben lang Schäferin und hatte immer Hütehunde an ihrer Seite. Wie ihre Hunde ist sie zierlich und schlank, strahlt aber im Gegensatz zu ihnen Gelassenheit aus. Sonnengebräunt und mit einem langen grauen Zopf unter einer Baseballkappe begrüßte sie mich an einem sonnigen Aprilmorgen ohne viel Aufhebens am Rande ihrer Farm in Davidsonville, Maryland.

Ich hatte sie in der Hoffnung kontaktiert, sehen zu können, womit Hütehunde ihren Lebensunterhalt verdienen und etwas über die Intelligenz zu erfahren, die in die Choreografie ihrer Tage einfließt. „Kommen Sie zeitig", sagt sie, denn sie zieht es vor, mit den Hunden zu arbeiten, wenn das Gras noch taufrisch und die Luft noch kühl ist. Ihre vier Hunde waren leise, aber unruhig, als wir uns ihrem Zwinger näherten, der sich auf dem Hügel vor Kings Haus befindet. King ist von Border Collies begeistert, seit sie als Kind auf dem Milchviehbetrieb eines Nachbarn beobachtet hatte, wie diese Hunde Rinder hüteten, erzählt sie mir. „Ich habe keine Geduld mit Hunden, die nicht so intelligent und sensibel sind wie die hier."

Sie ließ die treffend benannte Trim zur ersten Demonstration heraus. Die zweieinhalb Jahre alte Hündin hatte einen schwarzen Rücken, einen weißen Bauch, schwarze Augen, eine weiße Schnauze und besaß den Staubwedelschwanz, den Border Collies so elegant tragen. Sie beschnupperte mich flüchtig am Knie und wandte sich ihrer Besitzerin zu. Sie war ganz auf ihren Menschen und die bevorstehende Arbeit fixiert (für mich hatte sie nicht einmal ein volles Wedeln übrig).

Wir bewegten uns gemeinsam auf das Tor zum Feld zu, wobei Trim leicht geduckt und am ganzen Körper zitternd an Kings Bein kleben blieb. Ihre Haltung und ihre Bewegungen hatten fast etwas Schäfchenhaftes – als ob sie sich im Voraus für eventuelle Fehler entschuldigen würde. Ein guter Hütehund will seine Aufgabe unbedingt richtig erledigen. Ich war beeindruckt davon, wie sehr der Hund auf King achtete und jede Bewegung und Geste verfolgte, als ob eine unsichtbare Leine beide zusammenhielte.

Hüten ist ein modifiziertes Jagdverhalten mit netterem Ergebnis. Hütehunde sind genauso intensiv mit ihren Schützlingen verbunden wie Jagdhunde mit ihrer angestrebten Beute, und die Abfolge der Verhaltensweisen ist dieselbe: Beobachten, Anpirschen, Jagen. Nur mit dem Unterschied, dass die Aufgabe eines Hütehundes nicht im Zupacken und Töten besteht, wie es ein Jäger gerne tut.

Der Border Collie wird buchstäblich in diesen Job hineingeboren, denn er verfügt über ein hochgradig instinktives Verhalten, das durch selektive Zucht seit dem späten 19. Jahrhundert verstärkt wurde. Die modernen Border Collies, die aus einer langen Linie von „Schäferhunden" aus Großbritannien und Irland hervorgegangen sind, zeichnen sich durch eine erstaunliche Arbeitsmoral aus und erledigen ihre Aufgabe mit Herz, Seele und Intelligenz in vielen Spielarten. Sie sind natürlich nicht die einzigen. Auch Kelpies aus Australien sind geschmeidige Hütehunde, die von schottischen Smooth Collies abstammen, während Huntaways aus Neuseeland eine sorgfältig zusammengestellte Mischung aus Collies, Labradoren, Rottweilern, Settern und Harriern sind.
Sowohl Kelpies als auch Huntaways sind beliebte und äußerst intelligente Hütehunde. Huntaways wurden in den frühen 1900er Jahren gezüchtet, um mit dem besonderen Klima und Gelände der neuseeländischen Großfarmen zurechtzukommen, wo Hirten die Hunde und Hunde die Schafe leicht aus den Augen verlieren. Während die lautlose Arbeit der Collies es den Schäfern schwer machen würde, ihre Bewegungen zu verfolgen, bellen die Huntaways tief, laut und fast ständig, um die Herde zu kontrollieren und mit dem Chef in Kontakt zu bleiben.
Nur weil „Hütehund" in der formalen Rassebeschreibung eines Hundes steht, heißt das natürlich nicht, dass er sich in diesem Job wohlfühlen wird. „Man konfrontiert einen Hund mit den Schafen und schaut, was er zu bieten hat", erklärt King, wie man ein As auswählt. Manche geben einem nichts. Ganz gleich, wie klug die Zuchtplanung war und wie gut konserviert die Gene – ein so genannter Hütehund kann das Temperament oder den Wunsch haben, die Herde zusammenzutreiben, oder auch nicht. Das liegt daran, dass Hunde, wie wir in diesem Buch schon oft gesehen haben, Individuen mit unterschiedlichen Neigungen sind und keine Maschinen mit Herstellergarantie.
Außerdem es ist wichtig, den „intelligentesten" Hund für die Aufgabe zu bekommen, da ein effektiver Farmhund Schätzungen zufolge im Laufe seines Lebens mehr als das Fünffache des in ihn investierten Betrags wert sein kann. Ein guter Hütehund kann sich schon in jungen Jahren zu erkennen geben, indem er beweist, dass er sowohl den Schäfer als auch die Schafe „lesen" kann, und zwar oft schon aus großer Entfernung. Dann kommt der Teil der Ausbildung, in der der Hund genau die Sprache lernt, die er mit seinem Menschen teilen wird – eine Kombination aus Wort, Gesang und Tanz.
Tanz? In der Tat! Wenn King einen jungen Hund trainiert, spricht sie sowohl mit ihrem Körper als auch mit ihrer Stimme zu ihm. In einer Art berührungslosem Tango führt sie ihn, indem sie auf ihn zugeht, um Druck auszuüben, wieder zu-

rückgeht, um ihn loszulassen und indem sie ihn im Raum zwischen ihnen beiden mit kleinen Positionsveränderungen in die eine oder andere Richtung drängt. Ihr Körper neigt sich, und der Hund reagiert, als würde er durch die Luft zwischen ihnen gedrückt. Die Bewegungen werden von Worten und Pfiffen begleitet – einige sind unter Schäfern üblich, andere sind Kings eigene Variationen –, und nicht nur die Töne selbst haben eine Bedeutung, sondern auch der Tonfall des Schäfers, die Geschwindigkeit, mit der er einen Ton wiederholt, und das An- und Abschwellen der einzelnen Töne. Sobald ein Collie die doppelte Sprache der Bewegung und des Tons beherrscht, kann King ihn zu fast allem auffordern, und er wird es so lange versuchen, bis er ihre Zustimmung erhält.

So beeindruckend die Verbindung zwischen Hund und Mensch auch ist, darf man nicht vergessen, dass hier noch ein anderes Tier im Spiel ist, das ebenfalls die Aufmerksamkeit des Hundes bekommt. Und trotz ihres berühmt-berüchtigten Starrens sind Schafe keineswegs dumme Tiere. Sie haben ihre eigenen Absichten, ihre eigene Verteidigung, ihre eigene Fluchtdistanz, und in jeder Herde gibt es abtrünnige Spieler. Der Hund, der bereits auf seinen Menschen achtet, liest also auch jedes Drängeln und jede Bewegung der Herde als Ganzes, hält Ausschau nach einzelnen Tieren, die zu fliehen versuchen oder gerade daran *denken*, dies zu tun, und passt gleichzeitig auf, sich vor einem Schaf zu schützen, das vielleicht die Obrigkeit infrage zu stellen versucht. Ein Schaf, das mit den Füßen aufstampft, ist ein potenziell gefährliches Schaf, da dieses Raubtier-Abwehrverhalten oft einem bösen Kopfstoß vorausgeht.

Auch der Hundeführer muss sich mit dem Vieh auskennen und das Verhalten des Hundes so gut einschätzen können, dass er ihm entsprechende Anweisungen und Korrekturen geben kann. In einem Leitfaden für Arbeitshunde der Oregon State University heißt es: „Erfolgreiche Hundeführer bemühen sich, *mindestens die Hälfte von dem zu verstehen, was ihre Hunde wissen*“ (Hervorhebung von mir). „Es ist eine ganz schön belebte Kreuzung“, sagt King über dieses Trio der Arten. Es braucht von Seiten des Hundes seine natürliche Intelligenz, artübergreifende soziale Intelligenz und fließende Beherrschung mehrerer Sprachen zusammen mit starkem Engagement, um den Verkehr in alle Richtungen fließen zu lassen.

Im Training, so King, gibt es keine „Strafen“ für Fehler – nur verbale Entmutigung, „um sie aufzufordern, es zu überdenken und es noch einmal zu versuchen.“ Hütehunde bewegen sich immer auf dem schmalen Grat zwischen Fluchtdistanz und Toleranz anderer Tiere. Wenn sie diese Grenze überschreiten, werden sich die Schafe (oder Rinder oder anderes Vieh) zerstreuen und fliehen. Untersuchungen haben auch gezeigt, dass ein Hütehund in der falschen Position die Schafe stressen kann, wodurch deren Cortisolspiegel ansteigt, was zu schlechterer Fleischqualität und geringerer Wollproduktion führen kann. Aus Sicht des Besitzers ist der klügste Hund derjenige, der die Aufgabe entweder mittendrin in der Herde oder in großer Entfernung zu ihr erledigt: Beide Positionen scheinen die Schafe weniger zu belasten als ein Hund, der neben ihnen herläuft.

Kurzfristige Entscheidungen zu treffen und einen misslungenen Schachzug sofort zu korrigieren, gehört zum Repertoire eines Schäfers. Als King Trim losschickte, um mir zu zeigen, was sie kann, war ich geneigt, an Telepathie zu glauben. Einige ihrer Befehle sprach sie so leise aus, dass ich mich fragte, ob der Hund überhaupt etwas hörte. Es gab auch laute Töne, darunter auch kräftige, nachdrückliche Pfeiftöne. Ich fragte King, wie viele Pfeifvarianten es gibt. „Du lieber Himmel", kam die Antwort. Sie demonstrierte vier oder fünf. Und dann: „Awaaaaaayyy", rief sie, und Trim flog los, mit gesenktem Kopf und Schwanz, in einem sanften, weiten Bogen, der das langgezogene Wort zu imitieren schien.

Sobald der Hund hinter der Herde positioniert war, dirigierte King die Choreografie aus der Ferne, wobei sie wiederum Geräusche einsetzte, um Richtung und Geschwindigkeit von Trims Bewegungen zu steuern. Ein langgezogener Pfiff sagte Trim, dass sie weit herauslaufen sollte, was sie auch tat. Schnelle Stakkato-Pfeifen beschleunigten ihr Tempo, leise Pfiffe verlangsamten sie. Letztere waren nur Schallfetzen, aber der Hund fing sie irgendwie mit dem Wind ein.

Eine Minute lang waren alle am hinteren Ende des Feldes außer Sichtweite. Dann war Bewegung hinter einem Hügel zu sehen, der Hund flankierte die Herde. Mehr als zwei Dutzend Schafe bewegten sich gemeinsam und ein sehr kleiner, schneller Hund führte die Herde an. Als sie sich näherten, pfiff und rief King, und der Hund ließ sich auf den Bauch fallen und wartete auf Anweisungen. Dann pirschte er sich in einem neuen Winkel an und trieb ein paar versprengte Schafe zurück in die Herde.

Trim wusste genau, wann sie fliegen, wann auf Zehenspitzen gehen und wann die Schafe nach Hause treiben musste. Die Herde trampelte fast auf uns herum, als Trim sie wie ein fest verschnürtes Päckchen an ihre Herrin übergab. „That'll do, Trim – gut so, Trim", sagte King und gab dem hechelnden Hund, der sich mit offenem Maul gegen ihre Beine lehnte und die rosa Zunge lang heraushängen ließ, einen kurzen Kratzer und ein „Atta girl". Ein leises Lob war alles, was King aussprach, aber anscheinend war das auch alles, was Trim brauchte. Es wurde kein Spielzeug geworfen und kein Leckerli verteilt. „Für diese Hunde ist die Arbeit die Belohnung", sagt die Schäferin.

Ein guter Hütehund zu sein schmälert nicht die übrigen Fähigkeiten oder die Intelligenz eines Individuums. Der Hund kann beispielsweise zu Hause genauso emotional intelligent sein wie jeder andere, und viele Border Collies sind hervorragende Problemlöser für weniger schafslastige Aufgaben. Das Projekt *Genius Dog Challenge* in Ungarn, bei dem die Fähigkeit von Hunden zum Lernen der Namen von Gegenständen untersucht wurde, war beispielsweise sehr stark von Border Collies bevölkert, bevor die Forscher aktiv nach einer vielfältigeren Mischung suchten. King sagt mir, dass die schlechtesten Hütehunde oft die besten Familienhunde sind, weil sie nicht pausenlos nach einer Beschäftigung suchen, die über das reine Zusammensein mit einem Menschen hinausgeht.

King und ihre Hunde haben eindeutig eine feste Beziehung zueinander, aber mir fiel auf, dass sie ihnen gegenüber keine Babysprache oder übermäßig große Gesten der Zuneigung verwendet. Sie hält nichts von diesem Hutzidutzi, sagt sie: „Das lenkt sie nur von der Arbeit ab, und zum Arbeiten sind sie ja da."

Für ihre Hunde scheint das kein Problem zu sein, denn nichts scheint ihnen wichtiger zu sein, als ihren Job zu erledigen. Ihr gedanklicher Fokus liegt auf der Kommunikation zwischen den Arten – und darauf, die Schafe in den Stall zu bringen. So ist das nun mal bei Hütehunden, die durch und durch Hütehunde sind.

Ist Sprache wichtig?

„Alle Hunde sind brillant darin, die kleinste unserer Bewegungen wahrzunehmen, und sie gehen davon aus, dass jede dieser feinen Bewegungen eine Bedeutung hat", so Patricia McConnell in *Das andere Ende der Leine*. Und während wir uns den Kopf darüber zerbrechen, welche Worte wir benutzen, so schreibt sie, „beobachten unsere Hunde uns auf die subtilen visuellen Signale hin, die sie benutzen, um miteinander zu kommunizieren."

Wenn wir flüssig Hündisch können wollen, wie Marc Bekoff rät, sollten wir dies berücksichtigen. Unser Geplapper ist nur der Hintergrund für die Signale, auf die unsere Hunde wirklich Wert legen – unsere Blicke, Gesten, Körpersprache, Körpergerüche. Sie suchen vielleicht nach etwas Vertrautem in all den Lauten, die wir von uns geben: Die ungarische Studie über begabte Wortschüler legt nahe, dass das niedliche Schieflegen des Kopfes, das manche Hunde tun, wenn sie angesprochen werden, ein Zeichen dafür ist, dass ein kluger Hund gerade hart daran arbeitet, eine Bedeutung zu finden. Aber wir kommunizieren in anderen Sprachen, die sie verstehen, ohne es zu merken, und was wir „sagen", bedeutet ihnen sehr viel.

Trotz eindeutiger Beweise für die Kommunikation innerhalb und zwischen den Arten in der gesamten Natur haben Wissenschaftler lange darüber diskutiert, ob nicht-menschliche Tiere eine „echte“ Sprache haben können. Man streitet sich darüber, was „Sprache“ definiert und ob die eine oder andere Komponente der menschlichen Sprache in den Kommunikationssystemen anderer Arten vertreten ist. Das ist alles sehr menschenzentriert, denn natürlich ist die Sprache eine der Fähigkeiten, die uns von den Tieren um uns herum unterscheidet.

„Wir müssen unsere „Wir sind die Nr.1“-T-Shirts immer wieder rechtfertigen“, sagt Stanley Coren. Und so denken wir uns immer wieder Fähigkeiten aus, von denen wir überzeugt sind, dass sie uns einzigartig machen. Eine Zeit lang war es der Gebrauch von Werkzeugen. Aber Affen benutzen Blätter als Regenhüte, Otter knacken Muscheln mit Hilfe von Steinen und Delfine wurden dabei beobachtet, wie sie ihre Schnauze zum Schutz in Meeresschwämme einwickelten, wenn sie auf der Suche nach scharfschaliger Beute waren. Kraken bauen Unterschlüpfe aus gefundenen Gegenständen, und sowohl Schimpansen als auch Krähen basteln sich Werkzeuge aus Zweigen, mit denen sie Baumlöcher nach Insektenlarven absuchen – um nur einige meiner liebsten cleveren Tricks zu nennen.

Nein, der Gebrauch von Werkzeugen unterscheidet uns also nicht von Tieren. „Also mussten Menschen den Zielpfosten verschieben“, sagt Coren. „Und wir haben die Sprache zu unserem neuen Ziel gemacht. Aber während wir unseren tierischen Vettern immer mehr Aufmerksamkeit schenken, verblasst auch dies. Die Evolution baut auf guten Ideen auf. Unsere wunderbar flexiblen Sprachfähigkeiten verschaffen uns einen enormen Überlebensvorteil, und es macht keinen Sinn, anzunehmen, dass dieses äußerst komplexe physiologische und kognitive System aus dem Nichts entstanden ist. Die Logik – und die Beweise für jedes andere hochentwickelte System – legen nahe, dass die menschliche Sprache ihre Wurzeln in etwas Einfacherem hat. „Wenn wir genau hinsehen“, schrieb Coren in *How to Speak Dog*, „werden wir eine kontinuierliche Reihe von Etappen finden, die zu unserer eigenen Form der Sprachfähigkeit führen. Diese frühen Sprachfähigkeiten werden nicht in vollem Umfang auftreten, aber die Vorläufer sollten zuerst in den Kommunikationsmustern anderer Tiere – wie z. B. Hunden – in Erscheinung treten. Die logische Erwartung ist, dass die ‚Sprache‘ der Hunde viel einfacher sein wird als die Sprache der Menschen, aber dieselbe Logik legt nahe, dass es eine Sprache der Hunde geben wird.“

Und Coren ist mit seiner Meinung nicht allein. Vor mehr als zehn Jahren schlug Konstantin Slobodchikoff (kurz Con), ein Tierverhaltensforscher an der Universität von Northern Arizona, der sich seit langem mit der Kommunikation von Tieren befasst, eine neue Theorie der Sprache vor, die er als Diskurssystem bezeichnet und die, wie er in seinem Buch *Chasing Doctor Doolittle* beschreibt, „die Sprache von ihrer himmlischen Wolke als eine Art Engelsgeschenk, das nur den Menschen zuteil wird, herunterholt und sie wieder dort ansiedelt, wo sie hingehört: als Teil eines funktionierenden physiologischen und strukturellen Systems, eines Systems, das vielen Arten gemeinsam ist.“ Klar, die menschliche Sprache ist ungeheuer komplex und sie hat eine enorme Reichweite. Sie formt unser Denken und erlaubt uns nicht nur, uns auszudrücken, sondern auch in die Vergangenheit zu reisen oder in die Zukunft, die Wahrheit zu erzählen oder Fiktion zu spinnen. Sie ist etwas Besonderes, aber nicht völlig einzigartig.

„Die Beweise für Sprache bei anderen Arten sind überwältigend“, sagt Slobodchikoff. Besonders offensichtlich ist dies in Fällen, in denen Tiere komplizierte Informationen austauschen müssen, um in ihrer Nische zu überleben. Obwohl Kritiker argumentieren, dass die nicht-menschliche Kommunikation ausschließlich instinktiv ist, gibt es laut Slobodchikoff viele Beweise dafür, dass viele Tiere „absichtlich miteinander kommunizieren, indem sie bewusst die besten Signale aus ihrem Repertoire auswählen, um viele Informationen über die Welt um sie herum zu übermitteln und ihre Signale oft nutzen, um andere zu beeinflussen.“

Slobodchikoffs Forschungen an Präriehunden haben stimmliche Signale innerhalb der Kolonie aufgedeckt, die verblüffend präzise, scheinbar grammatikalisch und eindeutig kontextabhängig sind. Ein Tier warnt die anderen nicht nur, dass sich eine Bedrohung nähert, sondern zeigt auch an, dass es sich bei der Bedrohung um einen *großen Menschen handelt, der schnell geht, ein blaues Hemd trägt und ein Gewehr hat*. Es kann so spezifisch sein“. Und wenn etwas Neues erwähnt werden muss, sagt er, „haben sie einen Vorrat an beschreibenden Bezeichnungen in ihrem Gehirn“, die sie auf eine neue Art und Weise zusammenstellen, um ihren Standpunkt deutlich zu machen.

Forscher haben herausgefunden, dass Streifenhörnchen in ihrem Geplapper ähnlich präzise sind, da die Tonhöhe ihrer Rufe den Familienmitgliedern verrät, ob ein Raubtier vom Land oder aus der Luft kommt. Viele andere Tierarten sind dafür bekannt, dass sie sich sehr detailliert unterhalten, von Honigbienen, die ihren Schwestern mit einem Schwänzeltanz den Weg zu einer Futterquelle weisen, bis hin zu Elefanten, die ein tieffrequentes Rumpeln meilenweit durch die Erde schicken, wenn sie sich über ein geplantes Treffen unterhalten.

Coren behauptet, dass auch Hunde in ihrem Bellen, Knurren, Winseln und Schnaufen über Syntax und Grammatik verfügen und in der Lage sind, Sequenzen zu entschlüsseln. Auch Tonfall und Lautstärke haben eine Bedeutung. Ein ansteigendes Bellen mit einem „Atemknurren" ist beispielsweise eine Aufforderung zum Spielen, sagt er. Wenn man diese beiden Töne vertauscht, sagt der Hund so etwas wie: „Geh weg, du nervst mich". Nebenbei bemerkt erzeugen Wölfe nur eine einzige Art von Bellen – ein agonistisches Bellen – im Gegensatz zu den vielfältigen und kontextspezifischen Wuffs von Hunden, die sogar wir Menschen als unterschiedlich erkennen können.

Die Tatsache, dass Hunde ihre Bedeutung auf der Grundlage der Reihenfolge ihrer Äußerungen finden, lässt auf eine einfache Form der Syntax schließen. Vieles in der Hundesprache ist subtil, und kein aufgerichtetes Haar, kein strenger Blick und keine eingeknickte Rute bleiben unbemerkt. Wie wir im letzten Kapitel gesehen haben, „sprechen" sie mit allem, was sie haben – jede Körperhaltung, jedes Schnaufen und jeder Geruch erzählt eine Geschichte. Ganzkörperkommunikation ist für Hunde intelligente Kommunikation. Ein nach hinten gelegtes Ohr, eine gekräuselte Lefze, ein Urinstrahl. Walaugen, eine erhobene Pfote, eine steife Rute. Heulen, Bellen, Winseln, Knurren. All das hat eine Bedeutung, und wenn man es kombiniert, scheinen die Möglichkeiten endlos.

Für den Menschen, der nicht in „Doggish" geschult ist, können die Kombinationen natürlich verwirrend, ja sogar widersprüchlich erscheinen. Aber ein anderer Hund versteht, was was ist. Dazu gehört auch das Geplapper in Frequenzen, die wir nicht hören können. Forscher stellen die Hypothese auf, dass „ultrahohe Grundfrequenzen dazu dienen, eine private Kommunikation zwischen Mitgliedern sozialer Gruppen zu ermöglichen."

Parlez-vous Doggish? Non?

Während eines Familienausflugs nach Frankreich vor einigen Jahren stellte ich bei jeder Gelegenheit stolz mein Highschool-Französisch unter Beweis. Mein Vater und mein Bruder schauten mich jedes Mal an, wenn es darum ging, nach einem Preis zu fragen, eine Toilette zu finden oder das Mittagessen zu bestellen. Eines Nachmittags „unterhielt" ich mich in einem Café ausführlich mit dem Kellner. Nachdem er weggegangen war und auf seinen Notizblock gekritzelt hatte, fragte mein Vater: „Hast du Pommes frites bestellt?" Und ich antwortete: „Kann sein."

Das Ergebnis der Fehlkommunikation war in diesem Fall Kleinkram, im wahrsten Sinne des Wortes. (Der Kellner brachte etwas, das an Gehacktes erinnerte, nur leider ohne eine einzige Pommes auf dem Teller.) In der Interaktion zwischen Mensch und Hund kann die Unsicherheit im Umgang mit der Sprache eines anderen allerdings schwerwiegende Folgen haben – wie ich kürzlich erfuhr, als ein Nachbar die verteidigende Körperhaltung und das misstrauische Bellen meines Hundes Geddy als Aufforderung zum Spielen auffasste, was fast mit einem Biss in die Hand geendet hätte.

Ich erwähnte diese Geschichte bei einem Workshop, den die Trainerin und Autorin Pat Miller leitete und sie stimmte zu, dass dies ein häufiges Problem ist. Wenn sie einen Kunden bittet, seinen „reaktiven" Hund von der Leine zu lassen, sagt sie: „Oft ist der Kunde dann nervös und hat Angst, dass *ich* gebissen werde. Ich weiß aber genau, dass ein vorsichtiger Hund, der sich zum Schnüffeln nähert, mich im Gegensatz zu dem, was viele Leute denken, *nicht* zum Streicheln einlädt. Ich sehe doch, dass er nicht auf engeren Kontakt aus ist. Sein Blick ist hart und sein Körper angespannt. Leider übersehen die Menschen diese Signale wieder und wieder."

Zum Teil sind diese Fehlreaktionen darauf zurückzuführen, dass unsere beiden Spezies einfach sehr unterschiedlich sind. Das mag auf der Hand liegen, aber halten Sie mal einen Moment inne und überlegen Sie, wie unterschiedlich Primaten und Caniden sich in der Welt zurechtfinden, mit Stress umgehen und kommunizieren. Als hauptberuflicher Primat habe ich schon mit vielen Hunden auf eine Art und Weise interagiert, die sie kurz stocken ließ – weil ich zum Beispiel einem misstrauischen Hund die Hand über den Kopf hielt, um ihn zu streicheln, weil ich dachte, dass Streicheln seine Ängste lindern würde. Und was ist mit Umarmen? Primaten umarmen sich. Hunde sind von Natur aus keine Umarmer, und viele von denen, die stillhalten, wenn wir sie umarmen, tolerieren uns vielleicht nur, um uns glücklich zu machen (soziale Intelligenz zwischen den Arten). Erinnern Sie sich daran, wie man Ihnen mit sieben Jahren gesagt hat, Sie sollen sich von Großtante Marge mit dem Damenbart auf die Wange küssen lassen? Ich vermute, dass wir für manche Hunde Großtante Marge sind.

Natürlich ist Toleranz relativ, Hunde sind Individuen, und jeder Hund hat seine eigenen Grenzen. „Es ist wirklich erstaunlich, dass unsere Hunde nicht unsere Kinder fressen", sagt Coren gerne. (Er sagt es zu mir, und dann hörte ich ihn es in einem TED-Vortrag sagen). „Kinder machen alles falsch – sie nehmen Blickkontakt auf, lächeln mit gebleckten Zähnen, rennen mit ausgestreckten Armen und Fingern wie Zähnen auf den Hund zu", fügt er hinzu. „Das ist alles bedrohliches Verhalten." Gott sei Dank sind die meisten Hunde klug genug, um den Unterschied zwischen einem aggressiven Tier und einem naiven, aufgeregten kleinen Menschen zu erkennen.

Abgesehen von den Fehlern der Jugend ist es ein großes Versäumnis unsererseits als (erwachsene) Menschen, dass so wenige von uns versuchen, die Sprache der

Hunde zu lernen. Marc Bekoff ist in diesem Punkt unerbittlich: „Hunde sagen uns ständig, was sie wollen und wie sie sich fühlen“, sagt er. „Wir verlangen von unseren Hunden, dass sie unser Vokabular lernen und verstehen, was wir meinen, aber nur wenige Menschen machen sich die Mühe, die Hundesprache fließend zu erlernen. Andere nennen es „Hündisch“ oder „Doggish“. Wie auch immer man es bezeichnet, es ist ein lohnendes Ziel, wenn wir so sozial intelligent werden wollen wie unsere hündischen Freunde.

Ich für meinen Teil habe wirklich hart an dieser neuen Sprache gearbeitet – härter, als ich es jemals im Französischunterricht getan habe. Da ich mehr und mehr Zeit damit verbracht habe, Hunde zu beobachten und mit ihnen zu interagieren, war ich beeindruckt, wie nuanciert und komplex ihre Gespräche sind, da sie zwischen Lautäußerungen und der Zeichensprache von Körperhaltung und Gesichtsausdruck wechseln. Die Sprache der Hunde dient ihren Nutzern hervorragend dazu, wichtige Informationen zu vermitteln, vor allem untereinander. Aber auch für uns, wenn wir klug genug sind, sie zu verstehen.

Hunde sprechen mit Absicht über die gleichen Dinge wie wir: ihre Wünsche und Bedürfnisse, ihre sozialen Beziehungen und ihre emotionale Verfassung. Aber wie sie das tun, ist ganz ihre Sache. Selbst wenn man sich wirklich anstrengt, ist es nicht immer leicht, ihnen zu folgen. Ein schiefer Blick eines Hundes kann zum Beispiel bedeuten: „Ich bin keine Bedrohung“, oder er kann bedeuten: „Ich bin definitiv eine Bedrohung“. Oder (je nach dem Grad der Anspannung der Gesichtsmuskeln) kann ein Blinzeln ein Zeichen von Schmerz sein. Andere Hunde kennen den Unterschied, aber für uns ist er nicht so offensichtlich.

„Wir alle kennen die Anzeichen für eine drohende Gefahr zwischen zwei Hunden, oder?“, bemerkt die Autorin Patricia McConnell in einem Blogbeitrag. „Unbewegliche, steife Körper, direkter Blickkontakt, runde Augen. Es sei denn, die Hunde spielen, dann sind genau dieselben Körperhaltungen und Ausdrücke nichts anderes als Pausen zwischen dem Herumtollen.“

In der Hundewelt kommt es zweifellos zu Übersetzungsfehlern, aber ihre Bewohner wissen, wie man automatisch korrigiert. Wir hingegen haben oft große Mühe, rechtzeitig umzuschalten. Wenn wir das, was Hunde auf Doggish sagen, falsch interpretieren oder ignorieren, kann unser Versagen sowohl Menschen als auch Hunde in Gefahr bringen.

Ein erschreckendes Beispiel kam von einer Nachrichtensendung in Denver, die die Rettung einer Argentinischen Dogge aus einem vereisten See mit einem Live-Beitrag feierte. Im Studio, eingeklemmt zwischen dem Besitzer, dem Feuerwehrmann, der den Hund gerettet hatte, und der Nachrichtensprecherin, ertrug der

Hund eine Zeit lang das Gerede der Menschen und das energische Streicheln des Kopfes durch die Nachrichtensprecherin, bevor er sich „plötzlich“ auf die Nachrichtensprecherin stürzte und sie ins Gesicht biss.

Ich habe das Wort „plötzlich“ in Anführungszeichen gesetzt, weil laut Jim Crosby, einem Experten für Hundeaggression und klugen Beobachter des Hundeverhaltens, der sich den gesamten Ausschnitt genau ansah und zu dem Schluss kam, dass der Biss überhaupt nicht überraschend war. Er schien nur vordergründig aus heiterem Himmel zu kommen, aber „in den Minuten und Sekunden vor dem Biss kann man die kleinen, aber klaren Botschaften sehen, die der Hund sendet“, sagt Crosby. Das Tier ist am ganzen Körper steif und starrt vor sich hin, es ist nicht freundlich, und schon gar nicht sucht es nach Aufmerksamkeit.

Es sagt: „Ich fühle mich unwohl, ich kenne diesen Ort und diese fremden Leute nicht, ich mag dieses heiße, helle Licht nicht und ich hatte gestern einen wirklich schlechten Tag“, bemerkt Crosby. Als die gesprächige Moderatorin sich also ganz in seinen Raum hineinbeugt, „geht sein Kopf zurück, seine Augen verkrampfen sich, seine Zähne zeigen sich, und dann schnappt er zu. Es war ein kontrolliertes Schnappen – er hätte ihr das Gesicht abreißen können. Aber es war vermeidbar. Die Menschen haben einfach nicht aufgepasst.“

Solche Fehleinschätzungen unsererseits haben reale Konsequenzen für Hunde. Viele werden wegen kleinerer Vergehen als der Schnappschuss im Fernsehstudio eingeschläfert. Die Wiedereingliederung und Unterbringung von Hunden, die Menschen gebissen haben, ist kostspielig. Da so viele Hunde, die niemandem etwas zuleide getan haben, Aufmerksamkeit und ein Zuhause brauchen, haben die Beißer oft das Nachsehen – selbst wenn der Biss für einen Hund der offensichtliche nächste Schritt in einer gescheiterten Kommunikation war.

Crosby schult Polizeibeamte darin, die Körpersprache von Hunden zu erkennen, damit sie sich sicher in Situationen begeben können, in denen ein Hund anwesend ist. Er hat das Handbuch dazu geschrieben, in der Hoffnung, dass es weniger Situationen gibt, in denen Haustiere unnötigerweise erschossen werden. „Wenn Polizeibeamte lernen, was ein Hund ‚sagt‘ und wie sie sich nicht als Bedrohung darstellen“, erklärt er mir, „wird der Hund ihnen in den meisten Fällen einen Vertrauensvorschuss geben.“

Diese Körpersprache, fährt er fort, „ist manchmal sehr schnell und subtil. Es kann eine Körperhaltung sein oder die Art, wie sie schauen – selbst eine winzige Augenbewegung zur Seite nach dem Augenkontakt enthält eine winzige Botschaft.“ Natürlich kann es auch ausgesprochen unsubtil sein: ein kehliges Knurren, ein sattes Bellen, etwas, das selbst ein ahnungsloser Mensch nicht übersehen kann.

Obwohl die Moderatorin scheinbar keine hörbare Warnung erhielt, „übermittelte der Hund konkrete Informationen über seinen mentalen Zustand und bat sie, ihm mehr Raum zu geben", sagt Crosby. „Das ist Kommunikation auf hohem Niveau – weit über das Bellen nach einem Knochen hinaus." Der Hund verhielt sich sozial intelligent – auf Doggish. Die Menschen waren in keiner Sprache zu verstehen.

An dieser Stelle müssen wir einen Schritt zurücktreten und unser eigenes Verhalten mit den Augen eines Hundes betrachten. Diese Dogge hatte keine Möglichkeit, sich aus einer unangenehmen Situation zu befreien – sie war buchstäblich umzingelt, und obwohl die Frau, die ihn streichelte und ihm in die Augen schaute, es nett meinte, müssen wir uns in die Lage des Hundes versetzen. Für uns Primaten ist es ein tief verwurzeltes soziales Verhalten, die Hand auszustrecken, um sich zu berühren, Hunde dagegen machen das einfach nicht so. Patricia McConnell zufolge ist das „Pfote auflegen" in der Hundeethologie ein Vorläufer des „Darüberstehens", das in der Regel im Zusammenhang mit dem Aufbau oder der Festigung einer sozialen Hierarchie erfolgt. Die Hand der Frau auf dem Hund war also nur einer von vielen Fehlern, die sie gemacht hat.

Wenn es hier eine wichtige Erkenntnis gibt, dann die, dass wir, um die Sprache eines Hundes zu verstehen, zuallererst unsere eigene Intelligenz und unsere volle Aufmerksamkeit einsetzen müssen. Wir müssen nicht auf ein einzelnes Signal achten, sondern auf den Kontext und die Kombinationen von Signalen, die Hunde so geschickt einsetzen. Wie Crosby in seiner Dissertation von 2023 schrieb, „... tut ein Hund das, was für ihn Sinn macht. Aus der Sicht des Hundes ist sein Verhalten der jeweiligen Situation angemessen. Der entscheidende Punkt ist, die Sicht *des Hundes* auf eine Situation zu verstehen" (Hervorhebung von ihm).

Begegnung mit Odin

Ich steckte mitten in meinen Recherchen für dieses Buch, als ich einen Hund namens Odin kennenlernte, einen Mountain Cur mit rund 30 Kilo Muskeln verpackt in einem dunkel gestromten Fell. Er war von dem Tierheim, in dem ihn seine ursprünglichen Besitzer abgegeben hatten, als „nicht vermittelbar" eingestuft worden. Als meine Freunde Margaret und Trevor ihn als Pflegehund aufnahmen, war er nervös und knurrig, um nicht zu sagen verängstigt.

Dem Vernehmen nach wusste seine frühere Familie wenig über die Rasse. Sie hatte erwartet, dass Odin ein anspruchsloser Familienhund sein würde, der mit dem Leben auf engem Raum und ohne besondere Aufgaben zufrieden sein würde.

Aber Mountain Curs sind zum Arbeiten gezüchtet. Tief in ihren Genen verankert sind sie Jäger, Meister im Aufspüren von Kleintieren oder im Verbellen von großen Tieren sowie großartige Hofhunde. Faulenzen und Arbeitslosigkeit liegen nicht in ihrer DNA. Odins Aufenthalt im Tierheim hatte daran nichts geändert. Eingesperrt in einem Zwinger, bombardiert von den Geräuschen und Gerüchen anderer gestresster Tiere, war er völlig verunsichert. Kein Wunder, dass er launisch war.

„Was er wirklich brauchte, war ein Job", erzählt mir Odins Pflegestelle, die sich in einen Besitzer verwandelt hat. Obwohl der Hund anfangs einschüchternd war und niemanden an sich heranließ, waren Margaret und Trevor entschlossen, ihn umzuerziehen. Sie gaben ihm ein liebevolles Zuhause und ein halbes Hektar großes Grundstück zum Patrouillieren. Als der junge Hund merkte, dass er Freiraum, freundliche Besitzer und eine Aufgabe hatte, begann seine Verwandlung. Aber auch wenn er sich sehr verändert hat, wird Odin wohl nie ein Freudentänzchen aufführen, wenn sich eine fremde Person dem Tor nähert. Und mit seinem kalten Blick, seinem kantigen, Amboss-ähnlichen Kopf und seinem messerscharfen Bellen, das von langem Knurren unterbrochen wird, könnte er Sie durchaus dazu bringen, Ihren Plan zum Vorbeischauen noch einmal zu überdenken.

Aber die Annäherung an das Tor zu Odins Hof war eine gute Gelegenheit, ein paar der Lektionen anzuwenden, die ich über die Kommunikation von Hunden gelernt hatte. Könnte ich dieses misstrauische Tier schnell, aber vorsichtig davon überzeugen, mich zu tolerieren? Mich sogar zu *mögen*? Der Trick bestand natürlich darin, seine Signale zu deuten und seine Sprache zu sprechen und gleichzeitig einige meiner menschlichen Triebe zu unterdrücken (es ist noch zu früh zum Kuscheln!). Kurzum, ich musste *der Hund sein* – ok, ohne Schnüffeln am Hintern.

Ich tat Folgendes – und, was noch wichtiger ist, ich tat Folgendes *nicht*: Ich bin nicht forsch durch das Tor gegangen, obwohl Odins Besitzer gesagt hatte, ich solle „einfach reinkommen". Odin stand genau dort, mit steifer Körper- und Rutenhaltung und knurrte nur ein wenig, was ich als „Nein" interpretierte. Ich gehorchte. Stattdessen drehte ich mich ein Stück zur Seite und hockte mich auf seine Höhe, um ihm weniger stark zuzusetzen. Ich vermied es, ihm in die Augen zu sehen, als er mich anstarrte – was ich als weiteres Nein verstand. Ich sagte seinen Namen und „Guter Junge" in einer angenehmen, kindlichen Stimme – nichts Lautes, Quietschendes oder Schrilles, was seine allgemeine Erregung steigern könnte. Ich streckte auch nicht die Hand aus, so verlockend das für uns Primaten auch ist, sondern ließ ihn entscheiden, ob er nahe genug herankommen wollte, um mich zu beschnuppern. Er tat es.

Und sehr schnell ließ das Knurren nach, seine Haltung wurde lockerer und er streckte seinen Hals vor, um mich zu untersuchen. Als er meinen Geruch wahrnahm, rückte er mit seinem ganzen Körper näher und drückte seine Nase an mein Bein. Erst dann prüfte ich seine Augen – es sprangen keine Dolche mehr daraus hervor – und machte eine langsame Bewegung, um den Kontakt zu erwidern. Dabei entschied ich mich dafür, seine Seite anstatt seinen Kopf zu streicheln, weil dies wiederum bedrohlich wirken kann. Wer will schon, dass man ihm den Kopf tätschelt, oder? Tätscheln Sie sich genau jetzt doch einmal selbst den Kopf. Nur zu! Wie fühlt sich das an? Nichts Tolles, oder? Aber eine nette kleine Körpermassage? Gleich viel angenehmer.

Was ich sonst noch tat, war Folgendes: Ich hielt meinen Kopf weiterhin leicht abgewandt, weil ich wusste, dass ich erst Vertrauen aufbauen musste, bevor wir Blickkontakt halten konnten (und weil ich mich daran erinnere, dass mein eigener misstrauischer Hund Geddy selbst nach all den Jahren manchmal direkten Blickkontakt vermeidet). Ich täuschte sogar ein Gähnen vor, weil ich mich daran erinnerte, dass Hunde manchmal gähnen, um eine angespannte Situation mit einem anderen Hund zu lockern.

Bald drückte Odin trotz der Gitterstäbe des Hoftors zwischen uns sein ganzes Gewicht gegen mich und schien um eine kräftigere Massage zu bitten. Dem kam ich gerne nach. Inzwischen war ich mir sicher, dass sich unsere Blicke ohne Zwischenfälle treffen konnten. Ich öffnete langsam das Tor und kämpfte erneut gegen den Drang an, in die Hocke zu gehen und den großen, warmen Kopf zu umarmen. Früher hatte ich nicht einmal darüber nachgedacht, dass es für Hunde ganz und gar nicht natürlich ist, sich zu umarmen oder umarmt zu werden. Ich blieb also stark, hielt mich zurück und ließ ihn entscheiden, wie viel Berührung in Ordnung war. *Sei der Hund.*

Später, als Odin mit mir auf dem Sofa lag, den Kopf in meinem Schoß und ein Bein hochgestreckt, damit ich ihn am Bauch kraulen konnte, ging ich im Geiste nochmals unsere einleitende Interaktion durch. Odin bekam von mir eine Eins dafür, dass er seine Gefühle durchgehend mitgeteilt hatte. Er hatte sein Hundeding gemacht, nicht mehr und nicht weniger. Alle nötigen Informationen waren da – seine Körperhaltung, sein Blick, seine Lautäußerungen. Es lag an mir, aufzupassen und zu übersetzen. Mir selbst gestand ich eine 2+ zu, schließlich hatte er mich am Ende ans Ohr gestupst und meine Hand geleckt. Und als ich, immer noch beruhigende Worte sprechend, schließlich durchs Tor gekommen war, war er fröhlich neben mir her getrottet, als würde er mich in seinem Zuhause willkommen heißen.

KAPITEL 13

DER KLÜGSTE HUND?

Wir Menschen bemessen den „klügsten Hund der Welt“ als denjenigen, der den größten menschlichen Wortschatz versteht – und vergessen dabei ganz die für Hunde relevanten Formen der Intelligenz, die hinter ihren vielen Fähigkeiten stehen. Wir sind ja so berechenbar, oder?

Im Jahr 2011 wurde Chaser, ein schwarz-weißer Border Collie, zu einer viralen Sensation und von Medien wie der BBC, *Paris Match*, der *New York Times* und der *Today Show* zum „klügsten“ Hund seiner Art gekürt. Durch intensives Training von Welpenalter an lernte die Hündin Eigennamen für 1022 verschiedene Gegenstände, darunter 800 Stofftiere, 116 Bälle, 26 Frisbees und mehr als hundert verschiedene Gummi- und Plastikdinger – der größte (menschliche) Wortschatz, der jemals bei einem Tier dokumentiert wurde. Sie lernte auch, dass jeder einzelne Gegenstand zu einer Kategorie von Dingen gehörte: Spielzeug, Ball, Frisbee. Wenn man ihr sagte, sie solle xy holen, egal ob es sich um einen bestimmten Gegenstand oder eine Art von Gegenstand handelte, konnte sie das Richtige mit unglaublicher Genauigkeit finden. Wenn Sie mich bitten, meine Schlüssel zu holen, werde ich meine Brille suchen und keins von beidem finden. Ich sag‘s ja nur.

Chasers Ausbildung wurde zum Teil durch die Leistungen von Rico inspiriert, einem Border Collie aus Deutschland, dessen Spracherwerb von Wissenschaftlern des renommierten Max-Planck-Instituts dokumentiert wurde, nachdem seine Besitzer ihm die Namen von mehr als 200 Spielzeugen beigebracht hatten. Chasers

Besitzer John Pilley, ein emeritierter Psychologieprofessor des Wofford College in South Carolina, arbeitete bis zu fünf Stunden täglich mit seinem enthusiastischen Hund. Chaser zeigte den für ihre Rasse typischen Ehrgeiz und verstand schnell die ihr fremde Menschensprache – ein Beweis für gleich mehrere Arten von Intelligenz. Schließlich konnte sie komplexe Wortkombinationen verstehen, sogar Sätze, die aus Substantiven, Präpositionen, Verben und direkten Objekten bestehen. Sie lernte nicht nur, ein bestimmtes benanntes Objekt zu lokalisieren, sondern es auch zu manipulieren, indem sie es auf „Nase" oder „Pfote" umherrollte oder es, wie von Pilley angewiesen, im Maul trug und es neben ein anderes bestimmtes Objekt legte. Chaser konnte solche Aufgaben auch dann ausführen, wenn ihr unbekannte Sprecher Anweisungen gaben.

Sowohl Rico als auch Chaser waren außerdem in der Lage, zum Finden von Gegenständen, die sie noch nie zuvor gesehen und deren Namen sie noch nie gehört hatten, den logischen Prozess des Ausschließens zu nutzen. Möglicherweise dachten sie: „Das hier ist die fleißige Biene, das da die Schlange, das dritte muss das neue Ding sein, das „Schweinchen", nach dem sie fragen."

In einer 2018 ausgestrahlten PBS-Fernsehsendung über tierische Intelligenz demonstrierte Chaser dem Wissenschaftskommunikator Neil deGrasse Tyson ihre Fähigkeiten, indem sie diesen Denkprozess nutzte, um ein einzelnes neues Objekt mit einem neuen Namen (Darwin!) zu finden, und zwar nicht nur aus zwei oder drei bekannten Gegenständen, sondern aus sieben verschiedenen Spielzeugen, die der *Nova*-Moderator zufällig ausgewählt hatte. Selbst der Astrophysiker aus Harvard war beeindruckt. Brian Hare, Forscher auf dem Gebiet der kognitiven Evolution an der Duke University, bezeichnet Chaser als den „wissenschaftlich wichtigsten Hund seit über einem Jahrhundert".

Pilley starb 2018, aber nicht bevor er zwei von Fachleuten begutachtete Forschungsarbeiten über Chasers Sprachfähigkeiten veröffentlicht hatte, die seiner überragenden Schülerin internationale Anerkennung einbrachten. Die Berichte bauten auf der früheren Arbeit mit Rico auf und brachen einige tiefe Risse in die lange Zeit bestehende konzeptionelle Mauer, die Wissenschaftler zwischen menschlichen und nichtmenschlichen Sprachlernfähigkeiten errichtet hatten. Die Leistungen von Pilley und Chaser beeinflussten auch die Entwicklung neuer Untersuchungen zur kognitiven Leistungsfähigkeit von Hunden wie die *Genius Dog Challenge*.

Arbeitsrassen wie Border Collies sind nicht die einzigen Hunde, deren Ohren auf menschliche Laute horchen. Forscher der Universität Memphis testeten einen „Schoßhund", einen zwölfjährigen Yorkshire-Terrier namens Bailey, und bestätig-

ten, dass er jedes von 117 benannten Spielzeugen apportieren konnte, unabhängig davon, ob das Kommando von seinem Besitzer oder von Menschen mit unterschiedlichem Akzent und ohne vorherige Einbindung in sein Training kam.
Chaser, die in ihrer Familie und darüber hinaus sehr beliebt war, starb ein Jahr nach ihrem Besitzer. Ihre Berühmtheit veranschaulicht den Prozess, wie die bislang hartnäckig verteidigte Vorstellung von unserer menschlichen Ausnahmestellung und die Bedeutung, die wir der menschlichen Sprache und der Fähigkeit von Tieren, sie zu verstehen, sich langsam wandelt.
Der klügste Hund der Welt wurde also nicht für irgendwelche bemerkenswerten Hundefähigkeiten gefeiert, sondern das Verstehen der menschlichen Sprache machte ihn berühmt.
„Verstehen" ist vielleicht ein Teil von Chasers Anziehungskraft: Sie lernte, Hunderte von Worten zu verstehen, die mit ihr gesprochen wurden, aber sie hat nie etwas erwidert. „Ich bin zutiefst davon überzeugt, dass ein Grund für unsere tiefe Liebe zu Hunden darin liegt, dass sie *nicht* sprechen", sagt Patricia McConnell. „Das meine ich wirklich. Schauen Sie sich die Menschen an, die versuchen, ihr spirituelles Verständnis durch Meditation, durch Stille zu erweitern. Es liegt eine unglaubliche Kraft darin, keine Sprache zu benutzen, und der Gebrauch von Sprache kann einer Interaktion etwas wegnehmen. Die Tatsache, dass Hunde nicht mit uns sprechen können, ist einer der vielen Gründe, warum wir sie so lieben." Sie urteilen nicht, kritisieren nicht und geben keine unaufgeforderten Ratschläge. (Wie ich Hunde kenne, würden sie das wahrscheinlich sowieso nicht tun.)
Die Frage, ob Hunde intelligent genug sind, um menschliche Sprachen zu sprechen, ist allerdings irrelevant: Sie verfügen einfach nicht über die stimmliche Anatomie, die erforderlich ist, um die für unsere Sprache notwendigen Laute zu erzeugen. Mit Ausnahme von Vögeln, die menschliche Stimmen nachahmen können, ist die gesprochene Sprache im Wesentlichen dem Menschen vorbehalten; die Anatomie des Hundes ist für andere Dinge ausgelegt. Die Atemwege eines Hundes sind beispielsweise so angepasst, dass er beim Laufen gleichzeitig riechen und atmen kann, was sich auf die Position des Kehldeckels auswirkt, einem Schlüsselapparat für unsere Sprache. Die lange, zahnbewehrte Schnauze eines Hundes ermöglicht es ihm, Dinge zu tun, die wir mit unseren Händen tun, aber seine Struktur schränkt die Flexibilität der Lippen und des Gesichts ein. Und so weiter.
Das also ist es: Wir sind zum Plaudern geschaffen, Hunde nicht. Trotzdem bringen sie ihre Argumente gut rüber. „Es ist unser allzu menschliches Vorurteil, dass die gesprochene Sprache das einzig Wichtige ist", schreibt Stanley Coren. Da sie unsere Art von Wörtern nicht bilden können und sich stattdessen auf eine eigene,

perfekt funktionierende Sprache verlassen, mussten wir kreativ werden, um sie davon zu überzeugen, auf unsere Art zu parlieren.

Benutze deine Worte

„Wütend", sagt Bunny. „Fertig." Bunny sah entrüstet aus, so sehr das ein Sheepadoodle eben kann. Sie stand da und starrte ihre Besitzerin Alexis Devine an, während wir zwei Menschen uns per Zoom unterhielten. Alles über Bunny. Aber Bunny war nicht einverstanden. Sie wollte Devines volle Aufmerksamkeit und mochte es nicht, diesem sinnlosen Geplapper zwischen *ihrer* Person und einem fremden Gesicht auf einem Bildschirm zuzuhören. „Wütend", sagte sie wieder.

„Ist Bunny wütend?" fragt Devine. „Mama redet jetzt mit einer anderen Freundin. Mama ist bald fertig." Bunny ging weg und hatte nicht viel weiteres zu sagen, während Devine und ich uns unterhielten. Von Zeit zu Zeit kam der Hund jedoch wieder in Sichtweite; dann hielten wir inne und warteten in der Hoffnung, dass sie etwas sagen würde. Trotz ihrer Zurückhaltung an diesem Tag ist Bunny die meiste Zeit über recht „gesprächig".

„Gesprächig" in Anführungszeichen. Natürlich kommen die Worte nicht aus ihrem Mund, sondern von einer der etwa hundert knopfgesteuerten Aufnahmen, die Devine auf großen Tafeln auf dem Boden ausgelegt hat. Bunny wählt mit einer Pfote aus, was sie hören möchte, und kann so auf menschliche Art sprechen.

Solche Tastaturen sollen Hunden den Zugang zur menschlichen Sprache ermöglichen, damit sie auf unsere Art mit uns kommunizieren können. Aber Devine, so hörte ich erfreut, hat ein Motiv, das etwas weniger egozentrisch ist. „Mein Ziel ist es wirklich, die bestmögliche Kommunikation und Beziehung zu ihr aufzubauen", erzählt sie mir, während Bunny und der jüngere Hund der Familie, Otter, vor der Kamera herumtollen. „Ich war wirklich aufgeregt, das zu erreichen, und habe alles getan, was dazu nötig war", – unter anderem, die Vielzahl von Werkzeugen zur Verfügung zu stellen, mit denen der Hund arbeiten konnte.

Devine glaubte an das Potenzial ihres Hundes, in dieser neuen Sache richtig gut zu werden und begann mit der Aufzeichnung eines „Draußen"-Knopfes, den sie jedes Mal drückte, wenn sie Bunny rausließ, um so das Verhalten zu formen. Sie arbeitete auch mit Pfotentargets, damit der Hund ein Gefühl für die physische Aktion bekam. Nach ein paar Wochen drückte Bunny selbst auf den Knopf, wenn sie rauswollte. Also nahm Devine weitere gängige Wörter auf. Bunny lernte sie schnell. Von da an wuchs das Experiment.

Bunny gehört zu einer langen Reihe von Hunden, die nach Stella, einem schokoladenbraunen Catahoula-Leopard-Dog-Heeler-Mix benannt wurden. Deren Besitzerin hatte die Idee bekannt gemacht, einem Hund durch Drücken von Knöpfen per Pfote das Sprechen beizubringen. Stellas Besitzerin, Christina Hunger, ist Logopädin und arbeitet mit kleinen Kindern, die in ihrer Sprachentwicklung verzögert sind. Da sie in ihrer Ausbildung gelernt hatte, bei Kindern immer von deren Kompetenz auszugehen, beschloss sie, dies auch bei ihrem Hund zu tun. Mit einem technischen Hilfsmittel, das als Unterstützte Kommunikation (Augmentative and Alternative Communication – AAC) bekannt ist – einer Tafel mit Knöpfen, auf denen aufgezeichnete Wörter abgespielt werden –, wollte sie Stella die Möglichkeit geben, ihre Wünsche und Bedürfnisse laut und auf Englisch auszudrücken.

Wie Christina Hunger in ihrem Buch *How Stella Learned to Talk* (dt.: *Wie ich meinem Hund das Sprechen beibrachte*) schreibt, nutzen Hunde Lautäußerungen, um Aufmerksamkeit zu erlangen sowie Körpergesten, um andere zu einer Handlung aufzufordern, wobei sie beides ähnlich wie Kleinkinder miteinander kombinieren. Sie sagt, dass Stella im Alter von zwei Monaten mehr als die Hälfte der vorsprachlichen Fähigkeiten eines neun Monate alten Babys zeigte, bevor dieses erkennbare Wörter artikuliert. Sie fragte sich daher, welche Überschneidungen es noch in der Sprachentwicklung von Hunden und menschlichen Babys geben könnte. Stella war eifrig bei der Sache, also passte Hunger das AAC für Hunde an und nahm damit eine Handvoll Wörter auf, die für sie am ehesten von Bedeutung zu sein schienen wie etwa „draußen", „Wasser" oder „spielen" – ausgehend von dem Wissen, dass Kinder „ihre Wörter" bereitwilliger benutzen, wenn diese für sie direkt relevant sind. Als Stella zu begreifen begann und den richtigen Knopf zur richtigen Zeit betätigte, verstärkte Hunger dieses Verhalten. Wieder und wieder und wieder. Als Stella mit wachsendem Selbstverständnis zu „sprechen" begann, fügte Hunger weitere komplexe Ideen hinzu, die der Hund in sein wachsendes Lexikon aufnehmen konnte.

Schließlich begann Stella, Wörter mit Gesten oder anderen Wörtern zu kombinieren, um ihre Bedeutung zu verdeutlichen oder bestimmte Knöpfe wiederholt zu drücken, um sie zu betonen. Besonders bemerkenswert war, dass sie irgendwann auch mit Zwei-Wort-Kombinationen ihrer eigenen Wahl kommunizierte – eine Sprachfähigkeit, die Kleinkinder mit etwa 18 Monaten erlernen. Es folgten Drei-Wort-Kombinationen.

Schon bald äußerte sich Stella etwa dreißig Mal am Tag und wurde sogar ein wenig aufdringlich: Wenn sie nach „Strand" fragte und ihre Besitzer versuchten, sie stattdessen in den Park zu führen, legte sie sich auf den Bürgersteig und weigerte sich, sich zu bewegen. „Im Laufe des Projekts machte Stella (…) Fortschritte, die weit über das hinausgingen, was ich jemals für möglich gehalten hätte", schrieb Hunger über die Unterhaltung mit ihrer einjährigen Hündin. Sie sah es als eine Revolution, die direkt vor ihren Augen stattfand: Ihr Hund sprach ihre Sprache. Stella heimste den Ruhm ein, aber tatsächlich war ihre Besitzerin gar nicht die erste, die bzw. der einem Hund auf diese Weise das Sprechen beibrachte. Im Jahr 2008 berichtete der Tierverhaltensforscher Alexandre Rossi aus São Paulo, Brasilien, dass er einer aus dem Tierschutz geretteten Mischlingshündin namens Sofia beigebracht hatte, nach Futter, Spaziergängen und Streicheleinheiten zu fragen, indem er Lexigramme – nicht repräsentative Symbole für Wörter, die häufig in der Kommunikationsforschung mit nichtmenschlichen Primaten verwendet werden – auf einer Tastatur auswählte und die Tasten drückte, um die aufgezeichneten Wörter zu „sprechen" (natürlich auf Portugiesisch). Während dieses Experiments, so Rossis Bericht, „nutzte der Hund die Tastatur nur in Anwesenheit des Versuchsleiters und blickte nach dem Tastendruck häufiger zu ihm als vorher, ein Hinweis darauf, dass die Nutzung der Lexigramme einen kommunikativen Inhalt hatte".

Die Ergebnisse deuten darauf hin, so schreibt Rossi weiter, dass Hunde in der Lage sein könnten, ein Zeichensystem zu erlernen, „das funktional dem spontanen Aufforderungsverhalten entspricht" und sieht in der Tastatur eine potenziell erfolgversprechende Möglichkeit, die Kommunikation und Kognition von Hunden zu untersuchen. Er hat auch einem weiteren Tierschutzhund namens Estopinha beigebracht, Ja- und Nein-Fragen mit Tasten zu beantworten und über Skype zu kommunizieren. (Stellen Sie sich vor, Sie könnten mit Ihrem Hund über Skype kommunizieren und ihn bitten, den Herd einzuschalten!)

Aber Stella ist der Hund, den die Menschen in der englischsprachigen Welt am besten kennen. Ihre Fangemeinde in den sozialen Medien ist mit der Veröffentlichung von Hungers Buch im Jahr 2021 explodiert und sie hat zum Start einer ganzen wissenschaftlichen Bewegung beigetragen, die zeigen möchte, wie schlau Hunde im Spiel mit der menschlichen Sprache sein können.

Aber nun zurück zu Bunny. Sie kann ein ernsthafter Hund sein und scheut sich nich, lange Pausen zwischen Fragen und Antworten zu machen. Während unseres Videoanrufs wirkte sie eher nachdenklich als spielerisch, wenn sie ihre Tastatur bediente und sie benutzte die Worte ganz bestimmt nicht wahllos. Devine sagt, dass ihr jüngerer Hund, Otter, bisher noch nicht mit dem „Sprechen" angefangen hat, obwohl er seine eigene Anfängertastatur hat. Aber gut, er war noch ein Welpe und eher daran interessiert, das Brett mit Knöpfen darauf herumzuschieben als mit Hilfe der Tasten seine Meinung zu äußern. Aber seine Besitzerin sieht erste Anzeichen dafür, dass er durch die Beobachtung von Bunny lernt, dass die Knöpfe eine Bedeutung haben, und es würde sie nicht wundern, wenn er auch bald anfängt, sie zu benutzen. Devine versucht, jede Kommunikation zu verstärken – nicht immer dadurch, dass sie Bunny gibt, was sie verlangt, aber zumindest reagiert sie jedes Mal, um sie wissen zu lassen, dass sie gehört wurde und um sie zu ermutigen, das Spiel weiter zu spielen.

Eine Zeitlang hinterfragte Devine ihre eigene Motivation: Geht es ihr darum, das Leben des Hundes oder ihr eigenes zu bereichern? „Am Anfang war es mir ein bisschen unangenehm – ich fand es irgendwie egoistisch, von einem nichtmenschlichen Tier zu erwarten, dass es in unserer Sprache kommuniziert", sagt sie. Aber Bunny macht bereitwillig mit – für einen „denkenden" Hund ist es eine Form des Spiels, bei der seine Intelligenz zum Vorschein kommt. Devine verlangt auch nicht von ihr, die Hundesprache durch menschliche Worte zu ersetzen. „Ich habe vielmehr versucht, ihre intrinsische Kommunikation zu verstehen und zu respektieren und von ihr zu lernen, so wie sie von mir lernt", sagt sie. „Es fühlte sich also an, als ob wir uns gegenseitig in unserer Entwicklung fördern" und fügt hinzu: „Die steilste Lernkurve war meine eigene."

Es scheint unbestreitbar zu sein, dass Bunny versteht, was sie in der jeweiligen Situation sagt, und für Devine scheint die Bedeutung auch ausreichend klar zu sein. Wenn zum Beispiel draußen eine Katze miaut und Bunny „Katze, Geräusch" drückt, scheint das auf der Hand zu liegen. „Es gibt aber auch Fälle, in denen die Interaktion eine klare kommunikative Absicht zu haben scheint, ich aber die Bedeutung nicht verstehen kann und mich nicht zu sehr anstrengen will", sagt Devine. Es kommt vor, dass Bunny Kombinationen von Wörtern wählt, die ziemlich nebulös sind, was für Devine so aussieht, als würde sie sich fragen: „Habe ich gerade was gesagt?" Dieses Erkunden und Ausprobieren scheint Teil ihres Lernprozesses zu sein. In solchen Fällen, so Devine, „bewege ich mich auf einem schmalen Grat und versuche die Grenzen dessen zu wahren, was sich wirklich wie ein kommunikatives Ereignis anfühlt. Ich kämpfe jeden Tag gegen diese Voreingenommenheit an."

Es macht natürlich Spaß, Vermutungen über Bunnys innere Gedankenwelt anzustellen. Kennt sie sich selbst? Wenn sie „Bunny, Mensch" auswählt, aber „Otter, Hund", will sie dann damit ihren Status im Vergleich zu Otters Status im Haus zum Ausdruck bringen? Aber Devine betont, „viel zu wenig qualifiziert" zu sein, um beurteilen zu können, was Bunny versteht oder nicht. Sie genießt es einfach,

Bunny die Gelegenheit geben zu können, ihr Gehirn auf eine neue Art zu benutzen. „Wenn man seinem Hund wirklich Aufmerksamkeit schenkt", sagt sie, „lernt man auch ohne die Knöpfe, was er sagt".

Wenn es jemanden gibt, der qualifiziert ist, die Absichten eines knöpfchendrückenden Hundes zu beurteilen, dann Federico Rossano, Direktor des *Comparative Cognition Lab* an der UC San Diego (UCSD). Im Juni 2020 konzipierte Rossano eine Studie, um wissenschaftlich zu messen, was genau mit Bunny und den anderen gesprächigen Hunden auf der ganzen Welt vor sich geht. Die Freiwilligen standen Schlange, um ihre Hunde für das Experiment anzumelden. Bunny, die Pilothündin und Hauptdarstellerin, wurde monatelang rund um die Uhr gefilmt, sodass jeder ihrer Knopfdrücke vom UCSD-Team analysiert werden konnte.

Der Ansatz von Rossano und seinen Kollegen, das Phänomen der sprechenden Hunde zu verstehen, „konzentriert sich weniger auf die Kognition des durchschnittlichen Mitglieds einer Spezies als auf das Potenzial, das durch diese Existenz des Außergewöhnlichen sichtbar wird", heißt es auf der Website *TheyCanTalk.org*. „Daher sind wir sehr an individuellen Unterschieden, idiosynkratischen Verhaltensweisen und den Arten von außergewöhnlichen Fähigkeiten und Kommunikation interessiert, die ein bestimmtes Mensch-Hund-Paar hervorbringen kann.

In kürzester Zeit hatte Rossano mehr als 10 000 Hunde aus 47 Ländern als Kandidaten für die Teilnahme an der dreiphasigen Studie angemeldet. Nur eine kleine Teilmenge davon schaffte es letztendlich vor die Kamera, aber das Interesse war riesig. Die enorme weltweite Resonanz ermöglichte es seinem Team, umfangreiche Listen mit Beobachtungen, Tausende von Stunden Videomaterial und riesige Stapel von Umfragen über die gesprächigsten unter ihnen zu sammeln.

Klar ist, dass Hunde lernen können, die Tasten zu benutzen und Assoziationen zwischen den aufgenommenen Geräuschen und den Ergebnissen herzustellen, sagt Rossano. Aber er möchte darüber hinaus noch tiefer in die Frage der Syntax eintauchen und herausfinden, ob die Tiere wirklich verstehen und „sprechen", zum Beispiel über abwesende Personen – eine Form des Ausdrucks, die man als Verschiebung bezeichnet. Letzteres zu verstehen, erklärt Rossano, „würde die Frage beantworten, ob Hunde in der Gegenwart feststecken oder ob sie sich die Zukunft vorstellen und sich an die Vergangenheit erinnern können."

Es war schwierig, das Ganze so zu organisieren, dass die menschlichen Mitwirkenden, die sich hinsichtlich Beschaffenheit der mitgebrachten Tastaturen, ihres Zeitaufwands und ihrer Art des Trainings sehr unterschieden, eine gewisse Konsistenz aufwiesen. Außerdem ist es dringend erforderlich, die Versuche auf breitere Grundlage zu stellen. Die Forscher haben zwar versucht, einige der

Datenerhebungsmethoden in verschiedenen Haushalten zu testen, aber letztlich hat Rossano nur ein kleines Team und ein begrenztes Budget zur Verfügung. Mit anderen Worten: Es ist noch zu früh, um sagen zu können, ob das Talkingdog-Experiment größere Geheimnisse über die Intelligenz von Hunden lüften wird.
Rossano wies jedoch auf einige interessante Details hin, zum Beispiel, wie oft die Hunde über ihre Menschen sprechen, Emotionen benennen („Mama, traurig") und sogar andere tierische Freunde erwähnen. Ein Hund benutzte die Knöpfe, um seinem Besitzer mitzuteilen, dass er den *anderen* Hund der Familie ins Haus lassen soll. „Das erinnert uns daran, dass sie einen sozialen Verstand haben, der mehr kann, als einen Becher von einem Ball zu unterscheiden", sagt Rossano. Wie die meisten von uns „interessieren sie sich mehr für andere als für Gegenstände". Es gibt auch Berichte über Hunde, die beschreiben, was sie sehen, anstatt zu sagen, was sie wollen, „ein bisschen so, als ob man seinem Ehepartner von seinem Tag erzählt". Das ist eine Phase, die Kinder während der Sprachentwicklung durchlaufen und die man als Erzählen bezeichnet, sagt Rossano. Außerdem ist er beeindruckt davon, wie oft die Hunde abwechselnd mit ihren Menschen „sprechen" und ein echtes Hin und Her im Gespräch haben. Rossano ist auch ein Fan von cleveren Kombinationen – wie zum Beispiel, als Bunny „böse, aua", gefolgt von „Fremder, Pfote" verwendete, als sie einen Dorn in der Pfote hatte – was Rossano als bemerkenswert klare Mitteilung darüber bezeichnet, was für Bunny eine neue Idee war. Aber in vielen Fällen scheinen die kombinierten Wörter auch gar keinen Sinn zu ergeben. Das ist nicht überraschend, aber Rossano glaubt nicht, dass die seltsamen Kombinationen völlig zufällig sind. Er stimmt mit Devine überein: „Manchmal spielen die Hunde herum, aber wir sehen, wie sie dabei ihre Besitzer anschauen – drücken, schauen, drücken – und nicht einfach nur absichtslos auf dem Brett herumtreten. Es scheint eine echte Absicht dahinter zu stecken."
Rossano erwähnt auch, dass Studienteilnehmer, die die Soundboards verwendet haben, von einem ruhigeren Zuhause berichten. Laut ihren Besitzern „bellen Hunde, die die Worttafeln benutzen, weniger", sagt er. „Vielleicht bekommen sie, weil sie eine zusätzliche Möglichkeit zum Sprechen haben, ihre Bedürfnisse leichter erfüllt und sind weniger frustriert." Vielleicht wird uns eine Fortsetzung dieser Forschungsarbeit zu verstehen geben, welche Bedeutung Hunde dem Klang eines Wortes tatsächlich zuschreiben. Rossano würde gerne wissen, ob Hunde, wenn sie „draußen" drücken, an einen Ort denken: Daran, vor die Tür zu gehen? Welches mentale Konstrukt geht mit diesem Geräusch einher?
Er möchte die Technik auch einsetzen, um herauszufinden, wie weit der Spracherwerb bei Hunden gehen könnte – in der Hoffnung, dass ein Hund, der Schmerzen

hat, seinem Besitzer damit mitteilen kann, wo es weh tut. Und da wir uns anscheinend mehr um Tiere sorgen, die wir für „intelligent" halten – so sorgen sich beispielsweise mehr Menschen um das Wohlergehen von Zirkuselefanten als um Eidechsen –, ist das Aufdecken der großen Reichweite der kognitiven Fähigkeiten von Hunden ein guter Grund, ihr Wohlergehen zu überprüfen", sagt er. Dem stimme ich mit einem klaren Wuff zu.

Fairerweise muss man sagen, dass viel Skepsis darüber besteht, was die Tiere, die diese Knöpfe mit ihren Pfoten bedienen, wirklich verstehen. Auch ich erinnere mich an viele Momente beim Betrachten der Videos, in denen ich „nö" dachte. Als ich die Autorin und Forscherin Alexandra Horowitz frage, was sie von den Wortknopf-Spielen hält, merkt sie an: „Es ist überhaupt nicht neu, dass wir Tieren unsere Sprache beizubringen versuchen. Wir wissen, dass Hunde nicht sprechen können, aber trotzdem ist ihre Kommunikation sehr reichhaltig. Ich finde es zwar toll, dass die Menschen sich dafür interessieren, aber warum sollten wir nicht besser mehr Zeit darauf verwenden, herauszufinden, was Hunde können?"

Dennoch findet diese Hundeliebhaberhin hier das Konzept, Hunden die Schlüssel zur menschlichen Sprache zu geben, ein unterhaltsames Experiment. Mit Sicherheit zeigt es, wie weit wir zu gehen bereit sind, um herauszufinden, was unsere Hunde denken und fühlen. Patricia McConnell führt das auf eine tief verwurzelte Liebe zurück. Obwohl sie genau weiß, dass Hunde nicht so kommunizieren wie wir, ist sie von dem Potenzial dieses Instruments begeistert. Sie spricht für viele von uns Hundebesitzern, wenn sie sagt: „Es gibt nichts, was ich lieber täte, als in den Kopf eines Hundes zu schlüpfen und herauszufinden, was dort wirklich vor sich geht." Und ich kann nicht leugnen, dass es meinen Oxytocinspiegel in die Höhe treiben würde, wenn einer meiner Hunde „Ich liebe dich" drücken und mir dabei Hundeblicke schenken würde.

Dreht sich für uns Menschen nicht am Ende alles um die Möglichkeit einer Verbindung? Wir möchten, dass unsere Hunde uns ebenfalls lieben. Wir schauen ihnen in die Augen und reden uns ein, dass sie genauso fühlen wie wir und hoffen, dass wir Recht haben. Wir überschütten sie mit Emotionen und sie tolerieren uns, Gott sei Dank, wenn wir ihre Köpfe küssen, sie allzu heftig umarmen und unsere Nasen in ihre nach Hefe duftenden Pfotenballen stecken. Und sie nehmen es hin, dass wir ihre Hundesignale immer wieder übersehen.

In dieser Hinsicht können wir sicher noch besser werden, und da kommt „flüssig Hündisch sprechen" wieder ins Spiel. Was bedeutet das? Es bedeutet, unseren Geist zu öffnen. Es bedeutet, von unserem Homo-Sapiens-Podest herunterzusteigen und „Sprache" in verschiedenen Formen zu schätzen, genau wie wir viele verschiedene Arten von Intelligenz hinter dem Denken und Verhalten eines Hundes finden können. Ohne das engagierte Training, das nötig ist, um einen Chaser, eine Stella oder eine Bunny hervorzubringen, müssen sich Tiere weiterhin auf ihre eigenen, selbst entwickelten Kommunikationsformen verlassen – diejenigen, die für sie seit Jahrtausenden funktionieren. So sollte es auch sein.

Odin macht sich verständlich

Ich war wieder einmal bei Odin zu Besuch und freute mich, dass unsere Beziehung trotz der monatelangen Trennung noch intakt war. Seine erste Reaktion auf mich war ein argwöhnisches Bellen und eine angespannte Körperhaltung. Aber als ich mich hinkniete und ihn an mich heranließ, erkannte er wohl mein Gesicht und meine Stimme und nahm meinen Geruch wahr, denn ab dann war alles anders. Es dauerte etwa acht Sekunden. Eine durch das Tor gestreckte Hand reichte nicht ganz aus: Er brauchte mehr Geruch und weniger Wind, vermute ich. Wie wir schon gesehen haben, nimmt Wind ja Geruch auf und trägt ihn davon.

Aber sobald Odin mich richtig beschnuppert hatte, änderte sich sein Verhalten, als hätte man einen Schalter umgelegt: Sein Schwanz schlug wild nach links und rechts und er lehnte sich an mich an, um gekrault zu werden. Wir spielten etwas miteinander, ich warf den Stock, er holte ihn zurück, ich warf ihn wieder – Sie kennen das Spiel. Ich setzte mich in die Einfahrt, sodass unsere Köpfe auf einer Höhe waren und er auf meinem Schoß sitzen konnte. Wir genossen ein paar ruhige Streicheleinheiten und einen Kuss auf den Kopf (ich auf seinen), bevor ich ihn in die Sonne schickte und ins Haus ging, um über unsere Begegnung zu schreiben.

„Odin", sage ich zu ihm, bevor ich gehe, „ich mag dich sehr". Sein Ohr zuckte und er schenkte mir dieses alberne Hundegrinsen, bevor er sich ganz ausstreckte, den Bauch gegen den warmen Beton gedrückt, wie es zufriedene Hunde tun.

Erwähnte ich schon, dass Odin, nach allen Maßstäben, die ich bis jetzt beschrieben habe, ein sehr intelligenter Hund ist? Er hat eine tolle Nase und kommuniziert wie ein Chef. Später werde ich noch eine Geschichte über seine emotionale Intelligenz erzählen, die wirklich bemerkenswert ist. Außerdem hat er, wie mir seine Besitzer berichteten, schnell alle üblichen Verhaltensweisen von Familienhunden gelernt – und sogar ein paar spezielle. Um es kurz zu machen: Während ich den vorigen Textabsatz schrieb, klingelte es an der Tür. Es war Odin. Ja, nachdem ihm der Trick ein- oder zweimal gezeigt worden war, hatte der Hund gelernt, mit seiner Nase zu klingeln, wenn er ins Haus wollte. *Ein Genie.*

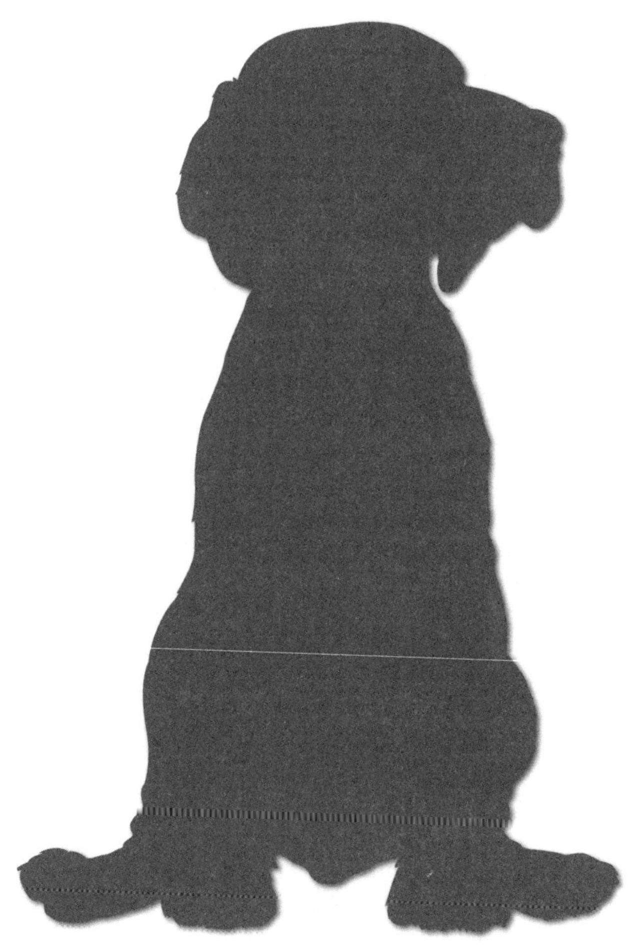

DIE WEISHEIT DES HERZENS

Ich spüre, dass du traurig bist. Ich weiß genau, wie das ist, denn auch ich war schon traurig.

Das Konzept der emotionalen Intelligenz stammt aus der menschlichen Psychologie: Es geht darum, sich seiner eigenen Gefühle und der anderer bewusst zu sein. Dabei geht es um mehr als nur darum, liebenswürdig zu sein. Man geht davon aus, dass Menschen mit hoher emotionaler Intelligenz einfühlsamer sind, weil ihre Sensibilität für die emotionalen Signale einer anderen Person sowie ihre Fähigkeit, diese Gefühle in sich selbst zu erkennen und zu bewältigen, ihnen ein tiefes Verständnis für die Erfahrung eines anderen Menschen vermitteln. Wenn emotionale Intelligenz am Werk ist, ist Freundlichkeit wahrscheinlich.

Hunde, so scheint es, reagieren ebenfalls auf unsere Gefühle und die Bedürfnisse, die wir mit ihnen signalisieren. Um diese Bedürfnisse zu verstehen, bedarf es einer besonderen Art von sozialer Intelligenz zwischen den Spezies, die verstärkt wurde. Die meisten Menschen, die Hunde haben und lieben, würden die emotionalen Fähigkeiten der Tiere niemals in Frage stellen. Und da Hunde Meister im Wahrnehmen von Details sind, macht die Vorstellung, dass sie uns lesen und „verstehen“, was in uns vorgeht, und sich dann so verhalten, als ob es ihnen etwas bedeutet, sehr viel Sinn. „Das ist es, was Hunde so außergewöhnlich macht – es ist eines ihrer Erfolgsgeheimnisse“, sagt Clive Wynne. „Sie haben die Emotionen der Menschen verstehen gelernt.“

Der Veteran, die Dunkelheit und der Hund

Das emotionale Einfühlungsvermögen und das bedingungslose Engagement mancher Hunde retten Leben. So die Erfahrung von Kenny Bass, einem Veteranen des US Marine Corps. Früher hatte er schreckliche Albträume. Und zwar sehr viele. Solche, bei denen man schweißgebadet aufwacht und ein Schrei sich durch die Kehle nach außen drückt. Das ist für Militärangehörige, die in Krisengebieten gedient haben, nicht ungewöhnlich, aber Bass war besonders hart getroffen. Er wurde 2003 auf einer Patrouille im Irak durch einen improvisierten Sprengsatz (IED) verletzt und erlitt einen Hirnschaden, der unter anderem sein Gedächtnis und sein Gehör beeinträchtigt, sowie in der Folge eine posttraumatische Belastungsstörung (PTBS).

Die Nachwirkungen von Bass' Militärdienst waren kurz davor, sein Leben zu zerstören – und es war beängstigend nahe dran. An seinem Tiefpunkt trank er stark, nahm 30 Tabletten am Tag und seine Ehe ging in die Brüche. Er war nicht mehr in der Lage, der Vater zu sein, der er für seine Kinder sein wollte. „Ich habe mich nie kaputter, durchgedreht und als Last für andere empfunden", erzählt er mir. „Es kam vor, dass ich mit einer Pistole in der Hand in meiner Garage saß und die übelsten Gedanken hatte. Ich war jahrelang selbstmordgefährdet."

Das hat nun ein Ende. Bass beschloss irgendwann, die Medikamente abzusetzen, mit dem Trinken aufzuhören und einen Weg nach vorn zu finden. Ein Berater, der mit ihm zusammenarbeitete, schlug einen Assistenzhund vor. Das führte ihn zu Atlas. Atlas ist ein Deutscher Schäferhund und stammt von einer Organisation namens *Instinctive Guardians*, zu deren Besitzern und Ausbildern auch ein Marine gehörte. Der Hund wurde zunächst darauf trainiert, Bass aus Albträumen zu wecken, Angstsignale wie Zappeln, schnelles Klopfen mit den Füßen, Schwitzen und erhöhte Atemfrequenz zu erkennen und zu unterbrechen sowie in öffentlichen Situationen zu „blockieren" und zu „postieren" – eine Möglichkeit, Bass bei Bedarf persönlichen Freiraum zu geben.

Es war gar nicht so einfach, den Hund zu bekommen, denn Assistenzhunde kosten viele Tausend Dollar. Bass, der ein Rezept des Veteranenamts für einen Hund erhielt, aber kein Geld für den Kauf eines Hundes hatte, musste das Geld selbst aufbringen. Sein Kampf um Atlas führte dazu, dass er zusammen mit seinem Marine-Kameraden und Kriegsveteranen Joshua Rivers die *Battle Buddy Foundation* (BBF) gründete. Die Organisation hilft Veteranen dabei, die Leistungen zu erhalten, die sie für den Wiedereinstieg ins zivile Leben benötigen, insbesondere die schwer zu beschaffenden Hunde und die Hundeausbildung. Eine kürzlich durchgeführte Studie des Veteranamts über Veteranen aus der Zeit des Vietnamkriegs ergab, dass 10 bis 30 Prozent von ihnen an PTBS litten. Studien haben auch ergeben, dass Soldaten und Soldatinnen, die in Kampfgebieten eingesetzt werden, dreimal häufiger an PTBS erkranken als andere Militärangehörige. Die BBF hat sich zum Ziel gesetzt, viele der logistischen und finanziellen Belastungen, die mit der Inanspruchnahme eines Assistenzhundes verbunden sind, zu verringern und ehemaligen Soldaten nach körperlichen, geistigen und emotionalen Verletzungen ihr Leben zurückzugeben.

Bass erzählt mir, dass er heute weniger Albträume hat, und die noch vorkommenden sind deutlich schwächer als vor der Zeit, als Atlas in einem Hundebett auf dem Boden neben ihm schlief. Das liegt daran, dass der Hund die spezifischen Anzeichen von Bass für Schlafstörungen kennt, zu denen Schwitzen, Herumwälzen, „Kämpfen“ und Fluchen gehören. Schon nach wenigen gemeinsamen Tagen machte Atlas seine Arbeit – er sprang bei den ersten Anzeichen von Unruhe auf das Bett und legte sich auf Bass‘ Brust oder leckte ihm das Gesicht. Früher bedeutete eine schlechte Nacht einen unruhigen Schlaf, wenn überhaupt, und „ein paar verkorkste nächste Tage“. Doch indem Atlas eingreift und seinen Besitzer beruhigt, verhilft er Bass zu einer durchschlafenen Nacht und zu einem guten Gefühl in den darauffolgenden Tagen. „Allein das war schon sehr wichtig für mich“, sagt er. „Das allein hat mir mein Leben zurückgegeben.“

Und Atlas ist mehr als nur ein Unterbrecher. „Er ist mein Wachposten. Er postiert sich neben mir und stupst mich mit seiner Nase an, wenn jemand von hinten kommt“, sagt Bass. „Er ist immer in Alarmbereitschaft, liest meine Stimmung und stellt eine Barriere zwischen mir und anderen dar, wenn er merkt, dass ich sie brauche. Er hat mir die Superkraft gegeben, ganz normale, einfache Dinge unter anderen Menschen zu tun, zu denen ich sonst nicht mehr in der Lage war.“

Der Hund weiß sogar besser als Bass, wann Panik droht. „Er sitzt unter dem Tisch, ich unterhalte mich mit jemandem, werde vielleicht etwas lebhafter, und plötzlich spüre ich sein Kinn in meinem Schoß. Er bettelt nicht um Streicheleinheiten, sondern bittet mich nur, auf mich selbst aufzupassen. Er liest meine Atmung, ob ich schwitze, ob ich aufgeregt bin, riecht vielleicht etwas an mir, bevor ich etwas merke.“ Bass fügt hinzu, dass er sich manchmal zurücklehnt und sich wundert, „wie sehr er auf mich eingestellt ist. Er nimmt alle möglichen Dinge wahr, die uns Menschen völlig entgehen.“

Aber der über fünfzig Kilo schwere Diensthund ist auch einfach „ein Teddybär und ein Riesenbaby“, sagt Bass. „Er war bei der Geburt meiner Tochter dabei und ist schon ihr ganzes Leben lang ihr bester Freund. Wir lieben ihn über alles.“ Was seinen Besitzer am meisten erstaunt, ist Atlas' Intelligenz, wenn es um sein Verhalten beim An- und Ausziehen seiner Kenndecke geht. Er weiß, wann es Zeit für die Arbeit ist und sein Verhalten ändert sich entsprechend. Ist keine Arbeitszeit, „ist er einfach ein Hund, der ein Hund ist".

Die Macht der Präsenz

Zeit, die man einfach nur mit einem Besuchshund verbringt, hat nicht nur psychologische, sondern auch körperliche Auswirkungen. In einer kontrollierten klinischen Studie in einem kanadischen Krankenhaus, die im März 2022 veröffentlicht wurde, untersuchten Wissenschaftler die Auswirkungen eines kurzen Therapiehundebesuchs auf Schmerzpatienten. Es ist bekannt, dass solche Interaktionen in klinischen und anderen stressigen Umgebungen Ängste, Depressionen und Einsamkeit verringern können. In dieser Studie berichteten Patienten in der Notaufnahme jedoch über deutlich geringere körperliche Schmerzen, nachdem sie nur zehn Minuten mit einem Hund zusammen gewesen waren. Die Interaktion mit dem Hund steigerte auch den Optimismus der Patienten, was an sich schon die Schmerztoleranz einer Person erhöhen kann und mit Sicherheit die Krankenhauserfahrung insgesamt verbessert. Auch das Krankenhauspersonal erlebte durch die Anwesenheit des Hundes einen Stimmungsaufschwung.

„Ein guter Therapiehund ist freundlich, ruhig und sanft", erklärt mir Chuck Mitchell bei einem Winterfrühstück in einem Café in Tallahassee. „Ein fantastischer Therapiehund ist einer, der in einen Raum voller Menschen geht und denjenigen findet, der ihn am meisten braucht."

Therapiehunde unterscheiden sich von Assistenzhunden. Oft sind diejenigen, die als Therapiehunde eingesetzt werden, solche, die die Ausbildung zum Assistenzhund nicht ganz geschafft haben. Das heißt jedoch nicht, dass sie irgendwie fehlerhaft sind – ganz im Gegenteil. Tatsächlich sind diejenigen, die man dazu ausgesucht hat, um Menschen Trost zu spenden, vielleicht die emotional intelligentesten Kreaturen in der Welt der Arbeitshunde. „Einfühlungsvermögen kann man einem Hund nicht beibringen", sagt Mitchell. „Manche von ihnen haben es einfach."

Mitchell ist Mitbegründer des *Tallahassee Memorial Animal Therapy Program* und Präsident der *Florida Courthouse Therapy Dogs*. Seine erste Therapiearbeit leistete er mit einem Golden Retriever namens Rikki, der vor allem mit durch Missbrauch traumatisierten Kindern, die vor Gericht ihre Geschichte erzählen mussten, zum Einsatz kam. Rikki starb 2016, dem Jahr, in dem Julie Strauss Bettingers Buch über Rikkis Arbeit mit Chuck mit dem Titel *Encounters with Rikki* veröffentlicht wurde. Aber Chuck – der maßgeblich dazu beigetragen hat, dass Therapiehunde für traumatisierte Kinder zunächst in die Verhandlungssäle und später in die Gerichtssäle in Florida kamen – ist noch nicht fertig mit dem Erzählen von Rikkis Geschichte.

Rikki landete nach dem Hurrikan Katrina bei Chuck und seiner Frau Patty in ihrem Haus in Tallahassee. Als sie sich von den verheerenden Erfahrungen des Sturms und seinen Folgen erholte, wurde klar, dass sie über eine emotionale Weisheit verfügte, die der menschlichen Welt guttun könnte. Mitchell glaubt, dass Rikkis eigenes Trauma sie einfühlsamer für andere machte. Schon bald absolvierten Mann und Hündin eine Ausbildung zum freiwilligen Therapiehundeteam. Letztendlich besuchten sie Tausende von kranken, verletzten, psychisch leidenden Menschen oder solchen, die einfach nur einen fürsorglichen Freund brauchten. Egal in welcher Situation, „dieser Hund wusste einfach, was zu tun war", erzählt Chuck. „Alles, was ich tun musste, war, die Gelegenheit zu schaffen, und sie hat dann einfach getan, was nötig war".

Mitchells Hauptinteresse gilt seit langem der Nutzung der emotionalen Intelligenz von Tieren zur Unterstützung von Kindern, die missbraucht wurden oder traumatisiert sind. Wenn man bedenkt, dass nach Angaben des *Centers for Disease Control and Prevention* (CDC) mindestens eines von sieben Kindern in den USA im letzten Jahr misshandelt oder vernachlässigt wurde, ist der Bedarf enorm. „Hunde sind in der Lage, Kindern Mut dazu zu machen, sich ihren schrecklichsten Erinnerungen zu stellen und zu wissen, dass sie wieder herauskommen können", sagt er. „In den schwersten Fällen können die Hunde die Umarmung geben, die wir nicht geben können. Außerdem lassen sich die Hunde nicht so leicht durch merkwürdiges Verhalten aus der Ruhe bringen: „Das eine Kind ist vielleicht wie eingefroren, das nächste springt wild umher. Aber diese Verhaltensweisen sind nicht das, was das Kind ausmacht – und der Hund scheint das zu verstehen und ignoriert die Extras. Er erreicht das Herz des Kindes, die wahre Person, und bleibt dort."

Heute geht Mitchell mit einem zierlichen Golden Retriever namens Sharon, den er und Patty etwa ein Jahr nach Rikkis Tod bekamen, auf Besuchstour und profitiert dabei davon, was er von Rikki gelernt hat. Aufgrund ihres hohen Risikos, an Hüftdysplasie zu erkranken, kam Sharon als Blindenführhund nicht in Frage, aber mit ihrer Großzügigkeit, ihrem breiten Hundegrinsen und ihrer wuscheligen Rute hatte sie das Zeug zu einer ausgezeichneten Trösterin. Sie hat nicht ganz die emotionale Intelligenz von Rikki, aber laut Mitchell wendet sie sich fröhlich jedem zu, der Kontakt zu ihr sucht. Und mehr als einmal hat sie genau wie Rikki den Weg zur bedürftigsten Person im Raum ganz allein gefunden. Außerdem gibt sie Mitchell etwas zurück, so wie Rikki es einst tat. Nach besonders schwierigen Tagen, an denen er mit traumatisierten Kindern gearbeitet hat, setzt sich Mitchell zu Sharon auf den Rücksitz seines Autos und legt seinen Arm um sie, um etwas von dem Guten zu absorbieren, das sie so bereitwillig gibt.

Mitchells Erzählungen erinnerten mich an Manny, den ich einige Monate zuvor kennengelernt hatte – einen einrichtungseigenen Therapiehund des *Center for Hope's Child Advocacy Center*, eines Zentrums, das sich für missbrauchte Kinder einsetzt. Seine Betreuerin, Dr. Kerry Hannan, ist die Leiterin der forensischen Dienste im Center for Hope. Wir saßen an einem Sommernachmittag zusammen und unterhielten uns über Manny, bevor wir mit ihm einen Spaziergang durch einen Stadtteil von Baltimore machten. Manny tröstet Kinder, die Opfer von sexuellem Missbrauch und anderen traumatischen Erlebnissen geworden sind und ihre Erlebnisse während des Ermittlungsverfahrens, der Gerichtsverhandlung und anderer belastender Ereignisse erzählen müssen. Manny ist ein offizieller „Einrichtungshund", der von Canine Companions gezüchtet und ausgebildet wurde, anstatt aus einem Tierheim zu stammen. Aber die Arbeit ist größtenteils die gleiche wie die von Rikki. Nicht alle Bundesstaaten lassen Hunde im Gerichtssaal zu, weil umstritten ist, ob ihre Anwesenheit die Geschworenen und den Ausgang von Prozessen beeinflussen könnte. In etwa drei Dutzend Staaten ist dies jedoch der Fall, und landesweit sind bis zu 144 Hunde im Einsatz.

Manny begrüßte mich freundlich, wie es schwarze Labradore tun, und streckte sich dann neben meinem Stuhl aus. Ich fragte mich, ob er meine feinen elektrischen Stress-Schwingungen spüren konnte, die ich ständig mit mir herumtrage. Ich erinnere mich, dass ich einfach nur eine Hand auf ihn legen wollte und dabei bemerkte, dass er seine Position veränderte, damit ich ihn besser erreichen konnte. Keine Frage, einem Kind, das seine Hände in diese Weichheit graben und in diese ruhigen braunen Augen blicken darf, wird es mit Sicherheit gleich etwas besser gehen.

Außerdem war er äußerst vorsichtig mit seinem Maul – Hannan bat ihn, einen Stift vom Boden aufzuheben, was er tat, als handele es sich um ein verletzliches Vögelchen, und als er mir seinen Ball brachte, berührte er bei der Übergabe kaum meine Handfläche. Er war solide und verlässlich, und für ein Kind, dessen Welt bis ins Mark erschüttert wurde, kann er sowohl der Fels in der Brandung als auch die wärmende Decke sein. „Er ist 100 Prozent, man kann sich voll und ganz auf ihn verlassen“, sagt Hannan, während ich sein seidiges Ohr kraule. „Bei Menschen, die in einer Krise stecken, bringt er sofort den Druck herunter. Seine beste Magie ist seine Präsenz.“

Egal, ob ein Kind direkt missbraucht wurde oder Zeuge eines schrecklichen Verbrechens geworden ist: Die Art und Weise, wie es das Geschehene verarbeitet, wird von der Neurobiologie des Traumas geprägt. Kinder können in einen Kampf-oder-Flucht-Modus geraten, wenn es an der Zeit ist, über das Erlebte zu sprechen. In diesem Ausnahmezustand frieren kognitive Fähigkeiten wie Verstehen und Gedächtnis ein und Sprachzentren im Gehirn schalten ab. Arbeiten des Psychiaters Bessel van der Kolk von der Boston University haben gezeigt, dass solche Traumata sogar physische Läsionen im Gehirn hinterlassen können, ähnlich wie bei einem Schlaganfall. Der Schlüssel liegt darin, diese Kinder wieder auf eine höhere Ebene des Denkens und Fühlens zu bringen und ihr Vertrauen zu gewinnen, damit sie sich bei Bedarf erinnern und verbalisieren können. Manchmal gehört dazu auch, dass sie ihre Geschichte dem im Raum anwesenden Hund erzählen anstatt den umherstehenden Erwachsenen.

„Das Böse hat kein Ende“, sagt Brenda Kocher, ein „guardian ad litem“ (je nach Bundesstaat ein Anwalt oder ein geschultes Gemeindemitglied, das vom Gericht ernannt wird, um die Interessen eines Kindes bei häuslicher Gewalt und ähnlichen Verfahren zu vertreten) für das 13. Bezirksgericht in Florida. Sie beschreibt mehrere von ihr bearbeitete Fälle – Vernachlässigung von Kindern, körperlicher und sexueller Missbrauch und Schlimmeres. „Aber die Hunde bieten den Kindern bedingungslose Akzeptanz. Was auch immer sie durch- und mitgemacht haben, es kümmert sie nicht, sie urteilen nicht. Sie denken immer: ‚Du bist klasse!‘ Sie fördern die emotionale Heilung.“

Ihre gelbe Labradorhündin Tibet, die im Jahr 2022 verstarb, war ein solcher Gerichtshund. Gemeinsam arbeiteten sie acht Jahre lang mit mehr als tausend Kindern, halfen ihnen durch unvorstellbare Tragödien, gaben ihre Geschichten zu Protokoll und setzten sich für Gerechtigkeit ein. Tibet war dabei kein unwesentlicher Teil dieses Prozesses. „Wir halfen bei einer Befragung von zwei kleinen Jungen, Brüdern, die beide nicht sprechen konnten“, sagt sie. Aber der „Tibet-Effekt“ war stark, und der ältere Bruder, der mit Tibet auf dem Boden des Büros des Staatsanwalts saß, knetete und kämmte mit seinen Fingern durch ihr Fell und gab dem Staatsanwalt dabei genügend Informationen, um den Fall weiterzuverfolgen. „Der Staatsanwalt sagte, dass sie das ohne Tibet nicht aus dem Jungen herausbekommen hätten“, sagt Kocher.

Die Hündin schien zu wissen, dass sie einfach präsent sein und dem Kind die Steuerung der körperlichen Interaktion überlassen sollte. Während des ganzen langen Sitzens gab es nie ein Gefühl der Langeweile oder dass es jetzt genug sei. In anderen Fällen war es so gewesen, „dass die Kinder auf der Couch saßen und sie kletterte hoch und warf sich ihnen mit ihren dreißig Kilo auf den Schoß", sagt Kocher. „Sie konnte die Kinder so gut einschätzen und entscheiden, welcher Ansatz in einer bestimmten Situation am besten funktionieren würde. Bei der Begegnung mit einem Jungen, der miterlebt hatte, wie sein Vater seine Familie ermordete, näherte sich Tibet ihm unglaublich behutsam. „Sie robbte auf ihn zu und legte sanft ihren Kopf in seinen Schoß", sagt Kocher. „Es stellte sich heraus, dass das genau das Richtige war."

Studien belegen, dass die Art der tiergestützten Intervention, die Hunde in Einrichtungen leisten, einen messbaren Unterschied bewirken kann. Ermittler berichteten 2018 über mehr als 50 Kinder in einem Kinderfürsorgezentrum in Virginia, die nach sexuellem Missbrauch gerichtlich befragt wurden und untersuchten, ob die Anwesenheit eines Einrichtungshundes ihr Stressniveau beeinflusste. Die Ergebnisse der Kinder, die mit dem Hund befragt wurden, zeigten eine signifikante Verringerung der Herzfrequenz, des systolischen und diastolischen Blutdrucks sowie der Speichel-Alpha-Amylase und des intestinalen Immunglobulins A – alles Marker für Stress. „Es bestätigte nochmals, was wir bereits wussten", sagt Hannan.

Was mich bei den Gesprächen mit Mitchell, Hannan und Kocher erstaunte, war, wie bereitwillig sich die Hunde in diesen Situationen an nahezu Fremde binden – und noch dazu solchen, die einer anderen Spezies angehören. Wir vergessen gern, wie bemerkenswert das ist, oder? Ich muss wieder an Wölfe denken, deren soziale Energie voll und ganz auf ihre eigene Art gerichtet ist und befrage Clive Wynne nach dieser anderen Herangehensweise von Hunden. „Hunde kommen mit der Bereitschaft zur Welt, sich umzuschauen. Sie sind darauf vorbereitet, emotionale Beziehungen zu Wesen anderer Art aufzubauen", sagt er.

Wie ich aus dem Schreiben von Büchern weiß, sind Hunde nicht zu stolz, sich mit einer Katze, einem Huhn, einer Ratte, einem Pferd oder einem anderen Lebewesen anzufreunden, das gerade zur Verfügung steht, und sie tun dies oft auf eine Art und Weise, die diesen Tieren Wohlbefinden zu verschaffen scheint. „Wir haben das Glück, dass wir auf der Empfängerseite dieser Geselligkeit stehen", sagt Wynne. Diese Offenheit der Hunde hat dazu beigetragen, ihre unglaubliche emotionale Intelligenz zu entwickeln, das Bindegewebe zwischen ihren Herzen und Gehirnen und den unseren. Es ist eine Lebensader, die ein Leben lang halten kann.

Trosthunde

Haben Sie schon einmal eine Deutsche Dogge auf Ihrem Schoß sitzen gehabt? Arlo, ein achtjähriger schwarzer Riese mit grauer Schnauze und einem Gewicht von 75 Kilo, lässt seinen knochigen Hintern gerne auf Ihre Oberschenkel fallen. Die Bewohner des Seniorenheims *Heritage Assisted Living* in Hammonton, New Jersey, werden Ihnen bestätigen, dass es einem warm ums Herz wird, wenn ein solcher Titan von Hund beschließt, seinen Raum mit einem zu teilen.

Viele von ihnen freuen sich auf die wöchentlichen Besuche von Arlo, seiner Doggenfreundin Moxie und des untersetzten Pitbull-Boxer-Mastiff-Mischlings Ollie mehr als auf jede andere Aktivität.

Die Hunde gehören Bruce Compton und Mary Anne Hines, bestens zueinander passenden Tierfreunden mit weißem Haar und großzügigem Lächeln. Das Paar bringt seine Haustiere seit mehr als einem Jahrzehnt ins *Heritage*. Als sie 2010 mit den Besuchen begannen, hatten sie insgesamt rund 300 Kilo Deutsche Doggen zu Hause, wie Compton betont: „Da war uns klar, dass wir teilen müssen." Sie kommen, um ältere Menschen und Bewohner mit psychischen Problemen zu trösten – und oft auch das Personal. An einem Novembertag kam ich zu ihnen ins Heritage, um die Hunde bei dem zu beobachten, was sie so hervorragend können – Zuneigung geben, ein Lächeln entlocken und in manchen Fällen eine Art Trosttherapie bieten, die die Menschen aus sich herausholt.

Arlo hat ein gutes Gespür für die Bedürfnisse der Menschen. Meine Lieblingsszene mit ihm an diesem Tag spielte sich mit zwei zierlichen Damen ab, die sich ein geblümtes Sofa teilten. Die eine sprach nur Russisch, und die andere, die sich mir als Geneva vorstellte, hatte Alzheimer. Aber die Hunde bewirkten, dass die beiden sich miteinander unterhielten. Keine der beiden verstand die Worte der anderen, aber ihr gemeinsames Thema war Arlo, der seinen Hintern ganz auf den Schoß der russischen Dame gepflanzt hatte. Geneva hatte ein wenig Angst vor dem riesigen Hund, aber hin und wieder schien sie ihre Angst zu vergessen und neigte sich zu ihm hin, um seine Schulter zu streicheln und sein Ohr zu kraulen. „Das ist ein Brummer!", sagt sie. „Was ist das für ein Hund? Das muss der größte Hund sein, den es gibt." (Sie sagt es ein paar Minuten später noch einmal. Und ein paar Minuten danach noch einmal.) Die andere Frau äußert ihre Gedanken auf Russisch, und Geneva lächelt, nickt und nippt an ihrem Tee. Arlo schien vollkommen zufrieden damit, den Damen zu Diensten zu sein. Er lehnte sich in jede Streicheleinheit hinein und saß ansonsten aufrecht, aber entspannt und beobachtete das Treiben um ihn herum.

Nach Angaben der CDC leben in den USA fast eine Million Menschen in stationären Pflegeeinrichtungen, wobei manche Experten davon ausgehen, dass sich diese Zahl bis 2030 verdoppeln wird. In diesen Einrichtungen leiden Tausende von Menschen an Depressionen, Angstzuständen und allen möglichen Formen der Demenz. Die Hunde, die zu Besuch kommen, zaubern nicht nur ein Lächeln auf die Lippen, wenn sie von Zimmer zu Zimmer oder von Bewohner zu Bewohner laufen. Studien aus aller Welt haben gezeigt, dass Menschen, die sich für den Umgang mit Hunden entscheiden – insbesondere mit solchen, die in tiergestützter Intervention ausgebildet wurden –, eine deutliche Verbesserung ihrer psychischen Gesundheit erfahren. Je mehr Interaktion, desto besser das Ergebnis, einschließlich geringerer Unruhe, Aggressivität und Depression bei Menschen mit und ohne Demenz. „Das ist für uns alle eine Therapie", sagt Hines, während wir den Hunden bei ihrer Runde zusehen. Sie meinte damit auch die Betreuer, und sie hat Recht: Sowohl die Fachkräfte in den Einrichtungen als auch die Millionen von Erwachsenen, die sich zu Hause um ältere Menschen oder Familienmitglieder mit besonderen Bedürfnissen kümmern, können von der Interaktion mit Tieren profitieren. Wussten die Doggen, was sie bei *Heritage* taten, oder haben sie sich nur so verhalten, weil es ihnen guttat? Das spielt eigentlich keine Rolle. Ich fand es toll, wie großzügig sie sich unter den Bewohnern und dem Personal bewegten und sich Umarmungen und Küsschen von einer Gruppe fast Fremder gefallen ließen. Sie drehten ständig ihre Runden und schienen alle mit einbeziehen zu wollen. Vor allem Arlo begrüßte jeden, der den Raum betrat, und schlug mit seinem Schwanz freudig auf alles ein, was ihm in den Weg kam. Arlo, Moxie und Ozzie haben keine formale Ausbildung für diese Aufgabe erhalten; manche Hunde scheinen einfach dafür geboren zu sein. Und obwohl einige Rassen sozial aufgeschlossener zu sein scheinen als andere hängt es wirklich vom Temperament und der Kontaktfähigkeit des einzelnen Hundes ab, wie sie in einer solchen Umgebung zurechtkommen. Die Tiere von Compton und Hines schienen aus dem richtigen Holz geschnitzt zu sein, schätzten ihr Publikum ein und verteilten ihre Zuneigung entsprechend.
„Ich würde sie nicht unbedingt mit meiner Steuererklärung beauftragen, aber sie haben eine sehr ausgeprägte emotionale Intelligenz", sagt Compton über seine Hunde. Sie sind nicht nur Meister darin, genau das anzubieten, was eine Person braucht, „sie wissen auch, wann sie sich zurückhalten müssen und geben beispielsweise einer ängstlichen Person mehr Raum, indem sie ihren großen Kopf wegdrehen. Sie wissen, wie sie die Intensität der Interaktion herunterfahren können."

Ich sah diese Sensibilität in Aktion, als Arlo sich einer Frau näherte, die in ihrem Rollstuhl schlief, und sanft an ihr Ohr stupste. Als er keine Reaktion von ihr bekam, ging er weiter, anstatt weiter zu stupsen und ihre Aufmerksamkeit zu fordern. Er „liest" den Raum und nimmt Rücksicht auf die Person. Diese Hunde erzwingen keine Liebe. Schlau.

Die (kognitiv) schwierigste Aufgabe von allen?

Meine Tante Judy litt in den letzten Jahren ihres Lebens an Alzheimer. Ich erinnere mich genau, wie ich den Stich in meinem Herz spürte, als sie mich zum ersten Mal nicht mehr erkannte. Wir hatten uns sehr nahegestanden: Sie sagte mir immer, dass sie mich als ihre Tochter betrachten würde, besonders nach dem Tod meiner Mutter. Für die Familie eines Betroffenen ist Alzheimer vielleicht die grausamste Krankheit von allen.

Während Judys Kampf kam mir nie in den Sinn, dass ein Hund viel für einen Demenzkranken tun könnte, außer vielleicht bei Alltagsaufgaben zu helfen und einen beruhigenden Einfluss zu nehmen. Wie würde ein Hund mit jemandem zurechtkommen, der vielleicht nicht einmal mehr sich selbst kennt?

Ein israelischer Hundetrainer namens Yariv Ben-Yosef hat zusammen mit einer Sozialarbeiterin namens Daphna Golan-Shemesh beschlossen, dass Hunde das Zeug dazu haben, mehr zu leisten. Ein Hund kann nicht nur ein Helfer und Freund im Alltag sein, sondern auch ein Wegweiser, ein Beschützer vor Unheil und bemerkenswerterweise sogar ein Entscheidungsträger, selbst in den schwierigsten Fällen. Nachdem ich mich ein wenig über *Alzheimer's Aid Dogs* (auch bekannt als AADogs oder allgemeiner als Demenzhunde) informiert habe, wage ich zu behaupten, dass es keine anspruchsvollere Aufgabe für einen Assistenzhund gibt, als eine an Alzheimer erkrankte Person sicher durch ihren Zustand zu begleiten.

Die Nachfrage nach Assistenzhunden für ältere Menschen explodiert, da sich die demografische Entwicklung in vielen Ländern rasch in Richtung einer älteren Bevölkerung verschiebt. Im Jahr 2018 gab es weltweit zum ersten Mal in der Geschichte mehr Menschen, die 64 Jahre oder älter waren, als Kinder unter fünf Jahren. Mit der Alterung der Bevölkerung wächst auch die Zahl der Menschen mit Demenz. In den Vereinigten Staaten leiden mindestens fünf Millionen Menschen an Alzheimer – der häufigsten Form, die etwa 70 Prozent der Demenzfälle ausmacht. Nach Angaben der Alzheimer‘s Association werden im Jahr 2050 etwa 12,7 Millionen Menschen mit dieser Krankheit leben.

AADogs „sind nicht nur ‚intelligent‘ in ihrer Fähigkeit, auf Kommandos zu reagieren, was sie natürlich auch tun“, sagt Myrna Shiboleth, Besitzerin von *Netiv HaAyit Collies* mit Sitz in Israel, die für das Projekt Smooth Collies gezüchtet hat. „Sie verfügen über die Intelligenz und das Wahrnehmungsvermögen, um zu wissen, wann sie eine Anweisung nicht befolgen sollten oder um ihre eigene Entscheidung zu treffen, wenn es kein Kommando zu befolgen gibt.“

Wie Blindenführhunde, Militärhunde und Polizeihunde, die mit gefährlichen Situationen konfrontiert werden, müssen Tiere, die Menschen mit Demenz helfen, Meister des intelligenten Ungehorsams sein. Wenn sie bessere Informationen haben als ihr Mensch, müssen sie danach handeln, auch wenn man ihnen etwas anderes sagt. Jedes Mal, wenn ich darüber nachdenke, bin ich von Neuem fassungslos. Diese Hunde werden intensiv darauf trainiert, menschliche Befehle zu befolgen, aber sie müssen intelligent genug sein, um zu wissen, wann es in Ordnung – ja sogar notwendig – ist, Nein zu sagen.

Und hier geht der Demenzhund noch einen Schritt weiter: „Der Blindenführhund wird vom Hundeführer geführt; der Hundeführer ist für die Führung des Hundes verantwortlich“, sagt Ben-Yosef. „Aber der Alzheimer-Hund – hier führt der Hund den Hundeführer. Er ist verantwortlich. Es liegt also ganz an ihm.“ Daher muss er geschickt sein – auch in der Manipulation – da er eine manchmal unkooperative Person davon „überzeugen“ muss, das zu tun, was er für richtig hält. „Denken Sie mal darüber nach“, sagt Ben-Yosef. „Der Hund weiß, wann und wie er argumentieren muss und wie er gewinnen kann!“

Das Training für diese Arbeit ist stark kognitiv geprägt, sagt er, denn ein Hund, der eine Person nach Hause bringen muss, muss sich beispielsweise jeden Schritt auf dem Weg merken, vor allem in einer völlig neuen Umgebung. „Man sieht es ihnen an – sie machen sich ständig Gedanken und speichern Informationen darüber, wie sie wieder an ihren Ausgangspunkt zurückkommen“, sagt Ben-Yosef. „Ihr Verstand muss die ganze Zeit arbeiten, immer auf der Suche nach Möglichkeiten“. Er glaubt, dass die Hunde beim Laufen als Teil ihrer Kartierungsstrategie tatsächlich die Straßen zählen.

Demenzhunde werden auch mit einem GPS-Halsband ausgestattet, dessen „Piepton“, so lernt der Hund, bedeutet, dass er den Heimweg antreten soll. Das Halsband hilft den Familienmitgliedern auch, das Paar bei Bedarf zu orten, sodass der Low-Tech-Hund zu einem High-Tech-Assistenten wird. Ein intelligenter Hund plus Smartphone kann ein Leben retten.

Das Führen und auf etwas Bestehen ist nur ein Teil der Arbeit. Der Hund muss auch einen unübersichtlichen Komplex offener und subtiler potenzieller Probleme, die die Alzheimer-Krankheit mit sich bringt, „lesen" und darauf reagieren, wie etwa Verwirrung, Unruhe oder plötzliche Wut. Eine Person kann sich verirren, vergessen, wer sie ist, oder nicht wissen, dass der Hund zu ihr gehört. Der Hund muss wissen, wenn etwas „nicht stimmt" und entsprechend reagieren. Wie er das herausfindet, ist Teil des wunderbaren Geheimnisses der Beziehung zwischen Hund und Mensch. Diese Hunde sind auch Gefährten und Freunde, die Ängste und Einsamkeit auf eine Weise lindern, wie es nur ein Hund kann. Für Alzheimer-Patienten, die sich oft sehr isoliert fühlen, ist diese Rolle eine der wichtigsten.
Demenzhunde müssen auch auf Ohnmachts- oder Krampfanfälle reagieren und diese sogar voraussehen können. Sie müssen wissen, an wen sie sich wenden müssen, um Hilfe zu holen. Sie müssen so sehr an ihre Menschen gebunden sein, dass sie deren Bedürfnisse erkennen und selbstbewusst genug sind, um in deren Namen Entscheidungen zu treffen. Da diese Hunde so viel Unvorhersehbarkeit mit so viel Unabhängigkeit bewältigen, stimmt Shiboleth meiner Einschätzung zu: „Von allen Assistenzhunden ist der Alzheimer-Hund zwangsläufig der intelligenteste".
Demenzhunde gehören zu den jüngsten Vertretern der Assistenzhundewelt und sind noch eine ziemliche Seltenheit. Die Ausbilder arbeiten daran, herauszufinden, welche Rassen am ehesten Erfolg haben werden und welche Eigenschaften eines einzelnen Hundes am wichtigsten sind. Bislang scheinen sich vor allem sanfte Collies – die Shiboleth-Hunde – besonders gut zu eignen. Diese Tiere haben in der Regel eine enge Bindung zu ihren Menschen und sind sensibel, aber nicht übermäßig empfindlich – sie sind beispielsweise in der Lage, mit abrupten Veränderungen wie plötzlichen Stimmungsschwankungen oder Ausbrüchen umzugehen und sich auf die Arbeit zu konzentrieren, indem sie bei Bedarf unter allen möglichen Umständen die Führung übernehmen. Hunde, die neugierig, mutig und ausdauernd bei der Lösung von Problemen sind und über die Art von Intelligenz verfügen, die es ihnen ermöglicht, ein Problem zu erkennen und eine gute Entscheidung zu treffen, sind unerlässlich.
Wie immer können einzelne Hunde bei dieser Aufgabe erfolgreich sein oder auch nicht. Eine vielversprechende DNA ist ein hervorragender erster Auswahlfaktor, aber Shiboleth und andere achten bei jedem Welpen auf die richtige Persönlichkeit und die richtige Motivation. Und sicherlich würden viele Individuen aller Art glänzen, wenn sie die Gelegenheit dazu bekämen. In der Tat sind Organisationen anderswo, darunter eine gemeinschaftliche, bahnbrechende Initiative namens

Dementia Dog in Schottland sowie mehrere Organisationen in den Vereinigten Staaten, nicht auf eine bestimmte Rasse festgelegt.
Die Entwicklung von Trainingsplänen zur Ausbildung von Alzheimer-Hunden für die vielen komplexen Szenarien, denen sie begegnen können, ist noch in Arbeit. Wie andere Assistenzhunde können sie leicht lernen, bei den grundlegenden Dingen zu helfen, vom Holen von Medikamenten über das Reagieren auf ein Türklopfen bis hin zur körperlichen Unterstützung. Sie sind auch darauf trainiert, zu bellen, wenn die Person stürzt oder Atemprobleme hat – einige tragen sogar ein spezielles Halsband mit einem durch Bellen aktivierten Sender, der auf eine bestimmte Art von Bellen reagiert und die Familienmitglieder über ein Problem informiert – und natürlich den Weg nach Hause zu zeigen, wenn die Person desorientiert ist. Einer der ersten offiziellen AADogs, ein Collie namens Polly, wuchs bei dieser Aufgabe weit über sich hinaus: Als ihr Besitzer im Urlaub in Paris bei einem Spaziergang verwirrt war, führte sie ihn nicht nur zum Hotel zurück, in dem sie wohnten – ein Ort, den sie gerade erst kennengelernt hatte –, sondern auch zum richtigen Zimmer. Ben-Yosef meint, dass in solchen Fällen sowohl das Gedächtnis als auch der Geruch eine Rolle spielen müssen.
Was die „klügsten" Handlungen angeht, die Situationseinschätzung und unabhängige Entscheidungsfindung, die ein Leben schützen oder sogar retten kann? „Das kann man nicht wirklich trainieren", sagt Shiboleth. „Und ich glaube nicht, dass wir genug über die Intelligenz von Hunden wissen, um vollständig zu erklären, woher sie wissen, was zu tun ist. Der Traum ist es, Menschen, bei denen diese Krankheit neu diagnostiziert wurde, einen Sinn zu geben, wenn sie morgens aufwachen, und eine Perspektive, wenn die Krankheit fortschreitet", sagt Ben-Yosef. „Die Hunde haben das Herz, den Verstand und den Fokus, ihnen dabei zu helfen."

Der Preis, den sie zahlen

Obwohl die außergewöhnliche Fähigkeit von Hunden, selbst in unseren schwierigsten Stunden eine Verbindung zu uns herzustellen, uns Menschen eine wertvolle Unterstützung bietet, ist es wichtig, dass wir ihre Erlebnisse in unsere Überlegungen zur tiergestützten Intervention mit einbeziehen. Ist ihr Erleben positiv? Die mit Therapie- und Assistenzhunden arbeitenden Menschen, mit denen ich gesprochen habe, betonten, dass ihre Hunde ihre Arbeit lieben – dass sie aufgeregt sind, wenn das Arbeitsgeschirr oder die Kenndecke angelegt werden oder wenn sie ein Krankenhaus, ein Pflegeheim oder ein Gerichtsgebäude betreten, um denjenigen Trost zu spenden, die ihn brauchen. Und ich habe keinen Zweifel, dass das stimmt. Denn, Sie wissen ja – Hunde.

Tatsache ist jedoch, dass die meisten Organisationen, die Hunde als Therapietiere einsetzen wollen, nur sehr grobe Tests durchführen, um festzustellen, ob sie für diese Aufgabe geeignet sind", sagt der Tierethiker James Serpell. „Sie setzen den Hund Situationen aus, mit denen er konfrontiert werden könnte, aber in erster Linie möchten sie sicherstellen, dass der Hund nicht reagiert, nicht wegläuft und nichts Gefährliches oder Gefährdendes tut. Und nur sehr wenige dieser Hunde bestehen diesen Test".

Das bedeutet jedoch nicht, dass der Hund von der Aufgabe begeistert ist. „Bei diesen Tests fühlen sie sich manchmal extrem unwohl und sind voller Angst", sagt er. „Sie sagen uns, dass sie nicht glücklich sind, aber selbst Hundeexperten können erstaunlich unempfindlich für Körpersprache sein, die subtil oder flüchtig sein kann." Obwohl die Sichtweise des Hundes heute ernster genommen wird als in der Vergangenheit, so Serpell, gibt es immer noch Raum für Verbesserungen.

Er merkt auch an, dass nur sehr wenige Studien Messwerte für Wohlbefinden wie einen Oxytocinschub bei Hunden, die als Therapietiere arbeiten, berücksichtigt haben, um festzustellen, ob die Erfahrung aktiv positiv ist und nicht nur „nicht negativ". Sharmaine Miller, eine mit Serpell zusammenarbeitende Postdoktorandin, studierte die vorhandene Literatur und berichtete 2022, dass bisher keine Studien sowohl positive als auch negative physiologische Signale für Wohlbefinden zusammen mit dem Temperament eines einzelnen Hundes gemessen haben – eine Kombination, die bei der Beurteilung, ob die Therapiearbeit für das Tier geeignet ist, sehr hilfreich wäre.

Wir sollten uns auch darüber im Klaren sein, dass zur emotionalen Intelligenz von Hunden ein Phänomen gehört, das als emotionale Ansteckung bezeichnet wird – eine primitive Form (oder ein Baustein) der Empathie. Wie stark dieses Einfühlungsvermögen ist, hängt zum Teil von der Dauer der Beziehung und dem Geschlecht der Tiere ab (weibliche Hunde können es besser). Da Hunde in der Lage sind, unsere Gesichter, unsere Körpersprache und unseren Geruch zu lesen und zu „verstehen", wie wir uns fühlen, nehmen sie zwangsläufig sowohl das Gute als auch das Schlechte auf – ein Umstand, der auch für sie reale Konsequenzen hat. (Studien haben zum Beispiel gezeigt, dass menschlicher Stress bei Hunden zu einem Anstieg der Herzfrequenz oder des Cortisolspiegels führen kann). Es ist zwar schön zu wissen, dass sich Hunde auf biologischer Ebene für unsere Gefühle interessieren, aber wir müssen uns auch eingestehen, dass unsere Emotionen und unser Stress sich auf die Tiere übertragen und sie körperlich beeinträchtigen.

Hundeführer wissen, wie körperlich und geistig anstrengend die Arbeit des Hundes sein kann. Und obwohl viele von ihnen unter den Strapazen des Dienstes oder der Therapie zu gedeihen scheinen, ist es nur fair, darauf hinzuweisen, dass es auch seine Schattenseiten hat, in den schlimmsten Zeiten für uns da zu sein. Gott sei Dank gönnen die besten Hundeführer und -besitzer ihren arbeitenden Hunden eine Auszeit mit vielen Gelegenheiten, reine Hundedinge zu tun, die wenig mit menschlichen Bedürfnissen zu tun haben und ihre hundebezogene Intelligenz auf eine Weise zu trainieren, zu der sie während der Arbeit vielleicht nicht kommen. Das scheint den Hunden die Möglichkeit zu geben, den angesammelten Dampf abzulassen. Vielleicht muss das ausreichen.

Odins Geschenk

Ende Februar ist in Chicago in jeder Hinsicht eine deprimierende Zeit, aber ich war wieder vor Ort. Eine kurze, längst überfällige Erklärung: Das Pflegeheim, in dem mein Vater lebt, ist von Odins Haus aus zu Fuß zu erreichen, und Odins Menschen, Margaret und Trevor, vermieten ein Gästezimmer. Als ich das erste Mal dort war, stellten wir fest, dass wir uns alle mögen, und so wurde ich Stammgast. Die Lage ist so gut, dass ich hin und her laufen und Zeit mit meinem Vater verbringen kann, ohne noch ein Mietauto buchen zu müssen. Und ich habe drei neue Freunde gefunden: zwei Menschen und einen Hund.

Ich habe bereits an anderer Stelle über die Erfahrung mit Pflegeheimen geschrieben und möchte mich hier nicht weiter damit befassen. Kurz gesagt: Obwohl ich dankbar bin, dass sich qualifizierte Pflegerinnen um meinen Vater kümmern, war es das Schwerste, was ich in meinen mehr als 50 Jahren erlebt habe, zuzusehen, wie er immer schwächer wurde. Er wird bald 94 Jahre alt, und auch wenn sein Körper das nicht leugnen kann, war sein Geist bis vor kurzem noch recht wach und in der Lage, sich die Namen seiner Studienfreunde zu merken, die Reisen, die er mit Betty Schwartz in der Abschlussklasse unternommen hat oder Gedichtzeilen und Texte alter Lieder. Aber jetzt verliert er den Zugang zu diesen Details. Seine Liebe zu meinem Bruder und mir ist alles, was ihm geblieben ist.

An diesem Tag war sein Zimmer, wie immer, stickig. Sein Hemd und seine Bettdecke waren mit Essensflecken übersät und der Boden um das Bett herum war mit Krümeln und leeren Süßstoff-Tütchen übersät. Ich machte mir wie immer Sorgen, dass er trotz meiner Ermahnungen nicht genug aufsteht und sich bewegt. Da er offiziell als blind gilt, bleiben die Familienfotos, die an der Wand neben seinem

Bett hängen, meist ungesehen. Ich habe sie trotzdem zurechtgerückt und ihm geholfen, „alles wieder in Ordnung zu bringen". Seine Brille fehlte (sie lag auf dem Nachttisch), jemand hatte seine Hausschuhe gestohlen (sie lagen unter dem Bett), der Hörbuchspieler war kaputt (er war ausgesteckt), das Telefon war kaputt (es war nicht aufgelegt). Ich hatte gehofft, mit ihm nach draußen auf die Terrasse gehen zu können, um ein wenig frische Luft und Sonnenlicht zu tanken, aber er war müde und unwillig. Stattdessen konzentrierten wir uns auf die Kleinigkeiten, die jetzt seinen Tag ausfüllen: den Duschplan, den Essensplan. Er hatte Momente der Klarheit und noch viel mehr Momente der tiefen Verwirrung.
Als ich also zum Haus von Trevor und Margaret zurückkam, wandte ich mich an Odin. Er ist bei weitem kein Therapiehund, aber er begrüßte mich mit einem Schwanzklopfen und einem einladenden Augenkontakt, wobei er mein Bein anstupste, um nach etwas Zärtlichkeit zu fragen. Ich ging vor ihm in die Hocke und wir sahen uns an. Er ließ zu, dass ich meine Hände auf beide Seiten seines Gesichts legte und meine Stirn an seine lehnte. Er leckte mir einmal über die Nase, und ich legte meine Arme wie ein Primat um ihn, und er ließ sich von mir umarmen. Er roch gut – nach Hund, nach Holzrauch, nach Winter. Er folgte mir durch die Küche, seine Krallen klopften in einem beruhigenden Rhythmus auf den Boden. Als ich mich schließlich am Tisch niederließ und den Kopf in die Hände stützte, kam er zu mir und stützte sein Kinn auf mein Knie. Es wird alles gut, scheinen seine Augen zu sagen. Ich weiß, ich habe in sie hineingelesen, aber was soll's? Es hat trotzdem Wunder gewirkt.
Später verbeugte ich mich vor Odin auf die Art, die auf Hündisch „Lass uns spielen" bedeutet, und er verbeugte sich zurück. Wir hielten einen Moment lang inne und starrten uns gegenseitig an: Wer würde sich zuerst bewegen? Ich tat es. Ich streckte eine Hand nach ihm aus, und er antwortete mit einem Sprung und einer Drehung, dann warf er sich halb in meinen Schoß und erstarrte wieder, sein Mund war offen, aber weich an meiner Wange. Woher weiß er, wie viel Druck man ausüben darf, wie viel Biss akzeptabel ist? Er tatzte mich mit einer Pfote an, aber nicht zu fest, schnauzte meinen Arm an, und wir rangen, ohne uns zu verletzen. Er könnte mich bei diesem Spiel leicht verletzen, aber er hält sich immer zurück, weil er weiß, wo die Grenze ist und sie nicht überschreitet.
Diese Momente – sie sind das, was einen Hund so besonders macht. Der emotionale Austausch, das Verständnis. Die soziale Intelligenz wirkt in beide Richtungen Wunder – wir lesen einander, geben und nehmen und geben wieder. Ihm fällt das leichter als mir, aber ich mache langsam Fortschritte.

Und ganz ehrlich, die Sache mit meinem Vater? Ohne Odin wäre alles noch viel schwieriger. Er ist noch nicht einmal mein Hund, aber er ist für mich da, wenn ich aus dem Pflegeheim stolpere und mich traurig und hilflos fühle. Er ist pur in seinen Absichten und in dem, was er mir als Geschenk anbietet. Gemeinsam verziehen wir uns für eine Weile an einen warmen, glücklichen Ort, und ich bin unglaublich dankbar für die Art und Weise, wie sein Verstand funktioniert. Und für sein Herz.

KAPITEL 15

SCHLAUMACHEN ÜBER HUNDESCHLÄUE

Wir sind nie zu alt oder zu klug, um neue Dinge zu lernen. Und genau wie Hunde haben wir eine erstaunliche Fähigkeit, unseren Verstand zu erweitern – vorausgesetzt, wir sind offen für die Aufgabe.

Als Menschen neigen wir dazu, uns immer für die Klügsten zu halten, und ich glaube, das hat uns auf lange Sicht eingeschränkt. Wenn wir diese Vorstellung aufgeben, entdecken wir in unseren Beziehungen zu Hunden eine offene Tür zu einem immensen Fundus an Ideen, von technologischen bis hin zu existenziellen. Die Natur ist voll von fabelhaften Vorbildern, und Hunde sind vielleicht die zugänglichsten, vielleicht die weisesten unserer vierbeinigen Lehrer. Die Anatomie eines Schnüffelns, die Sprache eines Ausdrucks, der Wert eines Augenblicks: Jeder dieser Punkte ist eine Gelegenheit, unsere Erfahrungen zu erweitern und zu lernen. Warum sollten wir nicht davon profitieren, unseren Geist für die Weisheit unserer sehr weisen Hunde zu öffnen?

Schnüffeln ist Spitze

Matthew Staymates schickte eine ganz besondere Datei an den 3D-Drucker in seinem Labor am *National Institute of Standards and Technology*. Sechs Stunden später hatte der Maschinenbauingenieur eine grüne Hundenase aus Acrylnitril-

Butadien-Styrol (ABS), die der Schnauze eines gelben Labradors namens Bubbles nachempfunden war. Sein Ziel war es, besser zu verstehen, wie sich der Luftstrom bewegt, wenn ein Hund einatmet und dieses Wissen zu nutzen, um die Technologie zur Sprengstofferkennung zu verbessern.

„Wir hatten das Experiment mit einem echten Hund ausprobiert, der vor unserem Bildgebungssystem saß und schnüffelte, aber das Tier war nur ein paar Minuten lang kooperativ, bevor es keine Lust mehr hatte und sich davonmachte", erzählt Staymates. Dann kam ihm der Gedanke, dass er Zugang zu einer Nase hatte, die nie weglaufen würde. Sein Mitbewohner an der Graduate School hatte das Modell ursprünglich für sein eigenes Bildgebungsprojekt angefertigt, und zwar basierend auf dem Schädel von Bubbles, der eines natürlichen Todes gestorben war. Nachdem Staymates die Nase ausgedruckt hatte, baute er einen winzigen Mechanismus, der die Luft durch das Modell lenkte, so wie es ein echter Schnüffler tut. „Am Ende hatten wir die erste anatomisch korrekte, aktiv schnuppernde E-Nase der Welt", sagt er.

Wie man am besten einen hocheffizienten chemischen Detektor baut, ist eine von vielen Fragen, die man Hunden stellen kann. Wenn wir die Idee akzeptieren, dass Tiere wie *Canis familiaris* in Bereichen, in denen unsere Fähigkeiten nicht ausreichen, besonders intelligent sein können, dann sollten wir sie zu unseren Lehrern machen. Und wenn ich bei meinen Recherchen für dieses Buch etwas herausgefunden habe, dann ist es, dass Hunde viel zu lehren und wir viel zu lernen haben. Dazu gehören sowohl philosophische Lektionen darüber, wie wir die Welt erleben, als auch äußerst praktische Anleitungen – von denen einige zu neuen Möglichkeiten in Wissenschaft und Technologie mit potenziell tiefgreifenden Auswirkungen auf die menschliche Gesundheit und das Wohlergehen führen.

Viele dieser Möglichkeiten fallen unter den Begriff der Biomimikry, sprich der Verwendung lebender Strukturen, Gewebetypen und physiologischer Funktionen als Modelle für vom Menschen hergestellte Materialien und Geräte. Die Biomimikry ist eine zunehmend wichtige Inspirationsquelle für die Entwicklung von Technologien, aber sie ist keine neue Strategie: Wir lassen uns von der Natur inspirieren, seit der Mensch Dinge herstellt, um sein Leben zu verbessern.

Die Beherrschung der Welt der Düfte ist ein Teil dieser Geschichte. Unsichtbare Gifte, manche davon tödlich, sind in unserer Welt weit verbreitet. In bestimmten Fällen ist es uns gelungen, sie für uns wahrnehmbar zu machen – zum Beispiel, indem wir geruchloses Erdgas mit einem Duftstoff versehen haben, sodass unsere eigenen Nasen uns schützen können. Solche Technologien gibt es in verschiedenen Formen schon seit Jahrzehnten: Rauch- und CO2-Melder für das Zuhause sind perfekte Beispiele für Produkte, die gefährliche Gerüche schneller oder besser wahrnehmen als wir und einen Alarm auslösen, den unser Gehirn verarbeiten kann.

Der erste große Schritt auf dem Weg zu einer funktionsfähigen E-Nase war die Erfindung der Gaschromatographie in den frühen 1950er Jahren. In den 60er und 70er Jahren folgten dann eine Reihe verbindungsspezifischer Sensoren zum Aufspüren von Chemikalien wie Ammoniak, Ethanol und der extrem brennbaren und hochgiftigen Verbindung Schwefelwasserstoff. Eine beunruhigende Tatsache in Bezug auf Ammoniak, das im menschlichen Schweiß entsteht: Das US-Militär setzte während des Vietnamkriegs ein elektrochemisches Gerät namens „People Sniffer" ein, um feindliche Soldaten aufzuspüren, die sich im Dschungel versteckten (und schwitzten).

Erst in den 1980er Jahren begannen die E-Nasen, sich am Geruchssinn von Säugetieren zu orientieren und „intelligente chemische Multisensor-Arrays" einzusetzen, die sowohl einzelne Gase als auch mehrere Arten von Geruchsstoffen und gemischte Verbindungen erkennen können. Als in den 1990er-Jahren neue Sensormaterialien und -geräte auf den Markt kamen, weitete sich die Technologie auf Bereiche wie die Umweltüberwachung (z. B. Luftqualität), die Qualitätssicherung von Lebensmitteln, den Nachweis von Sprengstoffen und Schädlingen, die Parfümindustrie und die medizinische Diagnostik aus.

Wie Sie bereits wissen, ist die Physik des Hundeschnüffelns sehr subtil und präzise: Ein winziges Ausatmen lässt Luft aus beiden Nasenlöchern strömen, die sich nach unten und außen bewegt. Diese sich bewegende Luft zieht dampf- und partikelbeladene Luft von vor der Nase zurück zu den Nasenlöchern. Beim anschließenden Einatmen wird diese Luft nach innen gezogen. Die einströmende Luft teilt sich in zwei Ströme – einen, der in die Lunge, und einen, der in den Geruchsbereich fließt. In letzterem bleiben die Geruchsmoleküle an den Rezeptoren haften und sammeln sich an, anstatt sofort ausgeatmet zu werden. Diese Pause gibt dem Gehirn des Hundes Zeit, einen Geruch im Detail zu analysieren und sich auf das zu konzentrieren, was am interessantesten ist.

Diese komplexe Schnüffeldynamik macht Hunde zu äußerst anspruchsvollen Probennehmern. Direkte Vergleiche zwischen einem hundeähnlichen Schnüffelgerät und einem Gerät, das einfach nur Luft ansaugt, zeigten, dass die Probenahmeeffizienz mit der von Hunden inspirierten E-Nase bei einem relativ geringen Abstand von 3,9 Zoll viermal besser und bei einem Abstand von 7,9 Zoll 18-mal besser war.

Hunde führen die gesamte Schnüffelsequenz mit einer Geschwindigkeit von etwa fünf Schnüffelvorgängen pro Sekunde aus – das entspricht einer Frequenz von 5 Hz, wie Wissenschaftler solche Dinge messen. Es hat sich herausgestellt, dass diese Zahl rasseunabhängig ist: Eine Deutsche Dogge und ein winziger Shih Tzu saugen zwar unterschiedliche Luftmengen ein, schnüffeln aber beide mit etwa der gleichen Frequenz. Dieses Verhalten dient sowohl der Wahrnehmung als auch der Probenahme (letzteres ist der Prozess, bei dem Daten über die interessierenden Duftmoleküle zur Analyse an die richtige Stelle im Gehirn gelangen). Sie haben wahrscheinlich schon einmal gesehen, wie ein Hund vom Wahrnehmungsmodus – dem Erschnüffeln eines interessanten Geruchs – in den Probenahmemodus wechselt, wobei die Nase zuckt und flattert und der ganze Hund sich offensichtlich intensiv darauf konzentriert, herauszufinden, *was DAS für ein Geruch ist.*

„Aus der Sicht der Sprengstoffdetektion ist die Probenahme sehr wichtig", sagt Staymates. „Wir Ingenieure sind zwar sehr, sehr gut darin, qualitativ hochwertige Sensoren zu entwickeln, aber wir sind nicht sehr gut darin, den Teil der Analyse nachzubilden, der natürlich entscheidend ist." Kommerziell erhältliche Detektoren werden zwar als „Schnüffler" bezeichnet, aber sie schnüffeln nicht wirklich. Sie saugen." (Das ist nicht das Wort, das in der wissenschaftlichen Veröffentlichung über diese Arbeit verwendet wird, falls Sie sich wundern: „Wir haben uns inspirieren lassen", sagt er.)

Die kontinuierliche Absaugung – die als passive Probenahme gilt – ist einfach nicht die effektivste Methode zur Identifizierung von chemischen Spurenstoffen, sagt er. „Der Hundeschnüffler ist viel intelligenter darin, Informationen dorthin zu bringen, wo sie gebraucht werden. Aus diesem Grund könnte die Anpassung von Detektoren an die Funktionsweise einer „biologisch inspirierten" E-Nase letztendlich nicht nur die Probenahme von Sprengstoffen verbessern, sondern beispielsweise auch Instrumente zum Aufspüren illegaler Drogen und Krankheitserreger. „Es würde mich nicht überraschen, wenn wir in der nächsten Generation dieser Technologien intelligentere Probenahmen nach dem Vorbild von Hunden sehen werden", sagt Staymates.

Für Roboterhersteller ist der Hund eine vertraute Inspiration. Bei der Robotikdesignfirma Boston Dynamics haben die agilen, canidenähnlichen Maschinen den Weg für andere von Tieren und Menschen inspirierte Designs geebnet. BigDog und Spot waren einige der ersten Roboter, die zeigten, was solche Maschinen leisten können, und versprachen, echte Hunde (oder Menschen) in potenziell gefährlichen Szenarien zu ersetzen – bei Militäreinsätzen, auf Öl- und Gasplattformen oder in Katastrophengebieten. Wie Hunde könnten Roboter Schutt, Eis, Schlamm und andere Untergründe mit Leichtigkeit bewältigen, Lasten ins Feld tragen und natürlich nach bestimmten Substanzen schnüffeln und über ihre Ergebnisse berichten. Andere Tiere – von Geparden bis zu Insekten – kommen in neueren Roboterkonzepten vor. Also danken wir den Hunden dafür, dass sie Teil dieser Revolution im Maschinendesign sind.

Haben Sie da eine Nase in der Tasche?

Mit dem, was sie von den olfaktorischen Superkräften unserer tierischen Freunde lernen, erweitern Wissenschaftler unsere sensorische Reichweite und steuern auf einige bemerkenswerte elektronische Nasen zu, die wahrscheinlich eines Tages nur noch ein weiteres Handy-Zubehör sein werden, das in der Lage sein wird, anhand von Gerüchen zu erkennen, ob wir auf uns aufpassen.

„Die App, die wir uns vorstellen, wird im Grunde so sein, als hätten wir eine Hundenase in der Tasche, die uns ständig nach Anzeichen von Krankheit abschnüffelt", erklärt mir Andreas Mershin, ein MIT-Physiker und Erfinder. Er beschreibt eine E-Nase, die kleiner als eine Kreditkarte ist – und mit jeder Iteration schrumpft – und die nicht nur den Geruchssinn eines Hundes nachahmt, sondern auch mit echten Geruchsrezeptoren von Säugetieren hergestellt wird. Die Proteine werden im Labor hergestellt: Es werden keine Hundenasen geschädigt oder gezüchtet. Die Rezeptoren fungieren als Sensoren, aus denen eine Smartphone-App Daten auslesen kann. Das heißt, Ihr iPhone könnte Sie über eine Veränderung Ihres individuellen Geruchs informieren und Ihnen mitteilen, was dies bedeuten könnte: ein Abfall des Blutzuckerspiegels, den Beginn einer Lungenentzündung, ein Aufflackern der Dickdarmentzündung, eine Krebsvorstufe. Die App könnte auch lernen, nach Umweltgefahren zu riechen – Rauch, CO2, Schadstoffe und so weiter.

Es ist ein großer Schritt in einer Reihe von Technologien, die darauf abzielen, selbst die Empfindlichkeit einer Hundenase in einem sehr tragbaren Produkt zu übertreffen. Mershin, der die Osmocosm Foundation mitbegründet hat, aus der mehrere Start-up-Unternehmen im Bereich der olfaktorischen Technologie hervorgegangen sind, sagt, dass die neueste Version des Mini-Detektors seines Teams 200-mal empfindlicher ist als die Nase eines Hundes, wenn es darum geht, Spuren bestimmter Moleküle zu erkennen.

Allerdings kann die App nicht interpretieren, was sie erkennt – zumindest noch nicht, und sie muss weit höher skaliert werden, um mit realen Hintergrundgerüchen fertig zu werden – ein Problem, das Staymates auch bei seinem 3D-Schnüffler hatte. Ein Hund ist immer noch schlauer als die Geräte, denn er kann eine Einschätzung vornehmen und mit (und manchmal auch ohne) Training seine Erkenntnisse konsequent weitergeben. Um die App so intelligent wie einen Hund zu machen, nutzen Mershin und Kollegen maschinelles Lernen, das es ihnen ermöglicht, historische Daten einzugeben, die von der Software analysiert werden, um neue Ausgabewerte vorherzusagen. „Hunde können aus einem Geruch schwer fassbare Muster ableiten, die Menschen bei einer chemischen Analyse nicht erfassen können", sagt Mershin. Da es sich bei Gerüchen um komplexe Dinge handelt, deren Schichten nicht immer klar definiert sind, müssen Hunde in der Lage sein, zu zoomen. Und das können sie, sagt er, „weil sie diesen Algorithmus zur dynamischen Hintergrundreduzierung in ihrem Kopf haben: Sie sehen nicht das Ganze, sondern lernen, das Rauschen zu durchbrechen. Und das ist genau das, was wir in unsere Maschine programmiert haben".

Die Technologien für elektronische Nasen entwickeln sich weiter und dringen in neue Bereiche vor. Zukünftige E-Nasen haben das enorme Potenzial, die Raffinesse der Geruchsintelligenz von Säugetieren zu imitieren, was letztendlich viele Aspekte der Art und Weise revolutionieren wird, wie wir uns selbst und unsere Welt beobachten,. „Der Hund ist das Modell für die neue Technologie", sagt Mershin. „Von ihm haben wir die Weisheit, unsere eigene Nase zu bauen, die das Gleiche kann wie die eines Hundes", nur mit weniger Einschränkungen.

Das Ergebnis soll parallel zur lebenden Schnauze verlaufen, die an unsere Bedürfnisse angepasst wird. „Wir sollten vom Hund lernen, uns vom Hund inspirieren lassen und dann dazu übergehen, die Nase zu bauen, die wir brauchen", sagt Mershin. „Dabei ist der Hund der Lehrer."

Und wie es der Zufall will, haben unsere Hunde auch andere, weniger technologische Lektionen zu bieten. Sie erfordern keine Smartphones oder 3D-Drucker, sondern einen offenen Geist und ein offenes Herz. Schauen Sie sich nun gemeinsam mit mir ein paar pelzige Weisheiten an.

Tun, was sie tun

Mein Geddy ist ein Sonnenhund. Er liebt es, an einem Sommernachmittag ein warmes Plätzchen auf der Terrasse zu finden und sich auf der Seite auszustrecken, damit die Strahlen ihn mit Wärme sättigen. Wenn sein inneres Thermometer den roten Bereich erreicht und er zu hecheln beginnt, steht er auf und setzt sich auf ein

Stück kühles Gras im Schatten. Dort hält er ein kurzes Nickerchen und kehrt dann an den sonnigen Platz zurück, wenn er wieder bereit ist für einen weiteren Schmorgang. Und so geht es immer weiter.

Es ist ein einfaches und vertrautes Verhaltensmuster, das an den Wechsel eines Strandbesuchers vom sonnenverbrannten Sand zum kühlen Meer und wieder zurück erinnert. Aber manchmal, wenn ich ihn auf diese Weise rotieren sehe, wird mir bewusst, dass ich mich stundenlang nonstop mit etwas Langweiligem und Seelenfressendem beschäftigt habe, dass ich angespannt in der Hitze der Klimaanlage sitze und dass auch ich eine Auszeit und Aufwärmung gebrauchen könnte. Ich lege mich in den Liegestuhl in der Sonne, bis ich durchgewärmt bin wie ein frischgebackener Keks, dann strecke ich mich auf einer Decke im Schatten aus, lasse die Gedanken los und lasse Leichtigkeit einkehren. Das ist eine gute Sache.

Ich weiß, das ist keine große Weisheit. Wenn ich sage, dass wir von unseren Hunden lernen können, dann sind „Achte auf deinen Körper“ und „Mach eine Pause“ nicht gerade schockierend neue Lektionen – obwohl jede auf ihre eigene Weise tiefgreifend ist. Aber die Dinge, die ein Hund in der Nähe tut, können uns daran erinnern, das Gleiche zu tun, sei es, dass wir die duftende Luft schnuppern oder einfach nur den Moment genießen und die Annehmlichkeiten wahrnehmen, die die Natur und unser Körper uns bieten. Dazu gehört auch, dass Sie Ihre eigene Version der „Zoomies“ finden, der verrückten fünf Minuten, während derer Hunde wie wahnsinnig im Kreis rennen: Es muss nicht einmal etwas Körperliches sein, sondern einfach nur etwas, bei dem Sie Ihre aufgestaute Energie auf die beschwingteste Weise ausdrücken können. Das kann das Werfen von Farbe auf eine Leinwand sein oder der Versuch, unter der Dusche hohe Töne anzustimmen, anstatt im Kreis zu laufen. Tun Sie es einfach.

Ganz allgemein kann man etwas lernen, wenn man in die Umwelt des Hundes eindringt und dort herumstöbert: Auf diese Weise können wir lernen, dass es eine reichhaltigere, strukturiertere Welt zu erleben gibt. Wenn wir den Blickwinkel eines Hundes einnehmen, können wir entdecken, wie wir unsere Sinne auf neue Weise einsetzen können, wie wir Facetten unseres Lebens und unserer Umgebung schätzen können, die wir vielleicht übersehen oder ignorieren. Seien Sie so sehr im Augenblick, dass nichts anderes wichtig ist: Stellen Sie sich einen Hund vor, der Ihr Ziehen an der Leine ignoriert, während er etwas Neues erkundet. Wälzen Sie sich vor Freude im regennassen Gras, ohne Rücksicht auf den Matsch. Riechen Sie aufmerksam an etwas, das Sie vorher nicht zu riechen glaubten, und analysieren Sie sorgfältig die verschiedenen Geruchsschichten. Genießen Sie.

Eigentlich könnten wir unseren eigenen Sinnen mehr Anerkennung zollen für das, was sie uns ermöglichen! Ich denke dabei vor allem an die Nase. Lange Zeit dachte man, das menschliche Geruchssystem spiele in unserem Leben eine untergeordnete Rolle: Bis zu einem gewissen Grad haben die Primaten im Laufe der Evolution ihren Geruchssinn gegen besseres Sehen eingetauscht. Und es stimmt, dass unsere Schnüffelanatomie im Laufe der Jahrtausende etwas von ihrem Schwung verloren hat. Aber was wir haben, ist immer noch ein Wunderwerk der Natur.

Und so begann ich, inspiriert von meinen Probanden, meinen Geruchssinn besser zu nutzen – ich schnupperte beim Kochen intensiver an den Zutaten und blieb zum Beispiel bei meinen Spaziergängen buchstäblich stehen, um an den Blumen zu riechen. Das brachte mich zum Nachdenken darüber, wie wichtig Gerüche für uns sind, auch wenn das normalerweise nicht so in unserem Fokus ist.

Die Bedeutung des Geruchssinns wurde mir besonders deutlich, als ich Ende 2021 an COVID-19 erkrankte. Ich hatte gelesen, dass Menschen während einer Infektion ihren Geruchssinn verlieren und war daher nicht völlig überrascht, als dies auch mir passierte. Am einen Tag war er noch da, und dann *puff!* verschwunden. Der Zustand wird Anosmie genannt, und in diesem Fall deutet die Wissenschaft darauf hin, dass das Virus das chemosensorische System direkt schädigt, indem es Zellen zurückwirft, die die Neuronen in der Nase beeinflussen.

Aber zu wissen, dass es passieren könnte, und es zu erleben, ist ein großer Unterschied. Das Einatmen durch die Nase wurde zu einer reinen Sauerstoffbeschaffungsübung. Der Luftstrom fühlte sich kalt und leer an, und mein Gehirn hatte Mühe, der Leere einen Sinn zu geben. Positiv ist zu vermerken, dass ich nicht feststellen konnte, ob mein Haus nach Hund roch. Aber vor allem war diese Erfahrung beunruhigend – und besorgniserregend. Unsere Sinne arbeiten zusammen und ein Sinn beeinflusst die Wahrnehmung eines anderen, sodass Aromen gedämpft wurden und sogar meine Lieblingsspeisen weniger verlockend waren – auch visuell. Ich musste an eine Freundin denken, die eine Gourmetköchin war, bis sie ihren Geruchssinn dauerhaft verlor: Mit ihm ging auch die Freude am Kochen und Essen verloren. Ein schrecklicher Verlust!

Als sich mein Geruchssinn drei Wochen später bei einer Dose thailändischem Ingwerhühnchen plötzlich wieder meldete, war der Dampf, der auf meine Nase traf, eine Offenbarung von würziger Süße, die mich hungrig und glücklich machte und irgendwie die kognitive Lücke füllte, die die Anosmie hinterlassen hatte. Es war, als ob mein Gehirn schwarz-weiß geworden wäre und plötzlich Farbe darüberschwappte, wie eine Dose mit kräftiger Farbe, die sich über Beton ergießt. Gerüche nehmen einen wichtigen Platz in der Wahrnehmung ein. Vielleicht füllt nichts eine Erfahrung mehr aus als ein Duft. Und was zerrt eine Erinnerung, manchmal mit aller Gewalt, effektiver aus unseren Gehirnwindungen als ein Geruch aus der Vergangenheit? Studien mit fMRT haben gezeigt, dass Erinnerungen, die durch einen Geruch ausgelöst werden, nicht nur besonders emotional und evokativ sind, sondern auch an einer anderen Stelle im Gehirn auftauchen als Erinnerungen an andere Sinnesreize.

Wir könnten von unseren Hunden lernen, genauer hinzuschauen – nicht nur auf die unmittelbare Annehmlichkeit oder Besonderheit eines Geruchs, sondern auch auf die Auswirkungen, die sich an uns heranschleichen. Natürlich nutzen wir Gerüche für weitaus nützlichere Dinge als das Wiedererleben der Vergangenheit – zum Beispiel, um uns vor verdorbenen Lebensmitteln, toten Dingen, die Krankheiten übertragen könnten, und sogar vor kranken Menschen zu schützen. Eine schwedische Studie über die Reaktion des Gehirns auf „gefährliche" Gerüche deutet darauf hin, dass diese unbewusst und extrem schnell verarbeitet werden, sodass der Riechkolben eine Sofortnachricht an den motorischen Kortex sendet und die Reaktion „Zurückweichen" auslöst.

Ebenfalls unbewusst und wie Hunde nutzen wir Gerüche in unseren sozialen Interaktionen. Mütter und Babys kennen den Geruch des jeweils anderen. In einer Studie der University of California, Berkeley, stieg der Cortisolspiegel von Frauen, die eine Chemikalie aus dem Achselschweiß von Männern schnupperten, an, was mit Wachsamkeit und Stress assoziiert wird. Eine frühere Studie zeigte, dass derselbe Duft die Stimmung, physiologische Erregung und Gehirnaktivität von Frauen beeinflusst. Der Geruch könnte uns sogar helfen, einen gesunden Partner zu finden, dessen Stammbaum weit genug von unserem entfernt ist, um eine gute genetische Vielfalt zu gewährleisten. (Online-Dating hat seine Grenzen.)

Wir sollten also die menschliche Nase nicht zu kurz kommen lassen: Sie dient unserem Überleben und macht das Leben reicher. Und obwohl die Geruchsempfindlichkeit von Hunden tausendmal größer sein kann als unsere, haben wir in manchen Fällen eine niedrigere Geruchsschwelle als sie. So sind wir zum Beispiel Superdetektoren für die Aromen von Blumen und Früchten, die für uns als Allesfresser wichtig sind, aber für fleischfressende Caniden weniger.

Und hier ist eine weitere Möglichkeit, wie wir der Macht des Geruchs frönen können: Anstatt sich davor zu sträuben, woran Ihr Hund schnuppert, stecken Sie doch mal Ihre eigene Nase zusammen mit der Ihres Hundes ins Gras oder in den Laubhaufen, um ein wahrhaft tierisches Erlebnis zu haben. (Halten Sie sich nicht zu lange auf, die Nachbarn sehen zu.) Der Ansturm von Informationen, der beim Schnüffeln zwischen der Nase und dem Gehirn Ihres Hundes hin und her fliegt, ist schwer zu ergründen, aber wir können es zumindest versuchen. Sie werden

feststellen, dass ich bei meinen Vorschlägen, wo wir unsere Nasen hinstecken sollen, vorsichtig war. Aber nur zu, schnüffeln Sie an dem gelben Schnee, wenn Sie neugierig sind.
Obwohl ich in letzter Zeit viel mit der Nase gearbeitet habe, würde ich vorschlagen, dass wir alle unsere Sinne mehr trainieren. Wie erfrischend ist es, achtsam und vielleicht einmal bewusst einzeln wahrzunehmen, was unsere Augen, Ohren, Zunge und Haut erfahren, während wir uns durch die Welt bewegen. Ganz zu schweigen von den vielen anderen Empfindungen, die unser Körper zulässt. Ich zum Beispiel mache es meinen Hunden oft nach, wenn sie sich morgens *ausgiebig strecken*, und das ist ein herrliches Gefühl. Eine weitere Lektion von Hunden: Schüttelt die Dinge ab! Furzt! Schaffen Sie auf jede erdenkliche Weise Leichtigkeit in Ihrem Körper! Wir haben vielleicht nicht die Nasenkraft eines Hundes, aber wir können das sensorische Potluck genießen, das die Welt uns bietet.

Sich so ausdrücken, wie sie es tun

Dank der Hunde achte ich jetzt auch mehr auf die Körpersprache in meinen Interaktionen. Wenn ich zum Beispiel vorhabe, mit Monk spazieren zu gehen, versuche ich spaßeshalber, meine Absichten eine Zeit lang geheim zu halten. Ich bemühe mich bewusst, nicht mit einem unbeabsichtigten Blick oder einer Geste in Richtung seiner Leine oder meiner Schuhe den „Klugen Hans" zu machen (erinnern Sie sich an das „zählende" Pferd, das subtile Hinweise von seinem Besitzer annahm?). Ich vermeide die Worte (und buchstabiere sie noch nicht laut), die ihm vielleicht ein Zeichen geben könnten und unterhalte mich mit meinem Mann in etwas, das sich für einen sicheren Geheimcode halte, um meinen Plan weiter zu verschleiern. Ich achte sogar auf eine zufällige Tageszeit, damit die Uhrzeit mich nicht verrät. Aus meiner Sicht ist die Idee noch geheim.
Und trotzdem *weiß er es irgendwie.* Plötzlich wird er besonders wachsam, beobachtet mein Gesicht und hebt den Schwanz. Irgendetwas in dem, was ich für belangloses Geschwätz hielt, enthält eine Botschaft, oder vielleicht hat mein Vorhaben einen Geruch. Er kommt näher und behält mich im Auge. Ich ignoriere ihn, aber er ist zu schlau, um mir das abzunehmen. Und wenn sich unsere Blicke treffen, ist alles vorbei: Er beginnt mit seinen Ritualen vor dem Spaziergang, tanzt im Kreis, eilt zum Wassernapf, schüttelt ein Sofakissen kräftig durch, schnappt sich einen Schuh, um damit herumzulaufen. Das schnelle *Klick-Klack* seiner Krallen auf dem Holzboden zeigt mir, wie sicher er sich ist, was gleich kommt.

Ich würde nicht so weit gehen zu sagen, dass Hunde unsere Gedanken lesen können. Aber manchmal scheint es, als kämen sie dem sehr nahe. Zumindest scheinen sie verstehen zu können, ob die Absichten eines Menschen gut oder schlecht sind. In einer Studie aus dem Jahr 2022, die von dem Vergleichspsychologen Christoph Völter und seinen Kollegen in Wien durchgeführt wurde, boten die Tester den Hunden Leckerlis nach verschiedenen Protokollen an: In einem Szenario schnappte sie den Bissen wiederholt weg, bevor der Welpe ihn greifen konnte; in einem anderen fummelten sie herum und ließ das Leckerli scheinbar aus Versehen immer wieder fallen. Das Verhalten und die Körpersprache der Hunde, einschließlich des Schwanzwedelns, deuteten darauf hin, dass die Tiere frustrierter waren, wenn sie geärgert wurden, als wenn die Tester einfach nur „ungeschickt" waren. Auf einer gewissen Ebene schienen die Hunde zu erkennen, dass der Mensch in letzterem Fall sein Bestes gab.

Und natürlich lesen sie einander genauso gut oder wahrscheinlich sogar besser, als sie die Menschen lesen. Wir lesen uns auch gegenseitig, wenn auch vielleicht nicht so gut. Bei uns stehen Ablenkungen, vorgefasste Meinungen, Selbstzweifel oder Einbildung einer klaren Kommunikation oft im Weg. Könnten wir es besser machen?

Um es gleich vorwegzunehmen: Unabhängig davon, was Analysten gerne über die Haltung der Hände oder Augenbrauen eines Politikers auf dem Podium sagen, kann keine einzelne Geste oder Mimik zuverlässig die Absichten, Gedanken oder Emotionen eines Menschen offenbaren. (Pinocchios Nase gibt es nicht!) Wie wir uns fühlen oder was wir beabsichtigen, zeigt sich im Äußeren gleichzeitig auf mehreren Ebenen – einschließlich solcher Feinheiten wie der Tatsache, dass eine Veränderung des emotionalen Zustands die Durchblutung der Hautoberfläche erhöht und damit das Aussehen des Gesichts verändert. Wie bei der Körpersprache der Hunde kann das je nach Kontext das eine oder das Gegenteil bedeuten. Daher sind die Emotionen, die sich hinter den „offensichtlichsten" menschlichen Gesichtsausdrücken verbergen, in Wirklichkeit gar nicht so offensichtlich, warnen Experten. Dennoch können wir, ohne einen Laut von uns zu geben, eine Menge sagen – genau wie unsere Hunde.

Wir sprechen mit unserem Körper, sei es mit einem Gesichtsausdruck *Iiiih, das ist sauer*, bei dem wir die Nase rümpfen (den auch Hunde haben, und er ist bezaubernd!), oder wir nehmen eine schützende Haltung ein, wenn wir bedroht werden, und drücken die Stärke eines Kriegers mit einer gezielten Yogapose aus. Und wir können Verletzlichkeit, Traurigkeit oder Freude durch eine einfache Tanzübung ausdrücken. Dass wir aus der expressiven Körpersprache eine Bedeutung ableiten, ist klar – die MRT hat sogar Hinweise darauf geliefert, welche Teile des Gehirns daran beteiligt sind. Wie genau das Gehirn sich einen Körper oder ein Gesicht in Bewegung vorstellt, ist jedoch unbekannt.

Wir müssen die Wissenschaft der Gehirne und des Verhaltens nicht vollständig verstehen, um beides besser nutzen zu können. Vielleicht würde es uns helfen, unsere eigene soziale Welt mit mehr Verständnis zu navigieren, wenn wir in unserem Umgang mit anderen Menschen klüger wären – achtsamer gegenüber denjenigen, mit denen wir am meisten interagieren. Mit mehr Intelligenz.

Wenn Ihre Freundin also behauptet, dass es ihr trotz ihrer kürzlichen Trennung gut geht und sie Lust hat, mit auf die Party zu gehen, dann achten Sie einmal darauf, was sie *nicht* sagt – durch die Steifheit ihres Lächelns, die Anspannung ihrer Kiefermuskeln, die Art und Weise, wie sie sich auf der Couch in sich zusammenrollt. Sie ist der ängstliche Welpe, der in einen Tumult von rivalisierenden Hunden hineingezogen wird, obwohl sie das Ganze eigentlich aussitzen möchte. Nehmen Sie das zur Kenntnis. Schlagen Sie stattdessen einen ruhigen Abend zu Hause vor. Beobachten Sie, wie sich ihre Schultern entspannen und ihr Gesicht weicher wird. Und wenn wir zum Beispiel vor einem Streit besser auf die sich anhäufenden Signale des anderen achten würden – so wie ein Hund die steife Körperhaltung oder die hochgezogene Lippe eines anderen ernst nimmt –, könnten wir vielleicht deeskalieren, anstatt manchmal vorzupreschen. Hunden entgeht nichts. Das könnten wir uns zum Vorbild nehmen. Viele von uns könnten auch etwas Unterricht in Offenheit nehmen. Hunde kommunizieren ihre Wünsche, Bedürfnisse, Vorlieben und Ängste ziemlich konsequent: Wir können sie nicht immer richtig deuten, aber sie sind ziemlich direkt in der Art und Weise, wie sie sich untereinander und uns gegenüber ausdrücken. Mir fallen jedenfalls nicht allzu viele passiv-aggressive Verhaltensweisen von Hunden ein. Versuchen Sie einmal die Wuff-Methode: Sagen Sie, was Sie meinen. Meinen Sie, was Sie sagen. Tänzeln Sie nicht um das herum, was Sie wollen oder nicht wollen. Seien Sie klar und deutlich.

Meine sozial intelligenten Hunde haben mich dazu gebracht, über etwas anderes in Bezug auf die Körpersprache nachzudenken, nämlich darüber, wie viel körperliche Ausdruckskraft verloren geht, während wir uns zu bildschirmsüchtigen Kreaturen entwickeln, die ständig mit dem Hintern am Stuhl kleben. Vor allem jetzt, wo wir von zu Hause aus arbeiten und hauptsächlich per Video kommunizieren, geht viel Körpersprache verloren, und wie viel häufiger wird die Aussage eines anderen falsch interpretiert? Zeigen wir, wenn wir am Computer sitzen, überhaupt noch Gefühle, Gesten, wie wir uns fühlen? Und wenn ja, können andere das überhaupt erkennen?

Ich kann mir nicht helfen, aber ich denke, dass eine unbewegliche und weniger ausdrucksstarke Kommunikation unsere sozialen Interaktionen weniger effektiv macht. Weniger sinnvoll oder befriedigend. Weniger menschlich. Was kann man dagegen tun? Online demonstrativer sein? Mehr gestikulierende Hände bei Zoom-Anrufen? Ich weiß es nicht.
Aber ich möchte hinzufügen, dass die geringere Körperlichkeit an sich schon ein Verlust ist, und ein weiterer Bereich, in dem Hunde den Menschen etwas beibringen können. Hunde neigen dazu, eine Menge „kinästhetische Intelligenz" zu zeigen – die natürliche Fähigkeit zur Bewegung und Körperbeherrschung im Raum, die es zu einer Freude macht, ihnen beim Laufen und Spielen zuzusehen – und viele von uns haben zumindest etwas davon auch. Aber nutzen wir sie auch? Die (Wieder-)Verbindung mit unserem sensorischen und körperlichen Selbst kann uns zu einer umfassenderen Würdigung unserer eigenen Erfahrungen führen. Sie kann uns Zugang zu Welten verschaffen, von denen wir vielleicht gar nicht wussten, dass sie in unserer Reichweite liegen.

Andere so akzeptieren, wie sie sind

Ich kann mir nicht helfen: Einige meiner Lieblingsgeschichten über die soziale und emotionale Intelligenz von Tieren handeln von dem Vertrauen und der Zuneigung, die Hunde ungewöhnlichen Menschen und anderen Tieren entgegenbringen, die Fürsorge oder Trost brauchen: der Hund, der sich unbeirrt an das Kind mit schwerem Autismus schmiegt, während es schreiend mit den Armen fuchtelt. Der Hund, der sich entscheidet, ein blindes Reh zu führen und zu beschützen, oder der „Begrüßer" in einer Tierrettungsstation, der sich unabhängig von ihrer Spezies unter die Waisenkinder mischt, um sie willkommen zu heißen. Dieser Stoff ist für mich unwiderstehlich. Hunde scheinen mehr als jedes andere Tier alles richtig zu machen, wenn es darum geht, Freundschaften zu schließen und zu halten, sowohl unter ihresgleichen als auch außerhalb ihrer Art (obwohl natürlich nicht alle Hunde diesen Wesenszug teilen). Oft scheinen solche Freundschaften im Handumdrehen zu entstehen: Denken Sie nur an den Hundepark, wo unbekannte Tiere zusammenkommen und sich innerhalb von Sekunden gegenseitig ins Spiel einbeziehen. Solange sie sich nicht bedroht fühlen, haben viele Hunde eine Offenheit an sich, die die Aufmerksamkeit auf den oft weniger großzügigen Umgang der Menschen mit Fremden lenkt. Darin liegt eine wichtige Lektion über Akzeptanz und Freundlichkeit gegenüber unseren Mitmenschen.

Das ist die Geschichte, die ich Kindern immer erzählt habe, wenn ich meine Bücher über *Unwahrscheinliche Freundschaften* vorgestellt habe: Schaut euch diese Tiere an, wie sie ihre Unterschiede ignorieren oder annehmen und eine gemeinsame Basis finden. Warum können wir nicht ein bisschen mehr wie sie sein? Das soll nicht heißen, dass Hunde nicht vorsichtig sind, wenn es nötig ist und dass sie immer um jeden Preis den Frieden bewahren. Aber vorgefasste Meinungen, die mit Vorurteilen verbunden sind, gibt es bei ihnen einfach nicht. Wenn, sagen wir, Schulen oder Stadtviertel ein bisschen mehr wie Hundeparks wären (ohne die Kothaufen und das Gerammel, bitte), könnte eine neue Schülerin oder ein neuer Bewohner mit einer anderen Hautfarbe, Kultur, Größe oder einem anderen Glaubenssystem eintreten und – wenn ihre Absichten gut und ehrlich sind – von allen willkommen geheißen werden, anstatt beurteilt, ignoriert oder abgelehnt zu werden.

Wie schön wäre es, wenn wir Menschen hundeschlauer in unserem Menschsein wären.

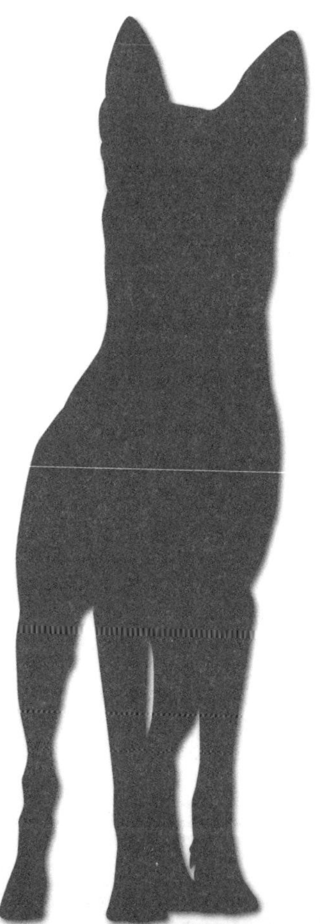

KAPITEL 16

SCHLAUE HUNDE VERDIENEN BESSERE MENSCHEN

Dieses Buch ist voll von intelligenten Hunden – manche gehören einer bestimmten Rasse an, andere sind bunt gemischt, jeder hat seine eigene Geschichte. Aber zumindest in einem Punkt sind sie alle gleich: Sie hatten alle eine *Chance.* Mit Ausnahme eines kratzbürstigen Strandhundes aus Costa Rica, der mit Sicherheit keinen Hundeschulkurs besuchen konnte, hatten alle hier vorgestellten Tiere die Möglichkeit, ihre natürlichen Fähigkeiten zu zeigen und sie durch Training und Erfahrung auszubauen. Und das ist ihnen in allen Fällen hervorragend gelungen. Als Hundehalter und -begleiter sind wir diejenigen, die diese Möglichkeiten bieten; wir können unsere Hunde auf Erfolg vorbereiten oder sie in einer von uns geschaffenen Umgebung herumtollen lassen. Für mich sieht das nach einer klaren Entscheidung aus. Und für Sie?

Ich bin begeistert von dem Gedanken, dass ich meine Hunde dazu befähigen kann, so klug wie möglich zu sein, und ich hoffe, dass es anderen genauso geht. Also, wie machen wir das? Nachdem ich so viel Zeit mit so vielen beeindruckenden Hunden verbracht und von den Menschen gelernt habe, die sich um sie kümmern, habe ich ein paar Ideen. Schauen Sie selbst, was Sie davon halten.

Lernen Sie Hund zu sprechen

Wenn wir lernen, wie Hunde kommunizieren, und zwar in all ihrer wachsamen, mit hochgezogenen Lippen und zuckenden Schwänzen ausgestatteten Pracht, können wir sicherstellen, dass unsere Schützlinge glücklich und gesund sind. Wenn wir die „Hundesprache“ verstehen, können wir auch die natürlichen Neigungen unseres Hundes entdecken und seine Vorlieben erkennen. Wenn wir die Hundesprache besser beherrschen, können wir uns besser auf unsere pelzigen Gefährten einlassen und wissen besser zu schätzen, wie sehr sie sich bemühen, uns zu verstehen. „Hunde sind in ihrer Fähigkeit, miteinander zu kommunizieren, sehr hoch entwickelt, während wir schockierend schlecht darin sind, ihre Signale zu lesen“, betont die Autorin und Expertin Patricia McConnell. Ein großer Teil der „Hundesprache“ besteht also darin, einfach aufmerksamer zu sein. „Da wir eine so visuelle Spezies sind, sollte man meinen, dass wir nicht lernen müssen, unsere Hunde zu beobachten“, sagt sie. „Und doch ist das eines der ersten Dinge, die Trainer ihren Kunden sagen. Beobachten Sie Ihren Hund, sehen Sie wirklich, was das Tier tut. In jedem kleinen Verhalten steckt eine Botschaft.“

Ein aufmerksamer Besitzer kann lernen, seinen Hund in jeder Situation genau zu lesen – zu Hause, auf der Straße, auf dem Hundeplatz, mit anderen Menschen, mit anderen Tieren. Hunde teilen uns ständig ihre Vorlieben und Grenzen mit. Und es ist wichtig zu bedenken, dass beispielsweise Berührungen in manchen Kontexten beruhigend und in anderen aufregend sein können, so McConnell. „Das ist die Art von Bewusstsein, die wir unseren Hunden verdanken“, bemerkte sie. Wie wir haben auch Tiere Schwellenwerte, bei deren Überschreitung Berührungen unerwünscht sind; wir können lernen, wo diese Grenzen liegen und sie einhalten.

In einer fotobasierten Untersuchung der Reaktionen von Hunden auf Umarmungen fand der Professor und Hundeexperte Stanley Coren heraus, dass 80 Prozent der Hunde „mindestens ein Zeichen von Unbehagen, Stress oder Angst“ zeigten, wenn sie umarmt wurden, schrieb er in einem Blogbeitrag über diese Arbeit. Zu diesen Signalen gehören: „Halbmondaugen“, eine gesenkte Rute, Lecken der Lippen und das Bestreben, sich vom Umarmer abzuwenden. Zurückgelegte Ohren, Gähnen und das Heben einer Pfote sind weitere Anzeichen für Erregung. Ein Hund kann auch den Schwanz einziehen, starr werden oder hecheln. Am offensichtlichsten ist: „Wenn Sie Knurren hören oder sehen, dass Ihr Hund die Zähne fletscht, sind die Chancen groß, dass er sehr aufgeregt ist und Sie vielleicht sogar beißt“, schreibt Coren.

Wir haben uns auf diesen Seiten bereits mit der Körpersprache von Hunden befasst, daher möchte ich diese Details hier nicht wiederholen. Aber es ist leicht, Quellen zu finden, die dies in Bildern darstellen – toll für eine visuelle Spezies wie uns. Die wichtigsten Erkenntnisse: Wenn wir wissen, worauf wir achten müssen, können wir Reize, die Angst oder unerwünschtes Verhalten auslösen, besser beseitigen. Und wir können versuchen, unseren Hunden mehr von den Interaktionen und Berührungen zu geben, die sie gerne mögen, während wir die Begegnungen, um deren Vermeidung sie uns immer wieder gebeten haben, reduzieren können.
Ich bin zwar ein großer Befürworter des Erlernens der Hundesprache, damit wir besser mit ihnen kommunizieren können, aber das bedeutet nicht, dass ich aufgehört habe, mit meinen eigenen Hunden zu reden und zu hoffen, dass sie verstehen, was ich sage. Selbst wenn es in ihren Ohren nur *Blabla* ist, tut es mir gut – sie sind großartige, unvoreingenommene Zuhörer. Und nach dem, was Wissenschaftler darüber wissen, wie das Gehirn von Hunden auf unsere Worte reagiert, sind sie darauf vorbereitet, zumindest zu versuchen, uns zu verstehen. Ian Dunbar stimmt zu, dass wir weiterreden sollten. „Alberne Gespräche mit unseren Hunden ziehen sie in ihren Bann“, sagt er auf einer Konferenz. Um sowohl das Training als auch die Bindung zu verbessern, rät er: „Kommunizieren Sie mit Ihrem Hund, bringen Sie ihn dazu, sich zu konzentrieren, sprechen Sie mit ihm, sagen Sie ihm hundert Gründe, warum Sie ihn lieben.“

Bringen Sie Ihren Hund auf Erfolgskurs

Wir sind es unseren Hunden schuldig, ihnen zu sagen, was wir von ihnen erwarten, bevor wir es erwarten – und erst recht, bevor wir es verlangen. Der Tierarzt und Tierverhaltensforscher Ian Dunbar sagt: „Ein trainierter Hund ist ein glücklicher Hund: Er versteht die Regeln, was ihm eine viel engere Beziehung zu seinem Besitzer und eine bessere Lebensqualität ermöglicht.“ Forscher der Universität Mailand fanden heraus, dass Hunde, die für Agility-Wettbewerbe und Such- und Rettungseinsätze trainiert wurden, sich mehr mit ihren Menschen beschäftigten als untrainierte Hunde, die nur als Haustiere lebten.
Das ist ein bisschen kontraintuitiv, nicht wahr? Sollte man nicht meinen, dass ein Haustier, das nur ein verwöhnter Gefährte sein soll, am stärksten an seinen Menschen gebunden ist? Aber drehen Sie das Drehbuch mal für eine Minute um. Stellen Sie sich vor, Sie gehen mit jemandem aus, der körperliche Zuneigung zeigt und

oft „Ich liebe dich" sagt, aber sonst passiert nicht viel zwischen Ihnen. Das hört sich zunächst romantisch an, aber wie engagiert würden Sie sich mit dieser Person fühlen verglichen mit jemandem, mit dem Sie Ziele, Aktivitäten und Errungenschaften teilen? Ein Picknick, ein Kartenspiel, eine Reise in eine neue Stadt, ein gemeinsames Wohltätigkeitsprojekt: Das sind die Bindungen, die einen verbinden. Hunde sind wie tolle Verabredungen: Wir verbinden uns am besten miteinander, wenn wir etwas *gemeinsam tun*.

Das Training unserer Haustiere fördert sowohl unsere Bindung als auch ihre Intelligenz. Dunbar würde sagen, dass es unmoralisch ist, sie nicht zu trainieren: „Wenn ein Hund nicht erzogen ist, weiß er nicht, wie er mit Menschen zusammenleben soll, er weiß nicht, welche Regeln gelten", sagt er. „Und wenn er dann nicht gefügig ist, werden die Menschen frustriert und lassen es am Hund aus. Wenn wir unsere Haustiere nicht erziehen, sind sie zum Scheitern verurteilt. „Wir sollten ihnen nicht die Erziehung verweigern, die es ihnen ermöglicht, es richtig zu machen", sagt er.

Wenn Hunde dorthin gehen dürfen, wo Sie hingehen, dann nehmen Sie Ihren mit. Führen Sie ihn schon früh an viele Menschen und andere Hunde heran. Spielen Sie sowohl geistige als auch körperliche Spiele und bieten Sie Herausforderungen. Lassen Sie ihn neue Dinge ausprobieren – und lassen Sie ihn scheitern, frustriert sein und einen anderen Weg finden. Warum? Weil Lebenserfahrung dazu beiträgt, das Wissen und die Denkweise eines Hundes zu prägen und zu entscheiden, ob er uns um Hilfe bittet oder seine Probleme selbst löst. Studien haben gezeigt, dass sozial lebende Tiere, die in einer Umgebung mit vielen Möglichkeiten aufwachsen, besser in der Lage sind, Probleme zu lösen, als Tiere, die alleine aufwachsen und keine Gelegenheit haben, Kontakte zu knüpfen und zu erkunden.

Es ist wichtig, dass Sie den sofortigen Gehorsam nicht als einzigen Maßstab für Intelligenz ansehen. Betrachten Sie die Entscheidungen Ihres Hundes, wenn er nicht nur Anweisungen befolgt – warum tut er X statt Y? Welche Vorlieben und Einschätzungen drückt diese Entscheidung aus? Und wo immer Sie können, nutzen Sie Ihre Beobachtungen, um sicherzustellen, dass das, was Sie dem Hund beibringen, ein natürlicher Teil seines Lebens ist. Stanley Coren schrieb über das „Autotraining" mit jungen Hunden, bei dem Verhaltensweisen, die ein Hund bereits zeigt, benannt und gelobt werden, um sie zu verstärken. Wenn Ihr Welpe also auf Sie zukommt, klopfen Sie auf Ihr Bein und sagen Sie freudig: „Fido, komm! Guter Junge!" Das ist eine einfache und wirksame Methode, um dem Hund eine Aufgabe zu geben und gleichzeitig beizubringen, was Sie ihm beibringen wollen.

Es lohnt sich auch, einen Hund „herausfinden" zu lassen, anstatt ihm immer den

Weg zu zeigen. Die Spürhundetrainerin Lisa Holt berichtet, wie sie ihre Parkinson-Spürhunde dabei beobachtet, wie sie „die Hintergrundgerüche sortieren“, indem sie ihnen drei Durchgänge an einer Reihe von Proben gibt, bevor sie ihre Anzeige akzeptiert, ob Anzeichen der Krankheit in einer von ihnen vorhanden sind. In einem Aufsatz über die Auswahl und Ausbildung von Hunden für die Fährtenarbeit schreibt Sherri Minhinnick, Trainerin und Hundeführerin aus Ohio, dass ein Hund, wenn er „auf natürliche, ungezwungene Weise arbeiten kann, ohne Zwang und Einmischung des Menschen, [es] dem Hund ermöglicht, Erfolge kognitiv selbst zu entdecken, was wiederum die Motivation und die Entscheidungsfindung für künftige Trainingsziele erhöht“.

Das ist eine formale Beschreibung dessen, was ich als junge Turnerim beim Erlernen von Rückwärtssprüngen erlebt habe: Mein Selbstvertrauen blühte auf, als der Spotter, der Hilfestellung gab, leise zurücktrat und ich ganz allein war. Plötzlich flog ich über die Matte, ein Salto nach dem anderen, und als ich merkte, dass ich die Hilfe des Spotters nicht gebraucht hatte, war ich sofort bereit, die nächste, schwierigere Übung zu versuchen.

Die Gehirne füttern

Gehirne wachsen und verändern sich mit der Erfahrung; Intelligenz ist nicht festgelegt. Sogar das, was Coren als „instinktive Intelligenz“ bezeichnet, die genetisch bedingt ist, hat einen gewissen Spielraum.

Eine berühmte Studie aus den 1960er Jahren verglich Ratten, die allein in reizarmen Verhältnissen eingesperrt waren, mit ihren Wurfgeschwistern, die Spielzeug, Freunde und Räume zum Erforschen hatten. Die glücklichen Ratten hatten eine schwerere und dickere Großhirnrinde und wiesen höhere Konzentrationen bestimmter Gehirnenzyme auf, die mit der Weiterleitung von Informationen von einem Teil des Gehirns zum anderen zusammenhängen. Diese und andere Studien haben gezeigt, dass Erkundung und Entscheidungsfindung das Wachstum von Dendriten und Axonen anregen, also der Gehirnverzweigungen, die Informationen zu und von den Nervenzellen transportieren. Und diese wiederum lösen neue Verbindungen aus – ein Phänomen, das als nutzungsinduzierte Plastizität bezeichnet wird. Reichhaltige frühe Erfahrungen verändern das Gehirn auf die gleiche Weise wie formelles Training.

Es gibt eine Vielzahl von Spielen, die Sie mit Ihren Hunden spielen können, um ihr Gehirn zu trainieren. Dabei müssen die Aufgaben nicht hochtechnisch oder komplex sein, damit der Durchschnittshund davon profitieren kann. Stanley Coren hat eine Reihe von Übungen für diejenigen zusammengestellt, die herausfinden möchten, wie schlau ihr Hund ist. Obwohl ich an der IQ-Test-Komponente seiner Methode nicht so sehr interessiert bin, können die Aufgaben sowohl Spaß machen als auch das Gehirn anregen. Wenn man zum Beispiel Futter unter eine Dose oder auf ein Podest legt oder dem Hund ein Handtuch über den Kopf wirft, hat der Hund schnell ein Problem zu lösen. Wenn man Futter in einem Raum versteckt, während der Hund zuschaut, und ihn dann hinaus- und wieder hineinführt, kann er sein Kurzzeitgedächtnis nutzen. Das Gleiche zu tun, aber mit einer längeren Wartezeit, testet das Langzeitgedächtnis; beides ist gut für das Gehirn.

Intelligente Hunde sehnen sich wirklich nach Struktur und Führung, und es ist wichtig, ihnen beides zu geben, sagt Sara Carson, Besitzerin und Trainerin von Super Collies. Dafür ist jedoch kein veraltetes und wissenschaftlich widerlegtes „Alpha"-Gehabe erforderlich. „Hunde wollen einen Anführer, ob das nun Sie oder ein anderer Hund im Rudel ist", sagt Carson. „Aber das Mantra ‚Sei das Alphatier' hat das Thema durcheinandergebracht. Sie müssen nicht dominieren, um das Sagen zu haben; Sie können Ihrem Hund trotzdem Wahlmöglichkeiten und Chancen geben, ohne auf Struktur zu verzichten."

Ein sehr unregelmäßiger Fütterungsplan zum Beispiel ist für die Tiere verwirrend und frustrierend. Auch die Spielzeit profitiert von einer gewissen Regelmäßigkeit: Hunde, die wissen und darauf vertrauen, dass es bald wieder lustige Aktivitäten geben wird, wie jeden Tag, sind wahrscheinlich zufriedenere und besser erzogene Mitglieder des Haushalts.

Frühzeitig mit dem Lernen beginnen

Sie haben sicher schon gehört, dass die Trainerin Julie Case ihre Welpen praktisch von Geburt an allen möglichen Reizen aussetzt. Noch bevor sie ihre Augen öffnen, erleben ihre Hunde die Welt. „Wir beginnen mit den Stimulationsübungen für Welpen am dritten Lebenstag, ab dann werden sie jeden Tag behandelt", sagt sie. Dieser Rat ist es wert, wiederholt zu werden: Wenn man Hunde schon in jungen Jahren allen möglichen Reizen aussetzt, kann das dazu beitragen, dass sie zu intelligenten, vielseitigen und ausgeglichenen Welpen heranwachsen. Ian Dunbar erklärt mir: „Selbst bei Neugeborenen kann man etwas bewirken, indem man sie allem aussetzt (außer Krankheiten natürlich). Bringen Sie sie in einen Raum mit Metallkugeln und zerknitterten Plastikflaschen, Wippen und Kisten, Spielzeug und unebenen Böden. Bringen Sie Kinder mit, die sie anfassen und schreien und singen. Feiern Sie eine Party und laden Sie Freunde aller Größen, Geschlechter und Rassen ein. Spielt Musik, knallt Türen zu!" Wenn ein Hund acht Wochen alt ist, soll er „bombensicher" sein, sagt Dunbar. „Wenn man es richtig gemacht hat, gibt es fast nichts, was ihm in der realen Welt begegnet, was wirklich neu und daher beängstigend wäre.

Als ich die Auburn University besuchte, wo Wissenschaftler die Auswirkungen einer sehr frühen Geruchsexposition auf ihre zukünftigen Spürhunde untersuchen, war ich von ihrem Welpenstimulationsraum beeindruckt, einem winzigen Raum neben dem Zwinger, der mit hängenden Bechern, Pinseln und Dosen, Rampen, Spielzeug, Blöcken und sogar einem Fernseher gefüllt ist. Zu dieser Zeit war es ruhig, aber wenn der Raum mit Welpen bevölkert ist, so wurde mir gesagt, ist es ein pädagogisches Pandämonium.

Ich habe mich umgehört und festgestellt, dass nur sehr wenige Züchter, die ja den meisten Zugang zu jungen Welpen haben, eine so frühe Förderung anbieten – was Dunbar sehr frustriert. „Das ist es, was alle tun sollten", sagt er. „Denn wenn wir ihnen früh eine Bereicherung vorenthalten, zahlen wir später dafür, wenn der Hund voller Angst ist."

Ein Leben lang lernen lassen

Unsere Hunde altern in vielerlei Hinsicht wie wir – vor allem kognitiv. Mit der Zeit verlangsamt sich ihr Denken, ihre Gehirne schrumpfen, ihre Fähigkeit zu lernen, sich zu erinnern und Probleme zu lösen nimmt ab. Kommt Ihnen das bekannt vor? Manche Hunde leiden sogar an kognitiver Dysfunktion, der Hundeversion der Alzheimer-Krankheit. Leider verlaufen einige Aspekte der Intelligenz bei unseren beiden Spezies im Laufe unseres Lebens einfach auf einer Glockenkurve. Aus Studien mit Menschen wissen wir jedoch, dass körperliche Aktivität zum Schutz der menschlichen Gehirnfunktion beitragen kann. Berichte über das Leben von fast 40 000 Haushunden auf der ganzen Welt, die aus dem *Dog Aging Project* stammen – einer wissenschaftlichen Gemeinschaftsinitiative, die 2014 an der University of Washington in Zusammenarbeit mit vielen Institutionen ins Leben gerufen wurde – legen nahe, dass dies auch für Hunde gilt. Forscher des *Clever Dog Lab* am Messerli Forschungsinstitut in Wien haben herausgefunden, dass alte Hunde in manchen Fällen genauso gut neue Tricks lernen wie jüngere. Die Wissenschaftler sagen, dass es sich lohnt, den älteren Hund nicht nur mit Aktivitäten wie Nasenarbeit und Tricktraining kognitiv zu fordern, sondern auch einfach weiter mit ihm zu spielen. Er hat vielleicht nicht mehr die Energie oder die Kraft zum Raufen – Sie vielleicht auch nicht –, aber er wird weiterhin von der Art des Denkens profitieren, die jede Form des Spiels erfordert.

Durch diese Erkenntnisse dachte ich über ältere Arbeitshunde nach: Was passiert, wenn sie aufhören zu arbeiten? Gibt es ein Verlust-Gefühl? Da wir noch immer nicht genau wissen, wie das Selbstwertgefühl eines Hundes aufgebaut ist, ist es unmöglich zu beurteilen, ob der „Selbstwert" mit dem Karriere-Ende abnimmt.

Ein Polizeibeamter in Atlanta erzählte mir eine Geschichte über seinen pensionierten Streifenhund: Der Schäferhund mit der grauen Schnauze lag immer an der Haustür, und wenn sein Besitzer mit seinem neuen, jüngeren Hundepartner zur Arbeit ging, war der ältere Hund völlig unglücklich. Es schien mehr zu sein, als nur, dass der Hund nicht zurückgelassen werden wollte. „Ich hatte wirklich das Gefühl, dass er ein Teil dieser Sache sein wollte. Er vermisste alle Teile des Jobs und wollte trotzdem arbeiten", erzählt mir der Beamte.

Aber der ehemalige Arbeitshund war nicht mehr rüstig genug, um die Strapazen der Arbeit zu bewältigen, und die Dienstvorschriften der Abteilung sahen vor, dass die Hunde im Alter von zehn Jahren in den Ruhestand versetzt wurden, um sie nach einem Leben im Dienst etwas zu entlasten. Jetzt kommt mir der Gedanke, dass dies ein Fall ist, in dem es eine echte Freundlichkeit und ein kognitives Geschenk gewesen wäre, wenn man dem Hund die Wahl gelassen hätte, „weiterzuarbeiten" – indem man ihm zum Beispiel angeboten hätte, gelegentlich mit dem Streifenwagen bei eingeschalteter Sirene mitzufahren oder indem man ihm die Möglichkeit gegeben hätte, jede Woche ein wenig Nasenarbeit an einem geparkten Auto zu leisten, wenn er dazu bereit war. Ich wünschte nur, ich hätte daran gedacht, es vorzuschlagen, als wir miteinander sprachen.

Das Lernen fröhlich machen

Wir sind es unseren Hunden schuldig, sie in allen Bereichen ihres Lebens menschlich zu behandeln, und dazu gehört auch, sie auf die freundlichste Art und Weise zu erziehen. Wie sieht das aus? „Ich verwende Futter zum Locken, ein wenig Wissenschaft und eine ganze Menge Spaß und Spiel", erklärt der Tierverhaltensexperte Ian Dunbar.

Die lange Geschichte der aversiven oder auf Bestrafung basierenden Trainingsmethoden und der kontinuierliche, evidenzbasierte Übergang zu positiven, belohnungsbasierten Strategien bei den angesehensten und erfolgreichsten Trainern – einschließlich der Männer und Frauen, die Hunde des Militärs und der Strafverfolgungsbehörden ausbilden – ist gut dokumentiert. Ich habe jedoch keinen Zweifel daran, dass einfühlsame, respektvolle Erziehungsmethoden besser sind als die Alternative, auch was ihre Auswirkungen auf das körperliche Wohlbefinden unseres Hundes betrifft. Ein Bericht eines internationalen Expertenteams aus dem Jahr 2020 kommt zu dem Schluss, dass aversives Training – vor allem, wenn es „in hohem Maße" eingesetzt wird – sowohl während als auch nach dem Training Stress auslöst (chemisch und verhaltensmäßig gemessen). Es wird auch mit „Pessimismus" und Stressverhalten bei Hunden in Verbindung gebracht, die außerhalb des Trainingsszenarios eine kognitive Aufgabe erfüllen sollen.

Wie Pat Miller in *The Power of Positive Dog Training* schreibt, wollen Hunde nur gute Dinge bekommen und schlechte Dinge vermeiden. Bestrafung ist nicht notwendig, um ein Verhalten „nicht lohnend" zu machen, schrieb sie. Man muss nur dafür sorgen, dass das gewünschte Verhalten lohnender ist als das unerwünschte. Und die Formel ist ganz einfach: „Man erreicht dies, indem man die gewünschten Verhaltensweisen belohnt und die unerwünschten ignoriert oder verhindert."

Eine rücksichtsvolle Erziehung erfordert auch, dass wir konsequent in dem sind, was wir verlangen und wie wir das tun. Wie Patricia McConnell in *Das andere Ende der Leine* bemerkt: „Fast jedes Hundetrainingsbuch, das je geschrieben wurde, rät Hundebesitzern, einfache Kommandos auszuwählen und sie konsequent anzuwenden, und fast jeder Hundebesitzer auf der Welt verstößt wiederholt gegen diese Regel." Wir wiederholen nicht nur, sondern wir werfen die Befehle mit zusätzlichen Wörtern durcheinander und erwarten, dass die Hunde das einzelne Schlüsselwort herausfinden und sich einen Reim darauf machen. Ein Beispiel: Sie haben Ihrem Hund „Sitz" beigebracht, aber dann sagen Sie: „OK, du, Zeit zum Sitzen. Komm her und sitz! He, du Dussel, ich sagte „Sitz"! Setz dich einfach hin! Ich sagte: SITZ! KOMM HIERHER UND SETZ DICH! Verdammt noch mal, Setz dich hin!" Wie soll selbst ein sehr braver Hund da wissen, was er tun soll?

Hier sind ein paar schnelle Tipps für intelligentes Training von den Experten: Nennen Sie zuerst den Namen des Hundes und geben Sie dann das Kommando mit dem einzelnen Wort – in dieser Reihenfolge. Der Name zeigt dem Hund, dass er aufmerksam sein soll. Das Kommando sagt ihm, was er tun soll. Punkt. Keine Wiederholungen. (Das ist schwer!) Eryka Kahunanui, eine ehemalige Diensthundeführerin der Armee, schlug vor, dass wir unseren Primaten-Zwang zum Plappern unterdrücken können, indem wir das Alphabet leise vor uns hin singen, nachdem wir das Befehlswort in einer Trainingseinheit gesprochen haben. „Je nach Tempo“, sagt sie, „dauert es 10 bis 15 Sekunden, um das Lied zu Ende zu singen. Das ist keine unangemessene Zeitspanne, die man einem Mitglied einer anderen Spezies geben sollte, um eine Anweisung zu hören, zu verstehen und zu entscheiden, wie sie auszuführen ist.“

Als Nächstes sollten wir uns einer weiteren Möglichkeit bewusst sein, wie wir unsere eigenen Bemühungen, das Verhalten unserer Hunde zu kontrollieren, ständig sabotieren: Wir ignorieren die Tatsache, dass Hunde aufgrund ihrer sozialen Instinkte von Natur aus mitmachen, wenn sie ein Mitglied ihrer Gruppe laut rufen hören. Selbst wenn das Wort, das wir bellen, „Ruhe!“ lautet, ermutigt unser immer lauter werdendes Gekläffe nur zu noch mehr Lärm als Antwort.

Schließlich empfehlen Experten, keine Trainingswörter zu wählen, die ähnlich klingen, aber unterschiedliche Bedeutungen haben wie „gibs“ oder „Sitz“. Wir lieben es auch, die Reihenfolge der Wörter, die wir mit unseren Hunden verwenden, neu zu ordnen, trotz der Tatsache, dass „von einem Hund zu verlangen, die Regeln der menschlichen Grammatik zu verstehen, eine Zumutung ist“, schreibt McConnell. Seien Sie klar. Seien Sie prägnant. Seien Sie konsequent. Das ist nicht langweilig. Es ist freundlich, und es funktioniert.

Dies sind nur einige der Möglichkeiten, wie wir unsere Hunde verwirren und uns dann wundern, warum sie unsere Wünsche scheinbar ignorieren, nicht gehorchen oder absichtlich missverstehen. Sie suchen nach vorhersehbaren Mustern von uns, und wir können besser darin werden, diese vorzugeben. Sofortiger Gehorsam bei miserablen Anweisungen sollte nicht das entscheidende Merkmal für einen „guten Hund“ sein. Ungehorsame Hunde sind nicht dumm, und sie *versuchen* auch nicht, schwierig zu sein. Oft sagen sie uns, dass *wir* nicht deutlich genug sind.

Wer ist jetzt der Klügere von beiden?

Folgen Sie der Wissenschaft

„Wir sind es den Hunden schuldig, intellektuell neugierig auf ihr Innenleben zu sein“, sagte Cat Warren kürzlich zu mir. Ich stimme ihr von ganzem Herzen zu. Auch wenn nicht jeder die Zeit oder die Lust hat, alle wissenschaftlichen Arbeiten zu verfolgen, die aus der wachsenden Zahl von Forschungsprojekten zur Hundekognition stammen, wissen wir doch mehr denn je über die Gedanken, Gefühle und das Verhalten von Hunden, und dieses Wissen ist nützlich. Es lohnt sich, die Erkenntnisse der Wissenschaftler über unsere vierbeinigen Freunde im Auge zu behalten und sie in unsere eigenen Beziehungen einfließen zu lassen.

Es gibt immer mehr Möglichkeiten, einen Beitrag zu leisten. Als Wissenschaftler der Universität von Massachusetts vor einigen Jahren Daten für ihr Darwin's Ark-Projekt sammelten, ging ich eifrig online und fügte Monks und Geddys Informationen zu dem Mix hinzu. Jetzt, da die von ihnen gesammelten Daten ausgewertet werden – zum Teil, um die Rolle der Genetik bei Verhaltensweisen zu untersuchen, die wir als rassespezifisch ansehen –, ist es schön zu wissen, dass meine Hunde ein winziger Teil davon waren. Auf diesen Seiten habe ich bereits auf die Ergebnisse einiger solcher gemeinschaftlicher Wissenschaftsprojekte hingewiesen; weitere laufen noch, andere stehen erst am Anfang. Bei vielen muss man persönlich (und mit dem Hund) dabei sein, bei anderen sind nur Online-Umfragen erforderlich. Überlegen Sie einmal, ob Sie sich auch beteiligen können.
Forschungsergebnisse können sich natürlich abstrakt und hochtechnisch anfühlen, aber sie können auch sehr schnell und einfach praktische Anwendungen bieten. So belegen beispielsweise mehrere Studien eine Verringerung der Stressmarker bei Hunden, wenn sie vertrauten Menschen ausgesetzt sind. Wenn ein Hund seinen Menschen sieht oder riecht, bekommt er gewissermaßen eine Dosis Xanax, einen Moment der Ruhe", erklärt Jim Crosby, Forscher auf dem Gebiet der aggressiven Hunde. „Wenn ich also mit einem Hund arbeite, der mir vertraut, aber ängstlich oder abgelenkt ist, weiß ich, dass ich ihm einen Schub an Neurochemikalien gebe, der ihm in einer schwierigen Situation helfen könnte, wenn er mich ansieht. Die richtige Art der Intervention, sagt er, „gibt einen neurochemischen Vorteil, den man nutzen kann, um Stress zu bewältigen oder sogar schlechtes Verhalten zu ändern".
Bedenken Sie auch, dass das Wissen über die Wissenschaft der Hundekognition und des Hundeverhaltens uns helfen kann, Probleme zu Hause zu lösen, wenn es um Hunde geht.

Odin verstehen

Kommen wir zurück zu meinem ganz besonderen Hundefreund, Odin, den Mountain Cur. Wieder einmal hat er uns einen einzigartigen Einblick gegeben, wie wir intelligentere Partner für unsere unterschiedlich intelligenten Hunde sein können.
Kurz nach Halloween 2022 begann Odin, Löcher in Decken zu kauen. Zuerst zerfetzte er einen Teil einer geschätzten Steppdecke, die immer oben auf dem Bett von Margaret und Trevor lag. Margaret zwang ihn, das Bett zu verlassen, verbot

es ihm und gab ihm einen Knochen, um ihn abzulenken. Am nächsten Morgen, als sie das Frühstück zubereitete, war er wieder am Werk – der Knochen lag draußen, die Bettdecke zwischen seinen Pfoten zusammengeknüllt. Margaret zwang ihn, wieder herunterzukommen, und dieses Mal nahm sie ihm die Bettdecke weg. Am nächsten Morgen machte er sich an der nächsten Schicht Bettzeug zu schaffen, einer weißen Baumwolldecke. Mehr Löcher.

Das war ein neues Verhalten für Odin. Er ist kein zerstörerischer Hund und hatte noch nie an Haushaltsgegenständen geknabbert. Aber nun kaute er. Da ich über Hunde schreibe und Odin besonders liebe, schrieb Margaret mir eine SMS, um mich zu fragen, was ich über dieses Verhalten denke. Für mich sah es nach einer Stressreaktion aus. Wahrscheinlich wollte er sich mit dem Kneten und Kauen selbst beruhigen. Was war also in ihrem Leben los, das ihn aus der Fassung gebracht haben könnte?

Es stellte sich heraus, dass er sich in der Halloween-Nacht an der Pfote verletzt hatte. Die Schnittwunde an seinem Ballen machte einen Besuch beim Tierarzt erforderlich, der ihm Antibiotika und Schmerzmittel verschrieb. Kurz darauf begann er mit dem Kauen an der Decke. Das schien also eine vernünftige Erklärung zu sein – Schmerzen, Tierarztbesuch, Medikamente, verminderte Aktivität während der Genesung. Stressig! Aber seltsamerweise kaute Odin auch nach der Heilung der Pfote und als er wieder voll aktiv war, weiter. War da also noch etwas anderes? Überhaupt irgendetwas? Und tatsächlich: Margaret hatte vergessen, eine wichtige Veränderung in ihrem Haushalt zu erwähnen: *Sie war schwanger.* Sie hatte es gerade erst erfahren, und der Zeitpunkt von Odins zwanghaftem Verhalten fiel mit dem wahrscheinlichen Beginn dieser neuen Entwicklung zusammen.

Diese neue Wendung der Geschichte hat mir gut gefallen. Vielleicht konnte Odin eine Veränderung in Margaret riechen und hatte sich einen nach Margaret riechenden Gegenstand besorgt, um seine Gefühle zu verarbeiten. Da Margaret nicht wusste, dass sie schwanger war, bis das Verhalten begann, konnten wir nicht davon ausgehen, dass ihre äußere Aufregung oder ihr Stressverhalten ihn darauf aufmerksam machte. Es musste etwas anderes sein. Geruchsintelligenz schien wahrscheinlich.

Wir wollten jedoch eine fachkundigere Perspektive, und so wandte ich mich an Mark Spivak, den Hundetrainer und Verhaltensforscher aus Atlanta, den Sie bereits kennengelernt haben. Spivak verfügt über ein breites Wissen über die aktuelle kognitive, verhaltensbezogene und tiermedizinische Forschung. Wir legten ihm den Fall dar. Er erkundigte sich nach vielen spezifischen Details über den zeitlichen Ablauf der Ereignisse, die Medikamente, die Odin eingenommen hatte, wer auf der Decke gelegen hatte, ob darunter oder darüber, ob Odin Margaret nähersteht als Trevor und so weiter. Der Mann ist sehr gründlich.

Seine Analyse ergab, dass das neue Verhalten wahrscheinlich auf das Zusammenwirken mehrerer Faktoren zurückzuführen war. Die Verletzung und die anschließende Phase geringer Aktivität, die Medikamente und die Schwangerschaft – jeder für sich kann Stress verursachen, aber in Kombination wären sie besonders stark und würden Odins Sicherheitsgefühl so sehr stören, dass es zu zwanghaftem Verhalten kommt. Und ja, da die Decken Margarets Duft trugen und Margaret definitiv Odins Liebling ist (sorry Trevor), könnte der Hund gerade diese Bettwäsche als besonders beruhigend empfunden haben.

Was den Beitrag der Schwangerschaft anbelangt, so kennt Spivak zwar keine von Experten begutachteten Studien, die dies beweisen, aber er stimmt zu, dass der Geruch der wahrscheinliche Faktor war. „Es gibt mehrere anekdotische Berichte über Verhaltensänderungen bei Hunden, einschließlich des Kauverhaltens, die mit dem ersten Drittel der Schwangerschaft einer Besitzerin zusammenfallen“, schrieb er in einer E-Mail. „Die Wahrscheinlichkeit, dass ein Hund die Fähigkeit besitzt, hormonelle, menschliche Volatilitätsveränderungen im Zusammenhang mit einer Schwangerschaft zu erkennen, ist sehr hoch.“ Das würde auch erklären, warum Odin nach der Heilung der Pfote nicht aufhörte zu kauen: Margarets Körper sendete immer noch Schwangerschaftssignale aus. Außerdem „kann zwanghaftes Kauen Dopamin freisetzen, das ein Gefühl von Vergnügen und Belohnung vermittelt, das die Wahrscheinlichkeit erhöht, dass die Handlung gewohnheitsmäßig und suchtbetont wiederkehrt“, schrieb Spivak. Mit anderen Worten: Odin hatte eine neue Droge.

Der Trainer bot verschiedene Strategien an, um Odin die Gewohnheit abzugewöhnen. Im Einklang mit der Idee, dass die Förderung der natürlichen Intelligenz von Hunden wesentlich für ihre Gesundheit und ihr Glück ist, empfiehlt Spivak zunächst mehr Bewegung und kognitives Training, um Körper und Geist des Welpen aktiv zu halten. Außerdem sollte das Verhalten unterbrochen werden, Odin sollte akzeptable Kauartikel bekommen und dafür gelobt werden, und wenn nötig, sollten verschiedene ganzheitliche Beruhigungsstrategien und -produkte eingesetzt werden. Beruhigende Medikamente wären nur der letzte Ausweg.

Nach ein paar Wochen, in denen Margaret ihm viel Aufmerksamkeit, Spaziergänge und andere Ablenkungen schenkte und ihm den Zugang zum Schlafzimmer versperrte, interessierte sich Odin weniger für Decken, sondern leckte zwanghaft an seinem eigenen Körper, wodurch entzündete Stellen entstanden. Die ursprüngliche Verletzung war längst verheilt, die Schwangerschaft dauerte an.

Es schien, als sei Margarets neuer Hormonzustand der Auslöser für Odin, der seine Angst auf eine sehr hündische Art und Weise zum Ausdruck brachte. Je mehr er leckte, desto mehr Sorgen machte sich Margaret um ihn, was er zweifellos spüren konnte. Also leckte er noch mehr. Ein Teufelskreis. Die Bemühungen, die Unruhe zu lindern, gingen weiter. Als eine andere Spezies, die versucht, die Hundesprache zu sprechen und die Emotionen von Hunden zu lesen, braucht es manchmal Zeit und viele Versuche, bis wir die richtige Antwort finden.
Hunde sind keine Automaten, bei denen eine Ursache gleich einer Wirkung ist, genauso wenig wie Menschen. Manchmal wünschten wir uns, sie wären es – es würde die Arbeit, sich um sie zu kümmern, sicher einfacher machen. Aber die Erfahrungen eines Hundes sind komplex, und man muss schon sehr klug und geduldig sein, um zu erkennen, wie die einzelnen Teile des Puzzles zusammenpassen (und sogar welche Teile das sind). Wenn wir ein Problem zu simpel angehen, ist die Wahrscheinlichkeit groß, dass wir mit unserer Antwort das Ziel verfehlen. Und auch wenn es verschiedener Experten bedarf, um unsere vierbeinigen Freunde wirklich zu verstehen – darunter Experten aus den Bereichen Kognition, Verhalten und Veterinärmedizin, um nur einige zu nennen –, so kommt es doch immer auf die persönliche Beziehung zwischen Mensch und Hund an.
Es kommt wirklich darauf an, wie genau jeder von uns auf die Details im Leben unserer Haustiere achtet, wenn wir sachkundig und hundegerecht handeln wollen. Je intelligenter der Mensch ist, desto intelligenter sind unsere Antworten auf die Bedürfnisse und Wünsche unserer Hunde, und desto besser ist das Ergebnis. Für uns alle.

HUNDE HUND SEIN LASSEN

Cat Warren meint es ernst mit ihren Leichenspürhunden. Im Laufe der Jahre hat sie ihre Hunde akribisch darauf trainiert, Tote zu finden. Sie arbeitet täglich mit ihnen und bittet sie, ihre außergewöhnliche Geruchsintelligenz einzusetzen, wenn sie gebraucht werden, um Menschen bei der Lösung einiger unserer herzzerreißendsten Probleme zu helfen.

Aber wenn ihre Dienste nicht von unserer Spezies benötigt werden, bietet Warren ihnen die Möglichkeit, sich hundegerechten Aktivitäten hinzugeben. „Ich versuche wirklich, ihnen Zeit zu geben, wenn ich *nichts* von ihnen verlange", sagt sie. Das sind lange Spaziergänge ohne Leine, bei denen die Hunde nach eigenem Gutdünken herumlaufen, schnüffeln und spielen können, wobei sie zu ihrer Sicherheit überwacht, aber ansonsten nur minimal kontrolliert werden. „Alle Eltern, die ein abenteuerlustiges Kind haben, kennen das Gefühl, ein wenig ängstlich zu sein", sagt sie, „aber das sind die Erfahrungen, durch die sie sich entwickeln können. Hunde verdienen dieselbe Chance", indem sie die für ihre Spezies typischen Mittel nutzen, um sich als die Tiere, die sie sind, voll zu entwickeln.

Nicht alle von uns haben einen Ort, an dem ihre Hunde völlig frei laufen können, aber es gibt viele Möglichkeiten, Hunde Hunde sein zu lassen. „Selbst so alberne Dinge wie meine Hunde die Chewy-Box öffnen zu lassen, wenn sie kommt, und sie auseinandernehmen zu lassen, wenn sie leer ist – es gibt etwas tief in ihrer Hundeseele, das das enorm befriedigend findet", sagt sie.

Also, vergessen Sie die Unordnung. Denn egal, wie gut wir sie behandeln, ihr Hundeleben ist durch ihre Rolle als unsere Gefährten und Haustiere eingeschränkt. „Indem wir sie zwingen, sich an unsere Welt anzupassen, und ihre Sichtweise ignorieren, haben wir ihre kognitive Entwicklung gehemmt“, sagt Warren. „Wir schulden ihnen diese Momente der kognitiven Freude“.

Was wir unseren Hunden schulden – und wie wir sicherstellen können, dass sie nicht nur als unsere Haustiere, sondern auch als eigenständige Lebewesen ein gutes Leben haben – hat mich in letzter Zeit sehr beschäftigt. Denn wir verlangen von ihnen, dass sie eine Menge von sich selbst aufgeben, stimmts? Um unsere braven Jungs und Mädchen zu sein, verlangen wir von Hunden, dass sie aufhören zu schnüffeln, zu sabbern, zu kauen, zu bellen, zu markieren und zu rammeln. Wir erwarten von ihnen, dass sie menschliche Manieren lernen. Wir erwarten von ihnen, dass sie gegen ihre natürlichen Triebe ankämpfen und andere Hunde, Beutetiere oder quiekende Kinder ignorieren, und dass sie trotz ihres natürlichen Impulses keine Schutz- oder Bewachungsaufgaben übernehmen.

Jagdhunde sollen jagen und apportieren, aber nicht töten oder fressen, Hütehunde sollen nur jagen. Der Militärhund muss Geräusche, Anblicke und Gerüche ignorieren, die jedes Lebewesen in Angst und Flucht versetzen könnten. Assistenzhunde müssen auf Kommando arbeiten und sich ganz auf die Bedürfnisse einer einzelnen Person konzentrieren, die sie sich nicht ausgesucht haben. Von Therapiehunden wird verlangt, dass sie Stress und Traurigkeit verkraften und über lange Strecken stillhalten, übereifrige Umarmungen, unberechenbares Verhalten und Ziehen am Schwanz akzeptieren. Wir verlangen von allen unseren Arbeitshunden ein Maß an Selbstbeherrschung, das über das hinausgeht, was wir von jedem Kind – und vielen Erwachsenen – verlangen würden, und oft müssen sie ihre Instinkte, die ihnen seit Jahrtausenden beim Überleben geholfen haben, ganz weit nach hinten schieben.

Können wir achtsamer mit dem umgehen, was wir verlangen und mit dem, was wir wegnehmen? Wenn wir uns besser um unsere Hunde kümmern wollen, müssen wir die Dynamik der Mensch-Hund-Beziehung nicht umkrempeln – wir werden zweifellos das Sagen haben, und wir werden immer von ihnen erwarten, dass sie sich an alles anpassen, was wir ihnen zumuten. Aber es ist nicht schwer, den Tieren etwas von sich selbst zurückzugeben, mehr Wuff in ihren Alltag zu bringen. Ich denke, das sind wir ihnen schuldig. Wir können ihnen ein sinnvolles Leben bieten, das den Wesen entspricht, die sie sind, und nicht nur den Wesen, zu denen sie als unsere Gefährten werden. Wir können ihnen den Zugang zu Erfahrungen ermöglichen, die ihrem Hundsein entsprechen.

Zu den wichtigsten Eigenschaften gehört, wie wir gelernt haben, die brillante Nase des Hundes. Sorgen Sie also zunächst dafür, dass Ihr Hund viele Gelegenheiten hat, seine olfaktorischen Superkräfte einzusetzen.

Lassen Sie schnuppern

Wussten Sie, dass Schnüffeln den Optimismus eines Hundes steigert? In einer Studie von Alexandra Horowitz aus dem Jahr 2019 wurden die Tiere mit der Zeit optimistischer, wenn sie Geruchsfindungsspiele spielen durften, die mit kognitiven Tests vor und nach einer Woche Aktivitäten verglichen wurden.

Und warum? Durch das Schnüffeln können sie sich frei entfalten. Es lässt sie das tun, was sie am besten können, nämlich ihre eigene beste Sprache anzapfen. Horowitz erklärte mir, dass ihre Ergebnisse „mit der Vorstellung übereinstimmen, dass der Geruchssinn für das Wohlergehen der Hunde wichtig ist. Es gibt ihnen die Möglichkeit, über etwas nachzudenken und etwas zu tun, das für Hunde ökologisch relevanter ist".

Das ist ein Grund, unseren Hunden Zeit zum Schnüffeln zu geben. Außerdem hilft es, sich daran zu erinnern, wie viele Informationen über andere Hunde – und andere einheimische Arten – sie durch die Nase aufnehmen. Wenn man sie schnüffeln lässt, können sie Kontakte knüpfen. Plaudern Sie beim Spazierengehen mit Ihren Nachbarn? Bemerken Sie, wer ein neues Auto gekauft hat oder wer seine Weihnachtsbeleuchtung noch nicht abgenommen hat? Hunde tun das auch gerne, und zwar durch die Nase. Wenn wir unsere Hunde wegziehen, verweigern wir ihnen den Zugang zu den Neuigkeiten der Nachbarschaft. Ich könnte meinen Hunden sicherlich mehr Zeit für ihre Lieblingsbeschäftigung geben. Ich versuche, den Drang zu bekämpfen, sie wegzuzerren.

Wenn sich meine Hunde allerdings in stinkenden Dingen wälzen wollen, ist es schwieriger, ihnen das zu verbieten. Warum sie das tun, ist ein ziemliches Rätsel. Vielleicht ist es ein Überbleibsel aus wilden evolutionären Zeiten, ein Versuch der Tarnung oder der Kommunikation innerhalb einer oder zwischen verschiedenen Arten. Egal ob diese uralte Eigenschaft für einen Haushund nützlich ist oder nicht, bleibt sie eine natürliche Neigung. Deshalb ist es vielleicht gar nicht so schlecht, sie ab und zu ein wenig darin zu wälzen und zu schmoren. Halten Sie sich mit dem Abspritzen zurück, so lange Sie können. „Die Liebe zum Verwesenden ist den Hunden angeboren", schrieb Warren in *What the Dog Knows* (dt.: *Der Geruch des Todes*). In den meisten Fällen ist es gegen unsere Natur, im Gestank herumzuwühlen, aber warum sollten wir Hunden etwas vorenthalten, das ein so wichtiger Teil ihrer Natur ist?

Das gilt auch für das Fressen von „ekligem" Zeug. Obwohl ich verstehe, warum wir eingreifen (und uns fragen, ob ihre Intelligenz offline ist), wenn sie darauf anspringen, kann sogar das Fressen von Kot (technisch Koprophagie genannt) für Hunde gesund sein. Laut Tierarzt Ian Billinghurst kann der Kot als Probiotikum wirken und das Darmmikrobiom des Welpen mit Bakterien versorgen. Als Aasfresser erhalten Hunde „wertvolle Nährstoffe aus Materialien, die wir Menschen völlig abstoßend finden ... wie Erbrochenes, Fäkalien und verwesendes Fleisch", schreibt er.

Ich würde Sie niemals dafür kritisieren, dass Sie Ihrem Hund einen Katzenhaufen oder einen Eichhörnchenkadaver aus dem Maul ziehen oder ihn davon abhalten, sein eigenes Erbrochenes aufzulecken – vor allem nicht, wenn er mit Ihnen das Bett teilt. (Es gibt morgendlichen Mundgeruch und es gibt morgendlichen MUNDGERUCH.) Der Punkt ist, dass diese scheinbar ekligen Dinge weder ein Zeichen von Dummheit sind noch sind sie für ein Tier überhaupt seltsam. Diese Verhaltensweisen sind oft zielgerichtet. Sogar intelligent? Vielleicht.

Aber es verlangt viel von uns Menschen, unsere Einstellung zur Koprophagie zu ändern. Vielleicht hat es seine Grenzen, Hunde Hunde sein zu lassen, und dies ist eine davon. Damit kann ich leben.

Lassen Sie sie mit anderen spielen

Es ist schon eine Weile her, dass ich mit Monk in einen Hundepark gegangen bin, aber ich denke, es ist an der Zeit, es wieder einmal zu tun. Obwohl nicht *alle* Hunde für diese Art von Partys geeignet sind (Geddy wird nie eingeladen, weil er ein Arschloch ist), scheint Monk es wirklich zu genießen, Fremde zu begutachten und dann mit ihnen zu toben und zu ringen und ich finde es toll zu sehen, wie er seine wilde Energie unter seinesgleichen auslebt.

Da Hunde soziale Wesen sind, ist es Teil unseres Engagements, Wege zu finden, um sicherzustellen, dass sie soziale Interaktionen haben; dass wir ihre soziale Intelligenz möglichst nicht nur mit uns, sondern auch mit anderen Hunden trainieren. Nicht jeder kann mehrere Hunde oder sogar mehrere Haustiere haben, die sicher und glücklich miteinander auskommen. Aber es ist eine gute Sache für diejenigen, die die Möglichkeit haben, Hunde unter Hunden sein zu lassen – oder zur Not auch unter Ziegen, Katzen oder anderen Tieren, die gerade verfügbar sind.

Lassen Sie sie wählen

„Wenn ich das größte Einzelproblem benennen könnte, mit dem Heimhunde derzeit konfrontiert sind, dann wäre es der Mangel an angemessener Kontrolle", schrieb die Bioethikerin Jessica Pierce in einem Artikel von *Psychology Today* aus dem Jahr 2022. Das Fehlen dieses Gefühls der Kontrolle, so argumentiert sie, „hat erhebliche Auswirkungen auf ihr physisches und vor allem ihr psychisches Wohlbefinden".

Immer mehr Trainer und Besitzer scheinen sich mit der Frage der Vermittlung zu befassen und ihren Hunden die Wahl zu lassen – und das gefällt mir. Für mich ist es ganz einfach, meinen Hunden die Wahl zu lassen, indem ich sie das Tempo, die Richtung und die Dauer eines Spaziergangs bestimmen lasse (in einem vernünftigen Rahmen); indem ich eine lange Leine benutze und extrem geduldig bin, wenn es gefahrlos möglich ist; indem ich ihnen Zeit lasse, mit ihrer Umgebung zu interagieren; indem ich weniger ziehe und weniger schimpfe. Kleine Dinge, aber dennoch wichtig.

Ein weiterer vielversprechender Trend ist es, Hunden die Möglichkeit zu geben, zu einem bestimmten Zeitpunkt zu trainieren. „Wenn er kein Interesse an dem Spiel zeigt, höre ich auf und versuche es später noch einmal", erzählt mir die Trainerin Vidhyalakshmi Karthikeyan über die Arbeit mit ihrem Hund Beanie an Mathe- und Lesespielen. Andere sagen das Gleiche, egal ob sie grundlegende Verhaltensweisen trainieren oder solche, die nur zum Spaß gemacht werden.

Berücksichtigen Sie ihre Erfahrungen

Wir sollten die Welt, an der wir teilhaben, öfter mit den Augen unserer Hunde betrachten. Die australische Ausbilderin Shannon Carroll hat zum Beispiel genau beobachtet, wie Hunde überempfindlich auf Sinneseindrücke reagieren können. Einige haben eine hündische Form von ADHS, andere weisen Symptome von Autismus auf. All dies kann sich auf ihre Fähigkeit auswirken, Signale zu verarbeiten, bei der Sache zu bleiben, Spaß am Lernen zu haben und Probleme effektiv zu lösen. Auch wenn wir nicht immer genau wissen können, was unser Hund erlebt, lohnt es sich, sich bewusst zu machen, dass etwas unter der Oberfläche – ein Persönlichkeitsmerkmal, eine Angststörung oder auch nur ein Blähbauch – das Tier daran hindern könnte, sich voll und ganz zu entfalten.

Wenn Sie die Sinneswahrnehmungen Ihres Hundes berücksichtigen, können Sie eine angenehmere Umgebung für ihn schaffen. Denken Sie daran, dass Hunde mit der Nase leben. Und einige Gerüche sind dafür bekannt, dass sie Hunde abstoßen und sogar körperliche Reizungen und Unbehagen verursachen. Dazu gehören Zitrusfrüchte, Essig, Chilipfeffer, Reinigungsalkohol, Nagellack und Chlor; ich bin sicher, es gibt noch viele mehr. Und wir alle kennen Hunde, die auf laute Geräusche wie Feuerwerk, Donner, Blitze und sogar auf den Staubsauger oder die eingeschaltete Heizungspumpe reagieren. Auch wenn wir öffentliche Feste oder das Wetter nicht kontrollieren können, lohnt es sich, die besonderen Auslöser Ihres Hundes zu kennen und alles zu tun, was Sie tun können, um deren Auswirkungen zu dämpfen.

Kennen Sie die Tendenzen Ihrer Rasse

Wenn Sie einen reinrassigen Hund oder einen Mischling haben, dessen genetische Veranlagung eindeutig ist, kann es nützlich sein, sich darüber im Klaren zu sein, wie er seine genetischen Neigungen zum Ausdruck bringen könnte. Ja, Ihr Border Collie hat den Drang, zu hüten und vielleicht in die Knöchel zu beißen. Ja, Ihr Terriermix wird wahrscheinlich das Nagetier jagen, das unter Ihrer Terrasse lebt. Ja, Ihr Jindo wird hinter dem Kaninchen her sein.

Obwohl die DNA keine Versprechungen macht und die Rassenstereotypen viel lockerer sind als bisher angenommen, sind die Gene ein wichtiger Einflussfaktor für das Verhalten. „DNA ist mächtig, und es ist wichtig, seine Rasse zu kennen und zu wissen, welche Tendenzen sie mit sich bringt", sagt Lucia Lazarowski, eine Kognitions- und Verhaltenswissenschaftlerin, die an der Auburn University mit Spürhunden arbeitet. „Und es ist wichtig, Hunde nicht dafür zu tadeln, dass sie etwas tun, was mit ihrer Rasse zusammenhängt. Es mag ein unerwünschtes Verhalten sein, aber es sind keine schlechten Hunde; sie brauchen nur ein anderes Ventil. Sprechen Sie ihre Sprache, finden Sie die Welt, in die sie gehören, und begleiten Sie sie dorthin.

Sara Carson, deren hochfliegende Super Collies zweifelsohne von ihrem Bedürfnis nach täglicher körperlicher Betätigung und Spiel geprägt sind, weist darauf hin, dass es wichtig ist, die Neigungen einer Rasse zu kennen, *bevor* man sich für ein Haustier entscheidet. „Wenn Sie die Dinge, die diese Art von Hund gerne tut, nicht mögen, sollten Sie sich diesen Hund nicht zulegen", sagt sie. Und wenn Sie ihn schon haben, werfen Sie einfach den Ball. *Werfen Sie den Ball.*

Kennen Sie Ihren Hund als Individuum

Die DNA ist nur eine Komponente der Veranlagung Ihres Hundes. Es geht nie um Umwelt oder Erziehung – es ist immer beides. Außerdem gibt es nicht „den Hund", wie wir weiter vorn in diesem Buch festgestellt haben. Von den Milliarden Hunden auf diesem Planeten hat jeder seine eigenen Bedürfnisse, Wünsche, Freuden und Ängste. Wie wir selbst ist jeder Hund eine Mischung aus Genen, Umwelt und Erfahrung plus einer Prise von diesem und einer Prise von jenem. Das Wichtigste ist, dass Sie Ihren Hund und sein individuelles Temperament und seine Vorlieben kennen. Und dann versuchen Sie, sich diese zu Herzen zu nehmen.

Es ist wichtig, die „richtige" Art des Spiels für den einzelnen Hund zu finden, sagt Alexandra Horowitz. „Manche mögen es, sich auszutoben, andere bevorzugen ein Spielzeug, wieder andere mögen andere Hunde. Man muss die Persönlichkeit und die Vorlieben des eigenen Hundes kennen, damit man eine Welt schaffen kann, die besser zu diesem Hund passt.

Ich habe zum Beispiel auf Monk geachtet, und zwar in allen Bereichen seines Verhaltens. Ich weiß, dass er Angst vor Gewitter, Feuerwerk, Schüssen, blinkenden Lichtern und der plötzlichen Stille eines Stromausfalls hat, und er braucht meine Hilfe, während er diese Katastrophen durchmacht. Umarmungen sind während dieser Episoden in Ordnung; zu anderen Zeiten könnte er sich versteifen oder mich abweisen, wenn ich zu kuscheln versuche. Mindestens jeden zweiten Tag muss er mit Vollgas laufen, sonst wird er ein wenig zerstörerisch. Wenn man ihn während seiner verrückten fünf Minuten jagt, ist er sehr glücklich. Er schnappt sich zuverlässig einen Schuh und tänzelt damit herum, wenn er kacken muss. Er hat nichts gegen Kinder, aber nachdem er sie kurz abgeleckt hat, um den Geschmack ihrer klebrigen Gesichter zu beurteilen, ist er ziemlich durch mit ihnen. Er ist unermüdlich fröhlich, außer wenn er Angst hat, und wenn er nicht fröhlich ist, stimmt etwas nicht. Und so weiter.

Dies sind keine Rassemerkmale und auch keine Eigenschaften, die er mit seinen Eltern oder Wurfgeschwistern zu teilen scheint. Das ist einfach Monk. Wenn ich mir das alles vor Augen halte, kann ich mich besser um ihn kümmern. Unsere Beziehung zu unseren Hunden ist ein gegenseitiges Geben und Nehmen. Aber wenn es darum geht, ihnen ein gutes und hundegerechtes Leben zu bieten, das ihre vielfältigen Intelligenzen fördert, könnten wir Menschen es vertragen, weniger zu nehmen und mehr zu geben. In allen Rollen, die sie spielen, verdienen Hunde unsere Wertschätzung, unsere intellektuelle Neugier und unser Engagement für ihr körperliches und kognitives Wohlbefinden. Das bedeutet, dass wir anerkennen, dass sie die Welt anders erleben als wir, und dass wir alles in unserer Macht Stehende tun, um sicherzustellen, dass diese Erfahrung nicht nur menschlich, sondern auch hundefreundlich, wenn möglich hundezentriert und immer hundefördernd ist.

Odin, ungestört

Moraine Beach ist ein schmaler Streifen aus Sand und Felsen am Fuße einer Schlucht am Lake Michigan in Highland Park, Illinois. An einem kalten und bewölkten Januarnachmittag fühlte er sich durch die Wellenbewegung wie das Meer an, obwohl der Geruch verriet, dass es sich um Süßwasser und nicht um Meer handelte. Odin ist es gewohnt, auf Wanderwegen nicht angeleint zu sein, wenn er mit seinen Menschen wandern geht, und er darf auch in Moraine frei laufen.

Nichts ist so berauschend, wie zu beobachten, wie ein braver Hund merkt, dass er frei ist und den Moment nutzt. Als wir am Ufer ankamen, löste sich Odin von der Leine, hielt inne, schaute Margaret und mich an und rannte dann los. Kurz war sein Kopf gesenkt, und er wedelte mit dem Schwanz, während er im Trab das angeschwemmte Treibgut absuchte. Doch schon bald stieß er mit neuem Schwung auf den festen Sand – die Ohren zurück, ein breites Grinsen in den Wind, Sand und Gischt unter seinen Füßen wegfliegend.

Er sprang über einen umgestürzten Pier, dann über eine Betonmauer, landete auf dem nächsten Strand und sauste dann einen steilen Hügel hinauf. Oben angekommen, rannte er gegen den grauen Himmel an der Kante der Steilküste entlang, dann ging es wieder hinunter, wobei er in der glitschigen Laubstreu ausrutschte und sich unten wieder aufrichtete. Zurück am Strand schlich er auf Zehenspitzen über einen Steinhaufen – er erkannte einen Knöchelbrecher, wenn er ihn sah –, bevor er wieder einen Gang höher schaltete, ein weiteres Hindernis übersprang und sein Abenteuer fortsetzte. Wir beobachteten, wie er immer kleiner wurde, bis er wieder in den Wald abbog und verschwand. Wir riefen seinen Namen, halbherzig. Ab und zu sahen wir, wie er sich zwischen den Bäumen bewegte und eine Runde drehte, ohne wirklich den Rückweg anzutreten. Wir gerieten nicht in Panik: Odin war im Hundemodus, aber er wusste, wo er war und wo wir waren, und dass wir seine Rückkehr erwarteten. In dieser Hinsicht war er schlau. Schließlich tauchte er ein Stück weiter unten am Strand wieder auf und begann seinen Sprint zurück. Wieder mit dem albernen Grinsen, den angelegten Ohren, der Anmut eines Rennhundes, den Muskeln, die sich im Flug kräuselten, um seinen

Körper im Raum voll zur Geltung zu bringen. Der Geruch seiner schlammverschmierten Pfoten und der Gischt, die von seinem Bauch tropfte, erreichte uns, bevor er ankam. Oh ja, er stank. Aber wen kümmerte das? Odin nicht. Nicht einmal uns.

Das Hochgefühl der ganzen Szene hat mich gepackt und die Müdigkeit vertrieben. Das war es, was es bedeutete, als Mensch hundeerfahren zu sein – seinen Hund bis zum Äußersten Hund sein zu lassen. In diesen Momenten wusste Odin zweifellos, was er war und wie er in seiner Haut glücklich sein konnte. Er kam vor Margaret zum Stehen, ließ sich von ihr loben, weil er (sozusagen) gehorchte, und streckte sich dann zu ihren Füßen aus, die Zunge hing herunter, Speichel tropfte in den Sand. Er war dreckig und nass, stank nach totem Fisch und Algenschleim, und er war so zufrieden, wie ich ihn noch nie gesehen hatte.

Jeder Hund hat es verdient, Zeit zu haben, ganz Hund zu sein, egal, wie das für ihn aussieht und wieviel extra Saubermachen es für seine Betreuer bedeutet. Für Odin war es eindeutig eine Freude, sich voll und ganz seinem Körper zu widmen und seine Bewegungsintelligenz voll zur Geltung zu bringen – eine Möglichkeit, seine hündischen Fähigkeiten voll auszuschöpfen. Und das Bad, als wir nach Hause kamen? Obwohl er uns beim Einseifen und Abspülen mit Argusaugen beobachtete, bin ich sicher, dass er zustimmen würde, dass sich auch das gelohnt hat.

Ich schließe mit diesem Satz: Wenn wir unseren Hunden erlauben, ihr Hundsein so auszudrücken, wie sie es wollen, und dabei jeden Aspekt ihrer Intelligenz zu nutzen, fühlt es sich so gut an, ihnen diese Freiheit und Macht zurückzugeben – und ihre Brillanz, die perfekte Manifestation von Freude, zu erleben.

UPDATE ZU JESSE

Einige Monate nach meiner besonderen Erfahrung mit Blindenführhündin Jesse in New York beschloss ich, nachzufragen, wie es ihr ergangen war. Als ich mich bei *The Seeing Eye* erkundigte, erfuhr ich zu meiner großen Freude, dass sie nicht nur den Rest ihrer Ausbildung mit Bravour gemeistert hatte, sondern auch einen neuen Besitzer in Florida gefunden hatte, mit dem es hervorragend lief.

Als sie sieben Jahre alt war, wurde bei Janette Noe, die für das Martin County Library System in Florida die Sammlungen und digitalen Ressourcen verwaltet, Retinitis pigmentosa diagnostiziert. Die degenerative Augenkrankheit hat ihr in den letzten zwei Jahrzehnten einen Großteil ihrer Sehkraft genommen, sodass sie nur noch so gut sehen kann, „als würde sie durch eine Papierhandtuchrolle schauen", sagt sie mir, als wir 2022 miteinander sprechen. „Ich sehe gerade genug, um mich selbst in ernsthafte Schwierigkeiten zu bringen!"

Jahrelang verleugnete sie ihr Problem, aber schließlich, der angestoßenen Ellbogen und geprellten Schienbeine überdrüssig, öffnete sie sich 2014 für verschiedene Hilfsmittel, Computertechnologien und den ikonischen weißen Blindenstock. „Sie alle haben ihre Berechtigung", sagt sie. „Eine Zeit lang war der Stock mein Geschenk des Himmels." Als Tierliebhaberin erkannte sie, dass ein Blindenführhund ihr so viel mehr bieten würde als nur ein Hilfsmittel zur Alltags-Bewältigung. „Ich wollte etwas, in das ich mein Vertrauen und meine Liebe stecken kann und das mir auf eine Weise etwas zurückgibt, wie es keine künstliche Intelligenz je könnte. Sie und Jesse lernten sich im Januar 2022 kennen, wobei die Teambildung auf einer langen Liste von Faktoren beruhte, die die Mitarbeiter von *The Seeing Eye* berücksichtigten. Janette wurde etwas emotional, als sie von ihrem ersten Treffen erzählte, bei dem Jesse „wie eine kleine Statue im Flur saß" und darauf wartete, vorgestellt zu werden, gefolgt von ihrer weichen, sanften, wackeligen Begrüßung. Sie hat eine sehr einladende Art, die ich liebe. Im Gegensatz zu ihrer vorherigen Hündin Annie, ebenfalls von *The Seeing Eye*, die „ganz ernst war, als das Geschirr herauskam, wedelt Jesse die ganze Zeit. Sie ist ein so fröhliches Mädchen.

Jesses Intelligenz bei der Arbeit war von Anfang an offensichtlich, und sie beeindruckt Janette täglich mit ihren durchdachten Einschätzungen des Weges, der vor ihr liegt (ganz gleich, wie groß der Hindernisparcours ist), sowie mit ihrem behutsamen Manövrieren, um Janette zu schützen. „Ich spüre, wie sie sich einen Moment Zeit nimmt, um ihre Optionen zu analysieren", sagt Janette.

Mit zunehmender Übung wird ihre Partnerschaft immer reibungsloser. Das Paar legt viele Kilometer zu Fuß zurück, und der Hund fördert nicht nur mehr soziale Interaktion als der Stock, sondern die Beziehung gibt Janette auch Selbstvertrauen, das der Stock ihr nicht geben konnte, besonders in einer überfüllten Stadt. „Mit Jesse kann ich wirklich auf das achten, was ich sehe, und auf die Geräusche und Gerüche, die guten und die schlechten", sagt sie. „Wenn wir nach New York City fahren, bewegen wir uns mühelos durch Einkaufszentren und Geschäfte, aber es gibt nichts Schöneres, als die Gebäude anzustarren, all den Menschen zuzuhören, die verschiedene Sprachen sprechen, und die Kultur der Stadt zu spüren. Und das kann ich mit Jesse tun, indem ich ihr vertraue, dass sie sich auf den überfüllten Bürgersteigen zurechtfindet. Ich kann mich auf die Skyline vor mir konzentrieren und weiß, dass ich in Sicherheit bin."

Angesichts der unvermeidlichen Verschlechterung ihrer Sehkraft hat Janette eine Liste von Dingen, „die ich sehen möchte, solange ich noch kann", sagt sie. Gemeinsam haben sie die Städte der USA erkundet. Und wo auch immer sie hingehen, „mein Mann dokumentiert die Reise von hinten und macht Fotos von Jesse und mir, wie wir über die Brücke oder die Straße auf das nächste Ziel zugehen. Es zeigt uns den Weg, der uns vorwärts führt." Ich liebe dieses Bild so sehr – die beiden als Partner, die an einem Strang ziehen, unaufhaltsam.

Und dann ist da natürlich noch die emotionale Bindung. Jesse schläft mit ihrem Kopf unter Janettes Kinn oder an ihre Beine geschmiegt. Sie liest Janettes Stimmungen und schenkt ihr in den richtigen Momenten Liebe. Außerdem gibt es morgendliche Küsschen „eine schöne Art, den Tag zu beginnen". Jessy entpuppt sich als ein ganz besonderer, sehr kluger kleiner Hund. Nicht, dass dies jemals in Frage gestellt worden wäre.

DANKSAGUNGEN

Wenn ich ein Buch über Hunde schreibe, treffe ich eine Menge Hunde. Ich wusste, dass ich eine Menge „Wuff" brauchen würde, um diese Sache durchzuziehen – und das Buch war die perfekte Ausrede für mich, um mir meinen Hunde-Fix zu holen, wo immer ich auch war. So viele Hunde! Und ich habe jede Begegnung geliebt. Sie zeigten mir die außergewöhnlichsten hündischen Superkräfte und vermittelten mir eine andere Sichtweise – die Sichtweise eines Hundes – auf die Bedeutung von Intelligenz und darauf, wie klug *Canis familiaris* sein kann.

Ich bin all den guten Jungs und Mädels, die ich auf meinem Weg getroffen habe, von denen mir erzählt wurde und über die ich gelesen habe, für immer dankbar, einschließlich der Demonstranten, Geschichtsschreiber und Bettwärmer, und besonders denen, die meinen inneren Primaten verwöhnt haben, als ich die Regeln der Hundeschlauheit vernachlässigte und sie mit offenen Armen empfing. Ich entschuldige mich für etwaige Versäumnisse und bedanke mich mit Bauchkratzen aus der Ferne bei Jesse, Luna, Roger, Monty Griffin, Fletch, Shiraz, Wick, Lorna, Warrior, Bunny, Chaser, Stella, Hawkeye, Marvel, Coral, Beanie, Bonnie, Arlo, Moxie, Ozzie, Cash, Rikki, Sharon, Manny, Tibet, Atlas, Jasper, Casey, Socha, Eba, Tucker, Zeus, Selma, Kozak, Darwin, Angie, Tangle, Daisy, McKenzie, Callie, Armstrong, Danielle, Mack, Charity, Alepo, Zern, Shugga, Mia, Bendy, Bubba, Hudson, Bailey, FLA Highway Stray, Prudence, Caspian, Stella, Forrest, Green Bean, Bruce, Midas, Tetley, Sam, und Bo. Und natürlich geht eine besondere Liebe an meine wichtigsten kaniden Musen: Mr. Ball Dangles, Gretel, Waits, Geddy, Monk, und Odin.

Aber ich möchte auch die Menschen hinter den Hunden nicht vernachlässigen – die Forscher, Trainer, Hundeführer, Besitzer und andere Hundefreunde –, die ihr enthusiastisches Interesse an *Canis familiaris* in ein langfristiges Engagement für die Arbeit mit und das Verständnis von Hunden verwandelt haben. Mehr als hundert Personen nahmen sich die Zeit, meine Interviewfragen zu beantworten, und Dutzende weitere erlaubten mir, sie zu besuchen und ihre Arbeit aus erster Hand zu beobachten. Viele von ihnen haben Sie auf diesen Seiten schon gehört. Unabhängig davon, wer zitiert wurde oder nicht, erwiesen sich all diese Verbindungen nicht nur als äußerst hilfreich für den Inhalt des Buches, sondern auch als wunderbar bedeutsam in persönlicher Hinsicht. Ich habe meine Helden getroffen. Ich habe neue Freunde gefunden.

Die hundefreundliche Einstellung meiner Quellen und ihre bahnbrechende Arbeit waren nur ein Teil davon: Ihre Großzügigkeit als Menschen hat mich am meisten beeindruckt. Ob sie meine Feldforschungsreisen an Land und auf See beherbergten, unglaublich persönliche Geschichten über die Hunde erzählten, die sie lieben und die sie auch lieben, oder ob sie mit technischen Problemen kämpften, um endlose Fragen auf Zoom zu beantworten – die Menschen übertrafen meine Erwartungen bei jeder Gelegenheit.

Aus kurzen Demonstrationen wurden nachmittägliche Praxisabenteuer, gefolgt von einem Abendessen (und einmal sogar von Bubble Tea). Ich setzte mich mit einer Quelle zusammen und ging mit einer Liste von drei weiteren Gesprächspartnern nach Hause; ein Laborbesuch bedeutete den Zugang zu einem ganzen Team begeisterter Interviewpartner. Die Leute trafen detaillierte Vorkehrungen, damit ich Dinge sehen und tun konnte, die man nicht so leicht sehen und tun kann. Die Leute sagten zu, dass ich an Konferenzen teilnehmen, Wettbewerbe, Kurse und Workshops beobachten und ihnen (und ihren Hunden) stundenlang folgen durfte, um die Menschen mit Fragen und die Welpen mit quietschendem Lob zu löchern. Diese Zusagen machten mir die Arbeit leicht.

Nicht minder großzügig waren diejenigen, die mich mit Essen und Unterkunft versorgten, mir ein Auto liehen oder mich während meiner Reportagen durch das Land hin und her fuhren. Neue und alte Freunde, Freunde oder die Familie von Freunden – ich bin Ihnen allen sehr, sehr dankbar, dass Sie meine Zeit fern von zu Hause so angenehm, fruchtbar und unterhaltsam gemacht haben.

Und dann sind da noch diejenigen, deren hervorragende Forschungen und Schriften den Grundstein für mein Denken über das Gefühl und die Intelligenz von Tieren gelegt haben, und darüber, wie wir unseren Hunden die besten Freunde sein können, die wir haben. Sie treiben unsere Spezies weiterhin zu einer neuen Wertschätzung und zu besseren Möglichkeiten der Interaktion mit unseren nichtmenschlichen Verwandten an, und ich stehe voll hinter Ihnen. Ich habe viele Ihrer Bücher und Aufsätze gelesen und habe Ihre Worte in diesem Text zitiert, um meine eigenen zu unterstützen. Ich danke Ihnen.

Zurück im Büro: Ein großes Dankeschön an meine Agentin Alice Martell, auf die ich immer zählen kann, wenn es um klare Worte, kühne Pläne und Selbstvertrauen geht, und an meine Redakteurin bei National Geographic, Hilary Black, die mir den Anstoß gab, den ich brauchte, um dieses Projekt in Angriff zu nehmen, die meine immer wieder wechselnde Herangehensweise unterstützte und nie daran zweifelte, dass ich es durchziehen würde. Ich danke Ihnen beiden für Ihr Vertrauen und Ihren Enthusiasmus in den richtigen Momenten. Mein Dank gilt auch Elisa Gibson und Katie Dance für die Gestaltung eines großartigen Covers, auf das wir alle stolz sind, und der stellvertretenden Chefredakteurin Gabriela Capasso, die dafür gesorgt hat, dass alles im Zeitplan blieb. Auch den anderen Mitgliedern des Redaktions- und Produktionsteams gilt meine tiefe Wertschätzung: der stellvertretenden Produktionsleiterin Becca Saltzman, der Korrektorin Mary Stephanos und der Lektorin Heather McElwain. Dem exzellenten PR-Team, Ann Day und Alex Serrano, und der Marketingchefin Daneen Goodwin danke ich für ihre werbetechnische Weisheit, und ich freue mich auf die weitere gemeinsame Arbeit!

Glückliche Autoren wie ich haben großartige Freunde und Familien, die sie auf ihrem Weg unterstützen. Ich danke meiner Schar von Freundinnen (ihr wisst, wer ihr seid) und meinen engsten Verwandten, darunter mein lieber alter Vater, mein weiser Stiefvater, mein begeisterter Bruder, meine wunderbaren Schwiegereltern und meine superklugen und kreativen Nichten und Neffen. Meinem hündeliebenden Ehemann John danke ich für dein unerschütterliches Vertrauen, selbst wenn ich mich verrannt habe, und für deine Bereitschaft, die Stellung zu halten, während ich mein Ding gemacht habe. Nochmals.

Eine letzte, wichtige Danksagung geht an meine liebe Freundin und Schwester Lynne Warren, die meine Assistentin bei den Recherchen, meine kluge Lektorin, die Ideengeberin, die Fadenverfolgerin und die Cheerleaderin zu später Stunde war. Ihre Weisheit ist in den Text eingewoben. Ihr wiederholter Rat „ADD MORE DOG“ steht immer noch auf einem Klebezettel, der an meinem Laptop klebt. Ohne sie wäre *Hundeschlau* ein weniger gutes Buch, wenn es überhaupt existieren würde. LW, es ist schwer, meinen Dank in Worte zu fassen. Und deshalb, wenn ich darf: Aaarroooooo!

ÜBER DIE AUTORIN

Jennifer S. Holland ist Wissenschaftsautorin, Naturschutzbiologin und Autorin der New York Times Bestseller Buchreihe „Unwahrscheinliche Freundschaften", von denen der erste Band über 40 Wochen in der Bestseller-Liste vertreten war und in mehr als 30 Sprachen übersetzt wurde. Als langjährige Mitwirkende von *National Geographic* bereiste sie die Welt, schrieb über Naturgeschichte, Tierverhalten, Artenschutz und die Pracht wilder Orte. Sie tauchte mit Tiger Haien in den Bahamas, kletterte Regenwald-Bäume in Borneo hinauf, erkundete die Panda Fortpflanzung in China, campte auf einem aktiven Vulkan in Hawaii, schwebte schwerelos über den Golf von Mexico und nahm Paarungstänze von Paradiesvögeln in Papua New Guinea auf.

Hollands Werke sind im *National Wildlife, Nature Conservancy Magazin*, der *New York Times*, der *Washington Post*, und in zahlreichen Online-Publikationen wie *Atlas Obscura and Hakai* erschienen; sie trägt auch mit regelmäßigen Essays im hochangesehenen Wissenschaftsblog *The Last Word on Nothing* bei.
Mit ihrem Mann, (sehr schlauen) Hunden und Geckos lebt Holland abwechselnd in D.C. und in einer Hütte im Wald von Zentralvirginia. *Hundeschlau* ist ihr fünftes Buch.

AUSGEWÄHLTE QUELLEN

Bei der Buchrecherche kann man leicht in alle möglichen Kaninchenlöcher stürzen. Ein Gespräch führt zu einem anderen, ein Link zu vielen anderen, ein Video führt zu zwei weiteren, und jedes davon zu noch mehr. Die Ideen, auf die Sie in *Hundeschlau* gestoßen sind, haben sich aus Interviews mit Dutzenden von Experten und aus dem Sammeln und Konsultieren von Hunderten von anderen Quellen entwickelt, darunter Bücher, Originalarbeiten, Regierungsberichte, Dissertationen, Zeitungs- und Zeitschriftenartikel, Webseiten, Videopräsentationen, Pressemitteilungen, Kursmaterialien – alles, was einen echten Einblick in die Erfahrungen von Hunden verspricht.

Obwohl viel von diesem Material dazu beigetragen hat, mein Denken zu formen, hoffe ich, den Lesern am besten zu dienen, indem ich die wichtigsten Quellen für die Fakten und Ideen, die auf diesen Seiten erscheinen, vorstelle, anstatt endlose Seiten von Zitaten aufzunehmen. Daher finden Sie hier eine (immer noch umfangreiche) Liste der Bücher, die ich besonders aufschlussreich fand, sowie eine kapitelweise Auflistung der Wissenschaftspublikationen, in denen wichtige Beobachtungen und Analysen erstmals oder am deutlichsten zum Ausdruck kamen. Zu jedem der Themen, die in *Hundeschlau* behandelt werden, gibt es noch viel anderes wertvolles Material, und die Tiefe und Breite der Forschung über die kognitiven Fähigkeiten von Hunden nimmt ständig zu. Betrachten Sie also die hier angebotene Liste – die trotz meines Versuchs, eine Auswahl zu treffen, recht lang ist – als einen guten Ausgangspunkt.

LESEEMPFEHLUNGEN UND BIBLIOGRAPHIE

Balcombe, Jonathan. *Second Nature: The Inner Lives of Animals.* New York: Palgrave Macmillan, 2011.

Bekoff, Marc. *Canine Confidential: Why Dogs Do What They Do.* University of Chicago Press, 2018. (dt.: Feldstudien auf der Hundewiese. Kynos Verlag, 2018).

Bekoff, Marc. *Dogs Demystified: An A-to-Z Guide to All Things Canine.* Novato, CA: New World Library, 2023.

Bekoff, Marc. *The Emotional Lives of Animals: A Leading Scientist Explores Animal Joy, Sorrow, and Empathy – and Why They Matter.* Novato, CA: New World Library, 2008.

Bekoff, Marc, and Jessica Pierce. *Unleashing Your Dog: A Field Guide to Giving Your Canine Companion the Best Life Possible.* Novato, CA: New World Library, 2019.

Berns, Gregory. *How Dogs Love Us: A Neuroscientist and His Adopted Dog Decode the Canine Brain.* Seattle, WA: Lake Union, 2013.

Berns, Gregory. *What It's Like to Be a Dog: And Other Adventures in Animal Neuroscience.* New York: Basic Books, 2017.

Bettinger, Julie Strauss. *Encounters with Rikki: From Hurricane Katrina Rescue to Exceptional Therapy Dog.* Oakland, CA: Inkshares Publishing, 2016.

Billingshurst, Ian. *Give Your Dog a Bone: The Practical Commonsense Way to Feed Dogs for a Long Healthy Life.* Warrigal Publishing, 1993.

Bradshaw, John. Dog *Sense: How the New Science of Dog Behavior Can Make You a Better Friend to Your Pet.* New York: Basic Books, 2011. (Dt.: Hundeverstand. Kynos Verlag, 2012.)

Charleson, Susannah. *The Possibility Dogs: What A Handful of „Unadoptables“ Taught Me About Service, Hope, and Healing.* Detroit: Wheeler, 2013.

Clothier, Suzanne. *Bones Would Rain from the Sky: Deepening Our Relationships with Dogs.* New York: Grand Central, 2005.

Coppinger, Raymond, and Lorna Coppinger. *What Is a Dog?* University of Chicago Press, 2016.

Coppinger, Raymond, and Mark Feinstein. *How Dogs Work.* University of Chicago Press, 2015. (dt.: Die Ethologie der Hunde. Kynos Verlag, 2018).

Coren, Stanley. *How Dogs Think: What the World Looks Like to Them and Why They Act the Way They Do.* New York: Simon & Schuster, 2005.

Coren, Stanley. *How to Speak Dog: Mastering the Art of Dog-Human Communication.* New York: Fireside, 2001.

Coren, Stanley. *The Intelligence of Dogs: A Guide to the Thoughts, Emotions, and Inner Lives of Our Canine Companions.* Rev. ed. New York: Atria, 2006.

Derr, Mark. *How the Dog Became the Dog: From Wolves to Our Best Friends.* New York: Overlook Duckworth, 2013

de Waal, Frans. *The Age of Empathy: Nature's Lessons for a Kinder Society.* New York: Crown, 2010.

de Waal, Frans. *Are We Smart Enough to Know How Smart Animals Are?* New York: W. W. Norton & Co., 2016.

Dunbar, Ian. *Barking Up the Right Tree: The Science and Practice of Positive Dog Training.* Novato, CA: New World Library, 2023.

Dunbar, Ian. *Before and After Getting Your Puppy: The Positive Approach to Raising a Happy, Healthy and Well-Behaved Dog.* Novato, CA: New World Library, 2004.

Francis, Richard C. Domesticated: *Evolution in a Man-Made World.* New York: W. W. Norton & Co., 2015.

Frankel, Rebecca. *War Dogs: Tales of Canine Heroism, History, and Love.* New York: Palgrave Macmillan, 2014.

Frydenborg, Kay. *A Dog in the Cave: The Wolves Who Made Us Human.* Boston: Houghton Mifflin Harcourt, 2017.

Gardner, Howard. *Frames of Mind: The Theory of Multiple Intelligences.* 3rd ed. New York: Basic Books, 2011.

Goodavage, Maria. *Doctor Dogs: How Our Best Friends Are Becoming Our Best Medicine.* New York: Dutton, 2019.

Goodavage, Maria. Soldier Dogs: *The Untold Story of America's Canine Heroes.* New York: Dutton, 2012.

Grandin, Temple, and Catherine Johnson. *Animals Make Us Human: Creating the Best Life for Animals.* Boston: Houghton Mifflin Harcourt, 2009.

Guest, Claire. *Daisy's Gift: The Remarkable Cancer-Detecting Dog Who Saved My Life.* London: Virgin Books, 2016.

Ha, James C., and Tracy L. Campion. *Dog Behavior: Modern Science and Our Canine Companions.* London: Academic Press, 2019.

Handelman, Barbara. *Canine Behavior: A Photo Illustrated Handbook.* Wenatchee, WA: Dogwise, 2008.

Hare, Brian, and Vanessa Woods. The *Genius of Dogs: How Dogs Are Smarter Than You Think.* New York: Dutton, 2013.

Hare, Brian, and Vanessa Woods. *Survival of the Friendliest: Understanding Our Origins and Rediscovering Our Common Humanity.* New York: Penguin Random House, 2020.

Higgins, Jackie. Sentient: *How Animals Illuminate the Wonder of Our Human Senses.* New York: Atria, 2022

Hobgood-Oster, Laura. *A Dog's History of the World: Canines and the Domestication of Humans.* Waco, TX: Baylor University Press, 2014.

Holland, Jennifer S. *Unlikely Friendships: Dogs: 37 Stories of Canine Compassion and Courage.* New York: Workman, 2016.

Holland, Jennifer S. *Unlikely Heroes: 37 Inspiring Stories of Courage and Heart from the Animal Kingdom.* New York: Workman, 2014.

Horowitz, Alexandra. *Inside of a Dog: What Dogs See, Smell, and Know.* New York: Scribner, 2010.

Horowitz, Alexandra. *Our Dogs, Ourselves: The Story of a Singular Bond.* New York: Scribner, 2019. (dt: Gemischtes Doppel. Kynos Verlag, 2020.)

Hunger, Christina. *How Stella Learned to Talk: The Groundbreaking Story of the World's First Talking Dog.* New York: HarperCollins, 2021.

Jennings, Herbert Spencer. *Behavior of the Lower Organisms.* New York: Columbia University Press, 1906.

Jezierski, Tadeusz, John Ensminger, and L. E. Papet, eds. *Canine Olfaction Science and Law: Advances in Forensic Medicine, Conservation, and Environmental Remediation.* Boca Raton, FL: CRC Press, 2016.

Leaver, Kate. *Good Dog: Celebrating the Dogs Who Change, and Sometimes Even Save, Our Lives.* New York: Harper Collins, 2021.

Lewis, Tim. *Biology of Dogs: From Gonads through Guts to Ganglia.* Wenatchee, WA: Dogwise Publishing, 2020. (dt: Die Biologie der Hunde. Kynos Verlag, 2021).

Long, Lorie. *A Dog Who's Always Welcome: Assistance and Therapy Dog Trainers Teach You How to Socialize and Train Your Companion Dog.* Hoboken, NJ: Howell Book House, 2008.

McConnell, Patricia. *For the Love of a Dog: Understanding Emotion in You and Your Best Friend.* New York: Ballantine, 2007. (dt.: Liebst Du mich auch? Kynos Verlag, 2007; Taschenbuchaus. 2020).

McConnell, Patricia. *The Other End of the Leash: Why We Do What We Do Around Dogs.* New York: Ballantine, 2003. (dt.: Das andere Ende der Leine. Kynos Verlag, 2004).

Miklósi, Ádám. *Dog Behaviour, Evolution, and Cognition.* Oxford: Oxford University Press, 2007.

Miller, Pat. Do Over *Dogs: Give Your Dog a Second Chance for a First Class Life.* Wenatchee, WA: Dogwise Publishing, 2010.

Miller, Pat. *The Power of Positive Dog Training.* 2nd ed. Hoboken, NJ: Howell Book House, 2008.

Pierce, Jessica. *Run, Spot, Run: The Ethics of Keeping Pets.* University of Chicago Press, 2016.

Pilley, John W., with Hilary Hinzman. *Chaser: Unlocking the Genius of the Dog Who Knows a Thousand Words.* Boston: Mariner Books, 2013.

Powell, Neil. *Search Dogs and Me: One Man and His Life-saving Dogs.* Belfast: Blackstaff Press, 2011.

Pryor, Karen. *Reaching the Animal Mind: Clicker Training and What It Teaches Us About All Animals.* New York: Scribner, 2010.

Ramirez, Ken. *The Eye of the Trainer: Animal Training, Transformation, and Trust.* Boston: Karen Pryor Clicker Training, 2020.

Safina, Carl. *Beyond Words: What Animals Think and Feel.* London: Picador, 2016.

Serpell, James, ed. T*he Domestic Dog: Its Evolution, Behavior and Interactions with People.* 2nd ed. Cambridge University Press, 2017.

Shapiro, Beth. *Life as We Made It: How 50,000 Years of Human Innovation Refined – and Redefined – Nature.* New York: Basic Books, 2021.

Shipman, Pat. *Our Oldest Companions: The Story of the First Dogs.* Cambridge, MA: Belknap Press, 2021.

Slobodchikoff, Con. *Chasing Doctor Dolittle: Learning the Language of Animals.* New York: St. Martin's Press, 2012.

Spotte, Stephen. *Societies of Wolves and Free-Ranging Dogs.* Cambridge University Press, 2012.

Todd, Zazie. *Wag: The Science of Making Your Dog Happy.* Vancouver, BC: Greystone Books, 2020.

Van der Kolk, Bessel. *The Body Keeps the Score: Brain, Mind, and Body in the Healing of Trauma.* New York: Penguin Publishing Group, 2015.

von Uexküll, Jakob. *A Foray into the Worlds of Animals and Humans: With a Theory of Meaning.* Translated by Joseph D. O'Neil. Minneapolis: University of Minnesota Press, 2010.

Warren, Cat. *What the Dog Knows: Scent, Science, and the Amazing Ways Dogs Perceive the World.* New York: Touchstone, 2013. (dt.: Der Geruch des Todes. Kynos Verlag, 2017)

Wohlleben, Peter. *The Inner Life of Animals: Love, Grief, and Compassion— Surprising Observations of a Hidden World.* Translated by Jane Billing-hurst. Vancouver, BC: Greystone Books/David Suzuki Institute, 2021.

Wynne, Clive. *Dog Is Love: Why and How Your Dog Loves You.* Boston: Mariner Books, 2019. (dt.: ...und wenn es doch Liebe ist? Kynos Verlag, 2019).

Yong, Ed. *An Immense World: How Animal Senses Reveal the Hidden Realms Around Us.* New York: Penguin Random House, 2022. RESEARCH PUBLICATIONS

Kapitel 1: Was macht einen Hund zu einem Hund?

Bergström, Anders, David W. G. Stanton, Ulrike H. Taron, Laurent Frantz, Mikkel-Holger S. Sinding, Erik Ersmark et al. „Grey Wolf Genomic History Reveals a Dual Ancestry of Dogs." Nature 607 (2022).

Bray, Emily E., Gitanjali E. Gnanadesikan, Daniel J. Horschler, Kerinne M. Levy, Brenda S. Kennedy, Thomas R. Famula, and Evan L. MacLean. „Early-Emerging and Highly Heritable Sensitivity to Human Communication in Dogs." *Current Biology* 31, no. 14 (2021).

Call, Joseph, Juliane Bräuer, Juliane Kaminski, and Michael Tomasello. „Domestic Dogs *(Canis familiaris)* Are Sensitive to the Attentional State of Humans." *Journal of Comparative Psychology* 117, no. 3 (2003).

Correia-Caeiro, Catia, Kun Guo, and Daniel S. Mills. „Visual Perception of Emotion Cues in Dogs: A Critical Review of Methodologies." *Animal Cognition* 26, no. 3 (June 2023).

Cuaya, Laura V., Raul Hernández-Pérez, and Luis Concha. „Our Faces in the Dog's Brain: Functional Imaging Reveals Temporal Cortex Activation During Perception of Human Faces." *PLoS One* 11, no. 3 (2016).

D'Aniello, Biagio, Gün R. Semin, Alessandra Alterisio, Massimo Aria, and Anna Scandurra. „Interspecies Transmission of Emotional Information via Chemosignals: From Humans to Dogs (*Canis lupus familiaris*)." *Animal Cognition* 21, no 1 (2018).

Debutte, Bertrand L., and A. Doll. „Do Dogs Understand Human Facial Expressions?" *Journal of Veterinary Behavior* 6, no. 1 (2011).

Frank, Jens, Olof Liberg, and M. Eriksson. „At What Distance Do Wolves Move Away From an Approaching Human?" *Canadian Journal of Zoology* 85, no. 11 (2007).

Grimm, David. „Earliest Evidence for Dog Breeding Found on Remote Siberian Island." *Science,* May 26, 2017. www.science.org/content/ article/earliest-evidence-dog-breeding-found-remote-siberian-island.

Guérineau, Cécile, Miina Lõoke, Anna Broseghini, Giulio Dehesh, Paolo Mongillo, and Lieta Marinelli. „Sound Localization Ability in Dogs." *Veterinary Science* 9, no. 11 (2022).

Howell Tiffani J., Tammie King, and Pauleen C. Bennett. „Puppy Parties and Beyond: The Role of Early Age Socialization Practices on Adult Dog Behavior." *Veterinary Medicine* (Auckland) 6. (April 2015). Kaminski, Juliane, Andrea Pitsch, and Michael Tomasello. „Dogs Steal in the Dark." *Animal Cognition* 16, no. 3 (2013).

Kaminski, Juliane, Bridget M. Waller, Rui Diogo, Adam Hartstone-Rose, and Anne M. Burrows. „Evolution of Facial Muscle Anatomy in Dogs." *Proceedings of the National Academy of Sciences* 116, no. 29 (June 2019).

Lampe, Michelle, Juliane Bräuer, Juliane Kaminski, and Zsófia Virányi. „The Effects of Domestication and Ontogeny on Cognition in Dogs and Wolves." *Scientific Reports* 7, no. 11690 (2017).

Lazarowski, Lucia, Andie Thompkins, Sarah Krichbaum, L. Paul Waggoner, Gopikrishna Deshpande, and Jeffrey S. Katz. „Comparing Pet and Detection Dogs (*Canis familiaris*) on Two Aspects of Social Cognition." *Learning & Behavior* 48, no. 3 (2020).

Lindblad-Toh, Kerstin, Claire M. Wade, Tarjei S. Mikkelsen, Elinor K. Karlsson, David B. Jaffe, Michael Kamal, Michele Clamp et al. „Genome Sequence, Comparative Analysis and Haplotype Structure of the Domestic Dog." *Nature* 438, no. 7069 (2005).

Lord, Kathryn. „A Comparison of the Sensory Development of Wolves (*Canis lupus lupus*) and Dogs (*Canis lupus familiaris*)." *Ethology* 119, no. 2 (February 2013).

MacLean, Evan L., and Brian Hare. „Dogs Hijack the Human Bonding Pathway: Oxytocin Facilitates Social Connections Between Humans and Dogs." *Science* 348, no. 6232 (April 2015).

Nagasawa, Miho, Shouhei Mitsui, Shiori En, Nobuyo Ohtani, Mitsuaki Ohta, Yasuo Sakuma, Tatsushi Onaka et al. „Oxytocin-Gaze Positive Loop and the Coevolution of Human-Dog Bonds." *Science* 348, no. 6232 (2015).

Nagasawa, Miho, Misato Ogawa, Kazutaka Mogi, and Takefumi Kikusui. „Intranasal Oxytocin Treatment Increases Eye-Gaze Behavior Toward the Owner in Ancient Japanese Dog Breeds." *Frontiers in Psychology* 8, no. 1624 (2017).

Range, Friederike, Sarah Marshall-Pescini, Corinna Kratz, and Zsófia Virányi. „Wolves Lead and Dogs Follow, but They Both Cooperate with Humans." *Scientific Reports* 9, no. 3796 (2019).

Stoeckel, Luke E., Lori S. Palley, Randy L. Gollub, Steven M. Niemi, and Anne E. Evins. „Patterns of Brain Activation When Mothers View Their Own Child and Dog: An fMRI Study." *PLoS One* 9, no. 10 (2014).

Thompkins, Andie M., Lucia Lazarowski, Bhavitha Ramaiahgari, Sai S. R. Gotoor, Paul Waggoner, Thomas S. Denney, Gopikrishna Deshpande, and Jeffrey S. Katz. „Dog-Human Social Relationship: Representation of Human Face Familiarity and Emotions in the Dog Brain." *Animal Cognition* 24, no. 2 (March 2021).

VonHoldt, Bridgett M., Emily Shuldiner, Ilana Janowitz Koch, Rebecca Y. Kartzinel, Andrew Hogan, Lauren Brubaker, Shelby Wanser et al. „Structural Variants in Genes Associated With Human Williams-Beuren Syndrome Underlie Stereotypical Hypersociability in Domestic Dogs." *Science Advances* 3, no. 7 (2017).

Wynne, Clive D. L. „The Indispensable Dog." *Frontiers in Psychology* 12, no. 656529 (2021).

Kapitel 2: Die Hundeschlau-Forschung

Berns, Gregory S., Andrew M. Brooks, and Mark Spivak. „Scent of the Familiar: An fMRI Study of Canine Brain Responses to Familiar and Unfamiliar Human and Dog Odors.“ *Behavioral Processes* 110 (2015).

Hare, Brian, and Michael Tomasello. „Human-Like Social Skills in Dogs?“ *Trends in Cognitive Science* 9, no. 9 (2005).

Karl, Sabrina, Magdalena Boch, Anna Zamansky, Dirk van der Linden, Isabella C. Wagner, Christoph J. Völter, Claus Lamm, and Ludwig Huber. „Exploring the Dog – Human Relationship by Combining fMRI, Eye-Tracking and Behavioural Measures.“ *Scientific Reports* 10, no. 22273 (2020).

Salomons, Hannah, Kyle C. M. Smith, Megan Callahan-Beckel, Margaret Callahan, Kerinne Levy, Brenda S. Kennedy, Emily E. Bray et al. „Cooperative Communication with Humans Evolved to Emerge Early in Domestic Dogs.“ *Current Biology* 31, no. 14 (2021).

Soproni, Krisztina, Adám Miklósi, József Topál, and Vilmos Csányi. „Dogs' (*Canis familiaris*) Responsiveness to Human Pointing Gestures.“ Journal of Comparative Psychology 116, no. 1 (March 2002).

Willgohs, Kaitlyn Rose, Jenna Williams, Elaina Franklin, and Lauren E. Highfill. „The Creative Canine: Investigating the Concept of Creativity in Dogs (*Canis lupus familiaris*) Using Citizen Science.“ *International Journal of Comparative Psychology 35* (2022).

Kapitel 3: Wie schlaue Hunde schlauer werden

Aulet, Lauren S., Veronica C. Chiu, Ashley Prichard, Mark Spivak, Stella F. Lourenco, and Gregory S. Berns. „Canine Sense of Quantity: Evidence for Numerical Ratio-Dependent Activation in Parietotemporal Cortex.“ *Biology Letters* 15, no. 12 (2019).

Berghänel, Andreas, Martina Lazzaroni, Giulia Cimarelli, Sarah Marshall-Pescini, and Friederike Range. „Cooperation and Cognition in Wild Canids.“ *Current Opinion in Behavioral Sciences* 46 (August 2022).

Berns, Gregory S., Andrew M. Brooks, Mark Spivak, and Kerinne Levy. „Functional MRI in Awake Dogs Predicts Suitability for Assistance Work.“ *Scientific Reports* 7, no. 43704 (March 2017).

Cassella, Carly. „This Single-Celled Animal Makes Complex 'Decisions' Even Without a Nervous System." *Science Alert* (December 4, 2019).

Catania, A. Charles, and Terje Sagvolden. „Preference for Free Choice Over Forced Choice in Pigeons." *Journal of the Experimental Analysis of Behavior 34*, no. 1 (July 1980).

Cook, Peter F., Ashley Prichard, Mark Spivak, and Gregory S. Berns. „Awake Canine fMRI Predicts Dogs' Preference for Praise vs Food." *Social Cognitive and Affective Neuroscience* 11, no. 12 (December 2016).

Dexter, Joseph P., Sudhakaran Prabakaran, and Jeremy Gunawardena. „A Complex Hierarchy of Avoidance Behaviors in a Single-Cell Eukaryote." *Current Biology* 29, no. 24 (December 2019).

Frazer, Jennifer. „Can a Cell Make Decisions?“ *Scientific American*, May 22, 2021.

Fugazza, Claudia, and Ádám Miklósi. „The 'Do as I Do' as a New Method for Studying Imitation in Dogs: Is the Dog a Copycat?" *Dog Behavior* 3, no. 3 (December 2017).

Fugazza, Claudia, and Ádám Miklósi. „Social Learning in Dog Training: The Effectiveness of the Do as I Do Method Compared to Shaping/ Clicker Training." *Applied Animal Behaviour Science* 171 (2015).

Fugazza Claudia, Ákos Pogány, and Ádám Miklósi. „Spatial Generalization of Imitation in Dogs (Canis familiaris)." *Journal of Comparative Psychology* 130, no. 3 (August 2016).

Fugazza, Claudia, Alexandra Moesta, Ákos Pogány, and Ádám Miklósi. „Social Learning From Conspecifics and Humans in Dog Puppies." *Scientific Reports* 8, no. 9257 (2018).

Hare, Brian, Michelle Brown, Christina Williamson, and Michael Tomasello. „The Domestication of Social Cognition in Dogs." *Science* 298, no. 5598 (2002).

Jia, Hao, Oleg M. Pustovyy, Paul Waggoner, Ronald J. Beyers, John Schumacher, Chester Wildey, Jay Barrett et al. „Functional MRI of the Olfactory System in Conscious Dogs." *PLoS One 9*, no. 1 (January 2014).

Karthikeyan, Vidhyalakshmi. „The Layer Cake Approach: What Are Complex Behaviors Made Of?" The Lemonade Conference, May 7–9, 2021. thelemonadeconference.com/wp-content/uploads/2021/05/ TLC-2021-Schedule.pdf.

MacNulty, Daniel R., Aimee Tallian, Daniel R. Stahler, and Douglas W. Smith. „Influence of Group Size on the Success of Wolves Hunting Bison." *PLoS One 9*, no. 11 (November 2014).

MacPherson, Krista, and William A. Roberts. „Can Dogs Count?" *Learning and Motivation* 44, no. 4 (2013).

Nieder, Andreas. „The Adaptive Value of Numerical Competence." *Trends in Ecology & Evolution 35*, no. 7 (2020).

Prichard, Ashley, Peter F. Cook, Mark Spivak, Raveena Chhibber, and Gregory S. Berns. "Awake fMRI Reveals Brain Regions for Novel Word Detection in Dogs." *Frontiers in Neuroscience* 12 (October 2018).

Range, Friederike, Zsófia Viranyi, and Ludwig Huber. „Selective Imitation in Domestic Dogs." *Current Biology* 17, no. 10 (May 2007).

Kapitel 4: Wenn Lernen besonders wichtig ist

Bray, Emily. „Making the Grade: Development of Cognition and Temperament in Assistance Dogs." Assistance Dogs International (ADI) Virtual Conference, September 12–15, 2021. assistancedogsinternational.org/about/2021-adi-conference.

DeChant, Mallory T., Cameron Ford, and Nathaniel Hall. „Effect of Handler Knowledge of the Detection Task on Canine Search Behavior and Performance." *Frontiers in Veterinary Science* 7, no. 250 (May 2020).

Hall, Nathaniel J., Angie M. Johnston, Emily E. Bray, Cynthia M. Otto, Evan L. MacLean, and Monique A. R. Udell. „Working Dog Training for the Twenty-First Century." *Frontiers in Veterinary Science* 8, no. 646022 (July 2021).

Kaste, Martin. „Eliminating Police Bias When Handling Drug-Sniffing Dogs."National Public Radio, November 20, 2017. www.npr .org/2017/11/20/563889510/preventing-police-bias-when-handling- dogs-that-bite.

Lit, Lisa. „Handler Beliefs Affect Scent Detection Dog Outcomes.“ *Animal Cognition* 14, no. 3 (May 2011).

Kapitel 5: Gemeinsam in verschiedenen Welten unterwegs

Andrews, Erica F., Raluca Pascalau, Alexandra Horowitz, Gillian M. Lawrence, and Philippa J. Johnson. „Extensive Connections of the Canine Olfactory Pathway Revealed by Tractography and Dissection.“ *Journal of Neuroscience* 42, no. 33 (August 2022).

Bálint, Anna, Attila Andics, Márta Gácsi, Anna Gábor, Kálmán Czeibert, Chelsey M. Luce, Ádám Miklósi et al. „Dogs Can Sense Weak Thermal Radiation.“ *Science Reports* 10, no. 3736 (February 2020).

Benediktová, Kateřina, Jana Adámková, Jan Svoboda, Michael Scott Painter, Luděk Bartoš, Petra Nováková, Lucie Vynikalová et al. „Mag- netic Alignment Enhances Homing Efficiency of Hunting Dogs,“ *eLife* 9 (June 2020).

Byosiere, Sarah-Elizabeth, Philippe A. Chouinard, Tiffani J. Howell, and Pauline C. Bennett. „What Do Dogs (Canis familiaris) See? A Review of Vision in Dogs and Implications for Cognition Research.“ *Psychonomic Bulletin and Review* 25, no. 5 (October 2018).

Coren, Stanley. „How Good Is Your Dog's Sense of Taste?“ *Canine Corner* (blog), *Psychology Today*, April 19, 2011. www.psychologytoday.com/ us/blog/canine-corner/201104/how-good-is-your-dogs-sense-taste.

Gibbs, Matthew, Marcel Winnig, Irene Riva, Nicola Dunlop, Daniel Waller, Boris Klebansky, Darren W. Logan et al. „Bitter Taste Sensitivity in Domestic Dogs (*Canis familiaris*) and Its Relevance to Bitter Deterrents of Ingestion.“ *PLoS One* 17, no. 11 (November 2022).

Hall, Nathaniel J., Franck Péron, Stéphanie Cambou, Laurence Callejon, and Clive D. L. Wynne. „Food and Food-Odor Preferences in Dogs: A Pilot Study,“ *Chemical Senses* 42, no. 4 (May 2017).

Nahm, Michael. „Mysterious Ways: The Riddle of the Homing Ability in Dogs and Other Vertebrates.“ *Journal of the Society for Psychical Research* 79, no. 920 (May 2019).

Sexton, Courtney. „How Do Dogs Find Their Way Home? They Might Sense Earth's Magnetic Field.“ Smithsonian, July 27, 2020. www.smithsonianmag.com/smart-news/how-did-lassie-find-timmy-all-those -times-it-may-have-been-magnetic-180975414.

Kapitel 6: Nasenschlau

Aviles-Rosa, Edgar O., Gordon McGuinness, and Nathaniel J. Hall. „Case Study: An Evaluation of Detection Dog Generalization to a Large Quantity of an Unknown Explosive in the Field.“ *Animals* (Basel) 11, no. 5 (May 2021).

Bainbridge, David. „The Anatomy of the Canine Nose.“ *In Canine Olfaction Science and Law*, edited by Tadeusz Jezierski, John Ensminger, L. E. Papet. Boca Raton, FL: CRC Press, 2016.

Concha, Astrid R., Claire Guest, Rob Harris, Thomas W. Pike, Alexandre Feugier, Helen Zulch, and Daniel S. Mills. „Canine Olfactory Thresh- olds to Amyl Acetate in a Biomedical Detection Scenario." *Frontiers in Veterinary Science* 22 (January 2019).

DeChant, Mallory T., Paul C. Bunker, and Nathaniel J. Hall. „Stimulus Control of Odorant Concentration: Pilot Study of Generalization and Discrimination of Odor Concentration in Canines." *Animals* (Basel) 11, no. 2 (January 2021).

Hall, Nathaniel J., Franck Péron, Stéphanie Cambou, Laurence Callejon, and Clive D. L. Wynne. „Food and Food-Odor Preferences in Dogs: A Pilot Study." *Chemical Senses* 42, no. 4 (May 2017).

Hall, Nathaniel J., Kelsey Glenn, David W. Smith, and Clive D. L. Wynne. „Performance of Pugs, German Shepherds, and Greyhounds (*Canis lupus familiaris*) on an Odor-Discrimination Task." *Journal of Comparative Psychology* 129, no. 3 (August 2015).

Horowitz, Alexandra. „Smelling Themselves: Dogs Investigate Their Own Odours Longer When Modified in an 'Olfactory Mirror' Test." *Behavioral Processes* 143 (October 2017).

Hurt, Aimee, Deborah A. (Smith) Woollett, and Megan Parker. „Training Considerations in Wildlife Detection." In *Canine Olfaction Science and Law*, edited by Tadeusz Jezierski, John Ensminger, L. E. Papet. Boca Raton, FL: CRC Press, 2016.

Kauer, John, Joel White, Timothy Turner, and Barbara Talamo. „Principles of Odor Recognition by the Olfactory System Applied to Detection of Low-Concentration Explosives." Final report by the Tufts University School of Medicine for the U.S. Army Soldier and Biological Chemical Command, Soldier Systems Center, Natick, Massachusetts. Defense Technical Information Center (January 2003).

Kokocińska-Kusiak, Agata, Martyna Woszczyło, Mikołaj Zybala, Julia Maciocha, Katarzyna Barłowska, and Michał Dzięcioł. „Canine Olfaction: Physiology, Behavior, and Possibilities for practical applications." *Animals* (Basel) 11, no. 8 (January 2021).

Lazarowski, Lucia, and David C. Droman. „Explosives Detection by Military Working Dogs: Olfactory Generalization From Components to Mixtures." *Applied Animal Behaviour Science* 151 (February 2014).

Lazarowski, Lucia, Bart Rogers, L. Paul Waggoner, and Jeffrey S. Katz. „When the Nose Knows: Ontogenetic Changes in Detection Dogs' (*Canis familiaris*) Responsiveness to Social and Olfactory Cues." *Animal Behaviour* 153 (July 2019).

Lazarowski, Lucia, Paul Waggoner, Bethany Hutchings, Craig Angle, and Fay Porritt. „Maintaining Long-Term Odor Memory and Detection Performance in Dogs." *Applied Animal Behaviour Science* 238 (May 2021).

Lenkei, Rita, Tamás Faragó, Borbála Zsilák, and Péter Pongrácz. „Dogs (*Canis familiaris*) Recognize Their Own Body as a Physical Obstacle." *Science* Reports 11, no. 2761 (February 2021).

Siniscalchi, Marcello. „Olfaction and the Canine Brain." *In Canine Olfaction Science and Law*, edited by Tadeusz Jezierski, John Ensminger, L. E. Papet. Boca Raton, FL: CRC Press, 2016.

Yang, Lu M., Sung-Ho Huh, and David M. Ornitz. "FGF20-Expressing, Wnt-Responsive Olfactory Epithelial Progenitors Regulate Underlying Turbinate Growth to Optimize Surface Area." *Developmental Cell* 46, no. 5 (September 2018). See also: Washington University School of Medicine. „New Details in How Sense of Smell Develops: Findings Could Help Determine How Dogs Evolved Such Good Noses." *ScienceDaily* (August 2018). www.sciencedaily.com/releases/2018/08/ 180810091607.htm.

Kapitel 7: Schietschnüffler

Hardbarger, Mary. „Calling All Canines: Help Sniff Out the Dangerous Spotted Lanternfly." *Virginia Tech News*, April 11, 2023. news.vt.edu/ articles/2023/04/cals-spottedlanternfly-dog-detection.html.

Kardos, Marty, Yaolei Zhang, Kim M. Parsons, A. Yunga, Hui Kang, Xun Xu, Xin Liu et al. „Inbreeding Depression Explains Killer Whale Pop- ulation Dynamics." *Nature Ecology & Evolution 7,* no. 5 (March 2023).

Biddinger, David, Greg Krawczyk, Michela Centinari, Flor Edith Acevedo, Cain Hickey, and Heather Leach. „Spotted Lanternfly Management in Vineyards." Penn State Extension, April 20, 2021. extension. psu.edu/spotted-lanternfly-management-in-vineyards.

Murray, Cathryn C., Lucie C. Hannah, Thomas Doniol-Valcroze, Brianna M. Wright, Eva H. Stredulinsky, Jocelyn C. Nelson, Andrea Locke, and Robert C. Lacy. „A Cumulative Effects Model for Population Trajectories of Resident Killer Whales in the Northeast Pacific." *Biological Conservation* 257 (2021).

Ward, Eric J., Elizabeth E. Holmes, and Ken C. Balcomb. „Quantifying the Effects of Prey Abundance on Killer Whale Reproduction." *Journal of Applied Ecology* 46, no. 3 (2009).

Wasser, Sam, Jessica I. Lundin, Katherine Ayres, Elizabeth Seely, Deborah Giles, Kenneth Balcomb, Jennifer Hempelmann et al. „Population Growth Is Limited by Nutritional Impacts on Pregnancy Success in Endangered Southern Resident Killer Whales (*Orcinus orca*)." PLoS One 12, no. 6 (June 2017).

Watson, George. "Researcher Receives Grant to Sniff Out Invasive Pests, Species in Agriculture." *Texas Tech Today*, Stories, February 8, 2021. today.ttu.edu/posts/2021/02/Stories/Hall-Ag-Detection-Dogs.

Wild Fish Conservancy Northwest v. Barry Thom, Regional Administrator, National Marine Fisheries Service et al., Case No. 2:20-cv-00417-MLP. (W.D. Washington. 2020). Declaration of Dr. Deborah Giles, PhD., filed April 16, 2020. wildfishconservancy.org/wp-content/uploads/2021/12/014.2.giles_.decl-2.pdf.

Kapitel 8: Die Gerüche eines Menschen

Berns, Gregory S., Andrew M. Brooks, and Mark Spivak. „Scent of the Familiar: An fMRI Study of Canine Brain Responses to Familiar and Unfamiliar Human and Dog Odors." *Behavioral Processes* 110 (January 2015).

Dror, Shany, Andrea Sommese, Ádám Miklósi, Andrea Temesi, and Claudia Fugazza. „Multisensory Mental Representation of Objects in Typical and Gifted Word Learner Dogs." *Animal Cognition* 25 (2022).

Gallagher, Michelle, Charles J. Wysocki, J. J. Leyden, Andrew I. Spielman, X. Sun, and George Preti. „Analyses of Volatile Organic Com- pounds from Human Skin." *British Journal of Dermatology* 159, no. 4 (September 2008).

Glavaš, Vedrana, and Andrea Pintar. „Human Remains Detection Dogs as a New Prospecting Method in Archaeology." *Journal of Archaeological Method and Theory 26*, no. 1–3 (September 2019).

Jacobi, Keith P. „Cadaver Detection in Forensic Anthropology and Criminology.“ *In Canine Olfaction Science and Law*, edited by Tadeusz Jezierski, John Ensminger, L. E. Papet. Boca Raton, FL: CRC Press, 2016.

Katz, Brigit. „Who's a Good Archaeologist? Dog Digs Up Trove of Bronze Age Relics.“ *Smithsonian*, September 19, 2018.

Starr, Michelle. „A Very Good Doggo Just Found Incredible Bronze Age Treasure in Czechia.“ *Science Alert* (September 17, 2018).

Wang, Nijing, Lisa Ernle, Gabriel Bekö, Pawel Wargocki, and Jonathan Williams. „Emission Rates of Volatile Organic Compounds from Humans.“ *Environmental Science and Technology* 56, no. 8 (2022).

Kapitel 9: Krankheit riecht

Ensminger, John. „Medical Alerting to Seizures, Glycemic Changes, and Migraines: Significance of Untrained Behaviors in Service Dogs.“ In *Canine Olfaction Science and Law*, edited by Tadeusz Jezierski, John Ensminger, L. E. Papet. Boca Raton, FL: CRC Press, 2016.

Feil, Charlotte, Frank Staib, Martin R. Berger, Thorsten Stein, Irene Schmidtmann, Andreas Forster, and Carl C. Schimanski. „Sniffer Dogs Can Identify Lung Cancer Patients From Breath and Urine Samples.“ *BMC Cancer* 21 (August 2021).

Jezierski, Tadeusz. „Detection of Human Cancer by Dogs.“ In *Canine Olfaction Science and Law*, edited by Tadeusz Jezierski, John Ensminger, L. E. Papet. Boca Raton, FL: CRC Press, 2016.

Juge, Aiden E., Margaret F. Foster, and Courtney L. Daigle. „Canine Olfaction as a Disease Detection Technology: A Systematic Review.“ *Applied Animal Behaviour Science* 253 (August 2022).

Kantele, Anu, Juuso Paajanen, Soile Turunen, Sari H. Pakkanen, Anu Patjas, Laura Itkonen, Elina Heiskanen et al. „Scent Dogs in Detection of COVID-19: Triple-Blinded Randomised Trial and Operational Real-Life Screening in Airport Setting.“ *BMJ Global Health* 7, no. 5 (2022).

Liu, Shih-Feng, Hung-I Lu, Wei-Lien Chi, Guan-Heng Liu, and Ho-Chang Kuo. „Sniffer Dogs Diagnose Lung Cancer by Recognition of Exhaled Gases: Using Breathing Target Samples to Train Dogs Has a Higher Diagnostic Rate Than Using Lung Cancer Tissue Samples or Urine Samples.“ *Cancers* (Basel) 15, no. 4 (February 2023).

Maurer, Maureen, Todd Seto, Claire Guest, Amendeep Somal, and Catherine Julian. „Detection of SARS-CoV-2 by Canine Olfaction: A Pilot Study.“ *Open Forum Infectious Diseases* 9, no. 7 (July 2022).

Mount Sinai Medical Center. „Lung Cancer Screening Dramatically Increases Long-Term Survival Rate." Press release, November 22, 2022. www.mountsinai.org/about/newsroom/2022/lung-cancer-screening- dramatically-increases-long-term-survival-rate.

Shirasu, Mika, and Kazushige Touhara. „The Scent of Disease: Volatile Organic Compounds of the Human Body Related to Disease and Disorder.“ *Journal of Biochemistry* 150, no. 3 (September 2011).

Sonoda, Hideto, Shunji Kohnoe, Tetsuro Yamazato, Yuji Satoh, Gouki Morizono, Kentaro Shikata, Makoto Morita et al. „Colorectal Cancer Screening With Odour Material by Canine Scent Detection.“ *Gut* 60, no. 6 (January 2011).

Trivedi, Drupad K., Eleanor Sinclair, Yun Xu, Depanjan Sarkar, Caitlin Walton-Doyle, Camilla Liscio, Phine Banks et al. „Discovery of Volatile Biomarkers of Parkinson's Disease From Sebum." *ACS Central Science 5*, no. 4 (March 2019).

Wang, Peiyu, Qi Huang, Shushi Meng, Teng Mu, Zheng Liu, Mengqi He, Qingyun Li et al. „Identification of Lung Cancer Breath Biomarkers Based on Perioperative Breathomics Testing: A Prospective Observational Study." *Lancet* 47 (May 2022).

Willis, Carolyn M., Susannah M. Church, Claire M. Guest, W. Andrew Cook, Noel McCarthy, Anthea J. Bransbury, Martin R. Church et al. „Olfactory Detection of Human Bladder Cancer by Dogs: Proof of Principle Study." *British Medical Journal 329*, no. 7468 (September 2004).

Kapitel 10: Der warnende Hauch

Blanka, Pophof, Bernd Henschenmacher, Daniel R. Kattnig, Jens Kuhne, Alain Vian, and Gunde Ziegelberger. „Biological Effects of Electric, Magnetic, and Electromagnetic Fields From 0 to 100 MHz on Fauna and Flora: Workshop Report," *Health Physics 124*, no. 1 (January 2023).

Hart, Vlastimil, Petra Nováková, Erich Pascal Malkemper, Sabine Begall, Vladimír Hanzal, Miloš Ježek, Tomáš Kušta et al. „Dogs Are Sensitive to Small Variations of the Earth's Magnetic Field." *Frontiers in Zoology 10*, no. 1 (December 2013).

Powell, Neil A., Alastair Ruffell, and Gareth Arnott. „The Untrained Response of Pet Dogs to Human Epileptic Seizures." *Animals* (Basel) 11, no. 8 (July 2021).

Kapitel 11: Zur Bindung geboren

Bekoff, Marc. „Playful Fun in Dogs." *Current Biology 25*, no. 1 (January 2015).

Faragó, Tamás, Péter Pongrácz, Friederike Range, Zsófia Virányi, and Ádám Miklósi. „‚The Bone Is Mine': Affective and Referential Aspects of Dog Growls." *Animal Behaviour* 79, no. 4 (April 2010).

Fenzi, Denise. "Zooming: Impulse Control or Stress?" Denise Fenzi (blog), March 28, 2016. denisefenzi.com/2016/03/zooming -impulse-control-or-stress.

Fugazza, Claudia, B. Turcsan, Andrea Sommese, Shany Dror, Andrea Temesi and Ádám. Miklósi. "A Comparison of Personality Traits of Gifted Word Learner and Typical Border Collies." *Animal Cognition* 25, no. 6 (August 2022).

Fugazza, Claudia, Attila Andics, Lilla Magyari, Shany Dror, András Zempléni, and Ádám Miklósi. „Rapid Learning of Object Names in Dogs." *Scientific Reports* 11, no. 1 (January 2021).

Horowitz, Alexandra. „Attention to Attention in Domestic Dog (*Canis familiaris*) Dyadic Play." *Animal Cognition* 12, no. 1 (January 2009).

Mellor, David J. „Tail Docking of Canine Puppies: Reassessment of the Tail's Role in Communication, the Acute Pain Caused by Docking and Interpretation of Behavioural Responses." *Animals* (Basel) 8, no. 6 (2018).

Murata, Kaori, Miho Nagasawa, Tatsushi Onaka, Nobuyuki Kanemaki, Shigeru Nakamura, Kazuo Tsubota, Kazutaka Mogi et al. „Increase of Tear Volume in Dogs After Reunion With Owners Is Mediated by Oxytocin." *Current Biology* 32, no. 16 (2022).

Panksepp, Jaak. „Can PLAY Diminish ADHD and Facilitate the Construction of the Social Brain?" *Journal of the Canadian Academy of Child and Adolescent Psychiatry* 16, no. 2 (May 2007).

Simonet, Patricia R., Molly Murphy, and Amy Lance. „Laughing Dog: Vocalizations of Domestic Dogs During Play Encounters." Paper presented at the meeting of the Animal Behavior Society, Corvallis, OR, July 2001.

Siniscalchi, Marcello, Rita Lusito, Giorgio Vallortigara, and Angelo Quaranta. „Seeing Left- or Right-Asymmetric Tail Wagging Produces Different Emotional Responses in Dogs." *Current Biology* 23, no. 22 (November 2013).

Siviy, Stephen M., and Jaak Panksepp. „In Search of the Neurobiological Substrates for Social Playfulness in Mammalian Brains." *Neuroscience & Biobehavioral Reviews* 35, no. 9 (October 2011).

Volsche, Shelly, Hannah Gunnip, Cameron Brown, Makayla Kiperash, Holly Root-Gutteridge, and Alexandra Horowitz. „Dogs Produce Distinctive Play Pants: Confirming Simonet (2001)," *International Journal of Comparative Psychology 35* (2022).

Walker, Reena H., Andrew J. King, J. Weldon McNutt, and Neil R. Jordan. „Sneeze to Leave: African Wild Dogs (Lycaon pictus) Use Variable Quorum Thresholds Facilitated by Sneezes in Collective Decisions." *Proceedings of the Royal Society B: Biological Sciences 284*, no. 1862 (September 2017).

Kapitel 12: Netzwerken auf Hündisch

Bálint, Anna, Huba Eleőd, Lilla Magyari, Anna Kis, and Márta Gácsi. „Differences in Dogs' Event-Related Potentials in Response to Human and Dog Vocal Stimuli: A Non-Invasive Study." *Royal Society Open Science 9*, no. 4 (April 2022).

Couchoux, Charline, Jeanne Clermont, Dany Garant, and Denis Réale. „Signaler and Receiver Boldness Influence Response to Alarm Calls in Eastern Chipmunks." *Behavioral Ecology 29*, no. 1 (January/ February 2018).

Crosby, James. „Dog Bite Injuries and Behavioral Projections: What We Have Learned About Fatal Attacks by Following the Evidence." The Lemonade Conference, February 11–13, 2022. thelemona- deconference.com.

Crosby, James, and Chelsea Rider. *Decoding Canine Body Language Quick Reference Guide. In Law Enforcement Dog Encounters Training (LEDET): A Toolkit for Law Enforcement.* U.S. Department of Justice Community-Oriented Policing Service (COPS), November 2019. portal. cops .usdoj.gov/resourcecenter/Home.aspx?page=detail&id=COPS-W0882.

McConnell, Patricia. „Play Bows as Meta-Communication." *The Other End of the Leash* (blog), December 14, 2012. www.patriciamcconnell. com/theotherendoftheleash/tag/puppy-pauses.

Sommese, Andrea, Ádám Miklósi, Ákos Pogány, Andrea Temesi, Shany Dror, and Claudia Fugazza. „An Exploratory Analysis of Head-Tilting in Dogs." *Animal Cognition* 25, no. 3 (2022).

Kapitel 13: Der schlauste Hund?

Bastos, Amalia P. M., and Federico Rossano. „Soundboard-Using Pets? Introducing a New Global Citizen Science Approach to Interspecies Communication.“ *Interaction Studies* (forthcoming). Griebel, Ulrike, and D. Kimbrough Oller. “Vocabulary Learning in a Yorkshire Terrier: Slow Mapping of Spoken Words.” *PLoS One 7,* no. 2 (February 2012).

Kaminski, Juliane, Josep Call, and Julia Fischer. „Word Learning in a Domestic Dog: Evidence for ‚Fast Mapping.‘“ *Science* 304, no, 5677 (June 2004).

Pilley, John W. „Border Collie Comprehends Sentences Containing a Prepositional Object, Verb, and Direct Object.“ *Learning and Motivation* 44, no. 4 (November 2013).

Pilley, John W., and Alliston K. Reid. „Border Collie Comprehends Object Names as Verbal Referents.“ Behavioural Processes 86, no. 2 (February 2011). Smith, Gabriela E., Amalia P. M. Bastos, Ashley Evenson, Leo Trottier, and Federico Rossano. „Use of Augmentative Interspecies Communi- cation Devices in Animal Language Studies: A Review.“ *WIREs Cognitive Science* (2023).

Rossi, Alexandre P., and César Ades. „A Dog at the Keyboard: Using Arbitrary Signs to Communicate Requests.“ *Animal Cognition* 11, no. 2 (2008).

Wood, Heather. „Rico the Wonder Dog.“ *Nature Reviews Neuroscience 5,*

Kapitel 14: Die Weisheit des Herzens

Carey, Ben, Colleen Anne Dell, James Stempien, Susan Tupper, Betty Rohr, Eloise Carr, Maria Cruz et al. „Outcomes of a Controlled Trial With Visiting Therapy Dog Teams on Pain in Adults in an Emergency Department.“ *PLoS One 17,* no. 3 (March 2022).

Huber, Annika, Anjuli L. A. Barber, Tamás Faragó, Corsin A. Müller, and Ludwig Huber. „Investigating Emotional Contagion in Dogs (*Canis familiaris*) to Emotional Sounds of Humans and Conspecifics.“ *Animal Cognition 20,* no. 4 (April 2017).

Katayama, Maki, Takatomi Kubo, Toshitaka Yamakawa, Koichi Fujiwara, Kensaku Nomoto, Kazushi Ikeda, Kazutaka Mogi et al., „Emotional Contagion From Humans to Dogs Is Facilitated by Duration of Ownership.“ *Frontiers in Psychology 10* (July 2019).

Krause-Parello, Cheryl A., Michele Thames, Colleen M. Ray, and John Kolassa. „Examining the Effects of a Service-Trained Facility Dog on Stress in Children Undergoing Forensic Interview for Allegations of Child Sexual Abuse.“ *Journal of Child Sexual Abuse 27,* no. 3 (April 2018).

Miller, Sharmaine L., James A. Serpell, Kathryn R. Dalton, Kaitlin B. Waite, Daniel O. Morris, Laurel E. Redding, Nancy A. Dreschel, and Meghan F. Davis. „The Importance of Evaluating Positive Welfare Characteristics and Temperament in Working Therapy Dogs.“ *Frontiers in Veterinary Science 9* (April 2022).

Müller, Corsin A., Kira Schmitt, Anjuli L. A. Barber, and Ludwig Huber. „Dogs Can Discriminate Emotional Expressions of Human Faces.“ *Current Biology 25,* no. 5 (March 2015).

Schnurr, Paula P. “Epidemiology and Impact of PTSD.“ U.S. Department of Veterans Affairs, National Center for PTSD. www.ptsd.va.gov/ professional/treat/essentials/epidemiology.asp. no. 599 (2004).

Kapitel 15: Schlaumachen über Hundeschläue

Arasaradnam, Ramesh P., Chuka U. Nwokolo, Karna D. Bardhan, and J. A. Covington. „Electronic Nose Versus Canine Nose: Clash of the Titans.“ *Gut 60*, no. 12 (2011).

Chandler, David L. „Toward a Disease-Sniffing Device That Rivals a Dog's Nose.“ *MIT News*, February 17, 2021. news.mit.edu/2021/ disease-detection-device-dogs-0217.

Forbes, Thomas P., and Matthew Staymates. „Enhanced Aerodynamic Reach of Vapor and Aerosol Sampling for Real-Time Mass Spectrometric Detection Using Venturi-Assisted Entrainment and Ionization.“ *Analytica Chimica Acta 957* (March 2017).

Grimm, David. „Are You Clumsy—Or Just Mean? Your Dog May Know the Difference.“ News from *Science*, July 21, 2022. www.science.org/ content/article/ are-you-clumsy-or-just-mean-your-dog-may-know-difference.

Iravani, Behzad, Martin Schaefer, Donald A. Wilson, Artin Arshamian, and Johan N. Lundström. „The Human Olfactory Bulb Processes Odor Valence Representation and Cues Motor Avoidance Behavior.“ *Proceedings of the National Academy of Sciences* 118, no. 42 (October 2021).

Staymates, Matthew, William A. MacCrehan, Jessica L. Staymates, Roderick R. Kunz, Thomas Mendum, Ta-Hsuan Ong, Geoffrey Geurtsen et al. „Biomimetic Sniffing Improves the Detection Performance of a 3D Printed Nose of a Dog and a Commercial Trace Vapor Detector.“ *Scientific Reports* 6 (December 2016).

Völter, Christoph J., Lucrezia Lonardo, Maud G. G. M. Steinmann, Carolina Frizzo Ramos, Karoline Gerwisch, Monique-Theres Schranz, Iris Dobernig et al. „Unwilling or Unable? Using Three-Dimensional Tracking to Evaluate Dogs' Reactions to Differing Human Intentions.“ *Proceedings of the Royal Society B: Biological Sciences 290,* no. 1991 (January 2023).

Wyart, Claire, Wallace W. Webster, Jonathan H. Chen, Sarah R. Wilson, Andrew McClary, Rehan M. Khan, and Noam Sobel. „Smelling a Single Component of Male Sweat Alters Levels of Cortisol in Women.“ *Journal of Neuroscience 27,* no. 6 (February 2007).

Kapitel 16: Schlaue Hunde verdienen bessere Menschen

Berns, Gregory S., Andrew M. Brooks, and Mark Spivak. „Scent of the Familiar: An fMRI Study of Canine Brain Responses to Familiar and Unfamiliar Human and Dog Odors.“ *Behavioral Processes* 110 (January 2015).

Coren, Stanley. „The Data Says 'Don't Hug the Dog!'“ *Canine Corner* (blog). *Psychology Today,* April 13, 2016. www.psychologytoday.com/ us/blog/canine-corner/201604/the-data-says-dont-hug-the-dog.

Hall, Nathaniel, Kelsey Glenn, David W. Smith, and Clive D. L. Wynne. „Performance of Pugs, German Shepherds, and Greyhounds (*Canis lupus familiaris*) on an Odor-Discrimination Task.“ *Journal of Comparative Psychology* 129, no. 3 (May 2015).

Horowitz, Alexandra. „Smelling Themselves: Dogs Investigate Their Own Odours Longer When Modified in an ‚Olfactory Mirror‘ Test.“ *Behavioral Processes* 143 (2017).

Karl, Sabrina, Magdalena Boch, Anna Zamansky, Dirk van der Linden, Isabella C. Wagner, Christoph J. Völter, Claus Lamm, and Ludwig Huber. „Exploring the Dog–Human Relationship by Combining fMRI, Eye-Tracking and Behavioural Measures.“ *Scientific Reports* 10 (2020).

Marshall-Pescini, Sarah, Chiara Passalacqua, Shanis Barnard, Paola Val- secchi, and Emanuela Prato-Previde. „Agility and Search and Rescue Training Differently Affects Pet Dogs' Behaviour in Socio-Cognitive Tasks.“ *Behavioral Processes* 81, no. 3 (July 2009).

Minhinnick, Sherrie, L. E. Papet, Carol Merry Stephenson, and Mark R. Stephenson. „Training Fundamentals and the Selection of Dogs and Personnel for Detection Work.“ In *Canine Olfaction Science and Law,* edited by Tadeusz Jezierski, John Ensminger, L. E. Papet. Boca Raton, FL: CRC Press, 2016.

Pilla, Rachel, and Jan S. Suchodolski. „The Role of the Canine Gut Microbiome and Metabolome in Health and Gastrointestinal Disease.“ *Frontiers in Veterinary Science* 6 (January 2020).

Schöberl, Iris, Manuela Wedl, Andrea Beetz, and Kurt Kotrschal. „Psychobiological Factors Affecting Cortisol Variability in Human-Dog Dyads.“ *PLoS One 12,* no. 2 (February 2017).

Vieira de Castro, Ana Catarina, Danielle Fuchs, Gabriela Munhoz Morello, Stefania Pastur, Liliana de Sousa, and I. Anna S. Olsson. "Does Training Method Matter? Evidence for the Negative Impact of Aversive-Based Methods on Companion Dog Welfare.“ *PLoS One 15,* no. 12 (December 2020).

Wallis, Lisa J., Zsófia Virányi, Corsin A. Müller, Samuel Serisier, Ludwig Huber, and Friederike Range. „Aging Effects on Discrimination Learning, Logical Reasoning and Memory in Pet Dogs.“ *Age 38,* no. 1 (2016).

Kapitel 17: Hunde Hund sein lassen

Carroll, Sharon. „Working with Sensitive Sport Dogs.“ The Lemonade Conference, February 11–13, 2022. thelemonadeconference.com.

Duranton, Charlotte, and Alexandra Horowitz. „Let Me Sniff! Nosework Induces Positive Judgment Bias in Pet Dogs.“ *Applied Animal Behaviour Science* 2011 (February 2019).

Pierce, Jessica. „Why Dogs Should Have More Control Over Their Lives.“ *All Dogs Go to Heaven* (blog). *Psychology Today,* May 18, 2022. www.psychologytoday.com/us/blog/all-dogs-go-heaven/202205/why-dogs -should-have-more-control-over-their-lives.

Promislow, Daniel. „The Effects of Age on Activity and Cognition: Results from the Dog Aging Project.“ The Lemonade Conference, February 11-13, 2022. thelemonadeconference.com.

The Lemonade Conference 2021 and 2022:

Including talks by Sharon Carroll, Dr. Jim Crosby, Denise Fenzi, Dr. Susan Friedman, Vidhyalakshmi Karthikeyan, Dr. Kathryn Lord, Dr. Daniel S. Mills, Dr. Daniel Promislow, Michael Shikashio, Zazie Todd, Shade Whitesel, and Dr. Sue Yanoff. thelemonadeconference.com/schedule.

Assistance Dogs International 2021: Theme: „The Power of Positivity“ in training and human-dog interactions. Including talks by Dr. Emily Bray, Dr. Ian Dunbar, and other leaders in the assistance-dog world. assistancedogsinternational.org/about/2021-adi-conference.

Osmocosm 2021: Theme: Emerging technologies in olfaction science, including machine olfaction for detecting human ailments. www.osmocosm.org/program-1.

Hundeforschungszentren (ohne Anspriuch auf Vollständigkeit)

Arizona State University: Canine Science Collaboratory psychology.asu.edu/research/labs/canine-science-collaboratory

Auburn University: Comparative Cognition Lab webhome.auburn.edu/~katzjef/index.html

Barnard College, Columbia University: Horowitz Dog Cognition Lab dogcognition.weebly.com

Boston College: Canine Cognition Center and Social Learning Laboratory sites.bc.edu/doglab

Brown University: Brown Dog Lab sites.brown.edu/browndoglab

CONICET: National Scientific and Technical Research Council (Argentina): Grupo de Investigación del Comportamiento en Cánidos canids.com.ar

Dalhousie University (Canada): Wildlife Ethology and Conser- vation Canine Lab www.gadbois.org/simon

Duke University: Duke Canine Cognition Center evolutionaryanthropology.duke.edu/research/dogs

Eckerd College: Comparative Psychology Lab cplab.eckerd.edu/home

Emory University: Center for Neuropolicy neuropolicy.emory.edu

Eötvös Loránd University (Hungary): The Family Dog Project ethology.elte.hu/Family_Dog_Project

Illinois Wesleyan University: IWU Dog Scientists efurlong2.wixsite.com/dogscience

La Trobe University (Australia): Anthrozoology Research Group Dog Lab www.latrobe.edu.au/school-psychology-and-public-health/anthrozoology- research-group-dog-lab

Oregon State University: Human-Animal Interaction Lab thehumananimalbond.com

Texas Tech University: Canine Olfaction Lab www.depts.ttu.edu/afs/people/nathan-hall/CanineOlfactionLab/ index.php

Universities of Milan and Parma (Italy): Canis Sapiens Lab—Comparative Cognition and Human-Animal Interaction www.comportamentoanimale.it/en/

University of Arizona: Arizona Canine Cognition Center dogs.arizona.edu

University of Auckland (New Zealand): Clever Canine Lab clevercaninelab.auckland.ac.nz

University of Bristol Veterinary School (UK): Animal Welfare and Behaviour www.bristol.ac.uk/vet-school/research/welfare-behaviour

University of Kentucky: Comparative Cognition Laboratory, Science Dogs Program www.uky.edu/~zentall/sciencedogs.html

University of Lincoln (UK): Animal Behaviour, Cognition and Welfare Research Group www.lincoln.ac.uk/lifesciences/research/ animalbehaviourcognitionandwelfare

University of Maryland: Canine Language Perception Lab dogs.umd.edu/index.html

University of Nebraska–Lincoln: Canine Cognition and Human Interaction Lab dogcog.unl.edu

University of Washington: Center for Environmental Forensic Science cefs.uw.edu

Veterinary Medicine University (Austria): Clever Dog Lab www.vetmeduni.ac.at/clever-doglab//www.cleverdoglab.at/ index356f.html?id=3&L=1

Yale University: Canine Cognition Center doglab.yale.ed

INDEX

3D-Drucker 205, 210

A

Abfall 32, 209
Achselschweißgeruch 20, 213
Aggression, kontrollierte 77
Agonistic Pucker 154
Albtraum 188 f.
Alzheimer 195, 197 ff., 225
America's Got Talent (Show) 59
Angst 47 f., 50, 53, 153, 155, 168, 195, 201, 220 f., 225, 232, 234, 239
Angstphase 30
Anpassungsfähigkeit 16, 18 f., 49, 51
Apportieren 33, 107
Argos 116
Arizona Canine Cognition Center 21, 265
Artenschutzspürhund 105, 107, 109, 111
Assistenzhund 140, 188, 190, 200, 234
Atem, fauliger 129
Atemluftprobe 130
Auburn, Universität 40, 96, 102 f., 225, 238, 265
Augenbrauen, Muskulatur 19
Augmentative and Alternative Communication 179
Autismus 65, 217, 237

B

Beißanzug 74
Beißen 22, 73 ff., 82, 150, 168, 170, 203, 238
Bekoff, Marc 11, 18, 89, 95, 151 f., 164, 169, 249, 260, 274
Ben-Yosef, Yariv 197 f., 200
Berns 41 ff., 249, 254 f., 258, 263
Berns, Gregory 41
Bestrafung 48, 226 f.
Besuchshund 190
Bettwanze 24, 110
Beutetrieb 74, 77
Billinghurst, Ian 236
Bindung, emotionale 33, 88, 243
Biomimikry 206
Blasenkrebs 131 f.
Blickkontakt 20, 168 f., 173
Blindenführhund 13, 67 ff., 155, 191, 198, 242
Blutdruck 21, 194
Blutzuckerspiegel 140 ff., 209
Border Collies 42 f., 59 ff., 160 f., 164, 175 f., 238, 260, 262
Bray, Emily 21, 252, 254 f., 264

C

Canine Science Collaboratory 25, 101, 265
Canis familiaris 14, 18 f., 21, 24, 26, 30, 32, 39, 51, 147, 159, 206, 244, 245, 252 ff., 260, 262
Canis, Gattung 28
Canis lupus 25 f., 28, 252 ff., 257, 263
Carroll, Shannon 237, 264
Carson, Sara 59 ff., 224, 238
Case 51 ff., 221, 256, 258
Chaser 175 ff., 185, 244, 251
Clayton, Oscar 80 f.
Clicker 40, 56, 251, 255
Collier, Alex 117 f.
Conservation Canines 14, 105, 106, 109
Coppinger, Raymond und Lorna 22, 249
Coren, Stanley 84, 86, 165 f., 168, 177, 220, 222 ff., 249, 256, 263
Cortisol 21, 263 f.
COVID-19 15, 91, 133 f., 212, 259
Cowell, Simon 59
Cox, Dan 27 f.
Crane, Ed 142 ff., 146

D

Darmkrebs 133
Darmmikrobiom 99, 236
Darwin's Ark (Studie) 44, 229
Delfin 39, 95, 159, 165
Demenzhund 197 ff.
Denkspiel 67
Derr, Mark 26, 249
Devine, Alexis 178, 180 f., 183
Diabetes 15, 91, 129, 139, 140 ff., 145
Diensthund 48, 53, 78, 103, 119
Dingo 18, 28
DNA 21, 23, 25, 53, 61, 63, 172, 199, 238 f.
Do as I Do 55, 255
Dog Aging Project 225, 264
Doggish 167, 169, 171
Domestikation 24
Domestikationsgeschichte 23
Domestizierung 18, 27, 31
Dopamin 20, 134, 231
Dorfhund 18, 22, 33
Drogenspürhund 56
Dunbar, Ian 65, 221 f., 224 ff., 250, 264

E

EEG 159
Elektroenzephalogramm 159
Elektromagnetische Impulse 87
Elektronikspürhund 104
Elfenbein 109 f.
Emotionalen Fähigkeiten 39, 139, 150, 187
E-Nase 206 ff.
Endorphine 20
Ente 33 ff.
Eötvös Loránd Universität 41, 51, 152, 159
Epilepsiewarnhund 143
Evolution 11, 24, 33, 57, 63, 88, 165, 176, 212, 250 f., 253, 255, 258
Exekutivfunktion 77

F

Fährte 88 f., 115 f., 118, 124
Fährten 51, 107
Felice, Jill 65
Fluchtdistanz 27 f., 48, 162
fMRT 15, 40 ff., 48, 61, 213
Freie Wahl 63
Frequenz 84, 167
Freundschaft 24 f., 73, 76, 147, 159, 217 f., 247
Friedman, Susan 63 f., 264
Fugazza, Claudia 51, 56, 152, 255, 258, 260 f.

G

Gardner, Howard 13, 50, 250
Gehirnstudien 48
Gehör 84, 188
Gene 26, 30 ff., 44, 60, 83, 87, 172, 223, 239
Genetik und Verhalten 31
Gene und Umwelt, Wechselwirkung 44
Genius Dog Challenge 152, 164, 176
Genom 30 f.
Geräuschquellen, Orten von 47
Geruchsblindheit 99
Geruchsempfindlichkeit 99, 145, 213
Geruchsintelligenz 89, 92, 96, 99, 101 ff., 106, 109, 120, 125, 132, 134, 210, 230, 233
Geruchsmoleküle 89, 92, 99, 129, 207
Geruchsprobe 81
Geruchsquelle 116
Geruchsrezeptoren 92, 100, 101, 209
Geruchssinn 14, 35, 86, 89, 91 ff., 98 f., 108, 110, 114, 119, 134, 136, 139, 140, 145, 207, 209, 212, 235, 274
Geruchsspiegeltest 96
Geschmacksknospen 86
Geschmackssinn 86, 239
Gibbon, Peggy 71, 72
Giles, Deborah 112 ff., 125, 258
Gleitschirmfliegen 49 f.
GPS 67, 87 f. 198
GPS-Halsband 88, 198
Grandin,Temple 38, 250

H

Hall, Nathaniel 100 ff., 110
Handelman, Barbara 154, 250
Hare, Brian 38, 176, 250, 253
Harvard 44, 176
Heimkehrinstinkt 87
Herzfrequenz 20 f., 194, 201
Hilliard, Stewart 78 f.
Hippokrates 129
Holt, Lisa 134 ff.
Homologie, funktionelle 41
Hörempfindlichkeit 84
Horowitz, Alexandra 94 f., 151, 154, 184, 235, 239, 250, 256 f., 260 ff., 274
Humor 11
Hundeblick 19 f., 32, 184
Hundegenom 30
Hundekognition 44, 228 f.
Hundesprache 155, 167, 169, 181, 220 f., 232
Hund, Lesen von 81
Hunger, Christina 179
Hütehund 58, 60, 160 ff., 164, 234
Hyperosmie 134

I

Indien 22
Insulin 21, 142
Intelligenter Ungehorsam 13, 71 ff., 79, 198
Intelligenz, adaptive 13, 22
Intelligenz, emotionale 15, 104, 126, 146, 148, 185, 187, 191, 194, 196, 217
Intelligenz, kinästhetische 50, 217
Intelligenz, sensorische 83, 87, 145
Intelligenz, soziale 14, 21, 24, 29, 30 f., 109, 147, 149 ff., 157, 159, 162, 168, 187, 203, 217, 236
IQ 13
IQ-Test 13

J

Jagdhund 33, 89, 160, 234
Jagdinstinkt 29
Jagd, kooperative 33
Jennings, Herbert 62, 251
Johnson, Dave 68 f., 71, 250, 256

K

Karthikeyan, Vidhyalakshmi 49, 54 f., 237, 255, 264
Khan, Nadir 22, 263
King, Carla 160 ff.
Kohlenhydrate 32
Kojote 18, 28, 106, 152
Kommando 13, 33 ff., 39, 55, 58, 60, 62, 70, 73 ff., 125, 177, 198, 227, 234
Kommunikation 18, 35, 71, 74, 109, 111, 151, 156 f., 164 ff., 170 ff., 178 ff., 184 f., 215, 217, 235
Kong 56, 64, 78
Kontaktfreudigkeit 31
Kooperatives Verhalten 34
Körpergeruch 129, 136, 164
Körpersprache 50, 71, 96, 109, 149, 153, 164, 170, 201, 214 ff., 221
Körperuhr 86
Krankheitsgeruch 131
Krankheit und Geruch 129 ff., 139 f., 145
Kreativität 18, 23
Krebs 15, 91, 129, 130, 132 f.
Krebserkennungsstudien 131
Kupieren 156 f.

L

Lackland Air Force Base 76 f., 80 f.
Landmine 119
Lazarowski, Luzia 238, 253, 257
Leichenspürhund 13, 114, 120, 132, 233
Lernstufen, progressive 54
Lesen von Menschen 15, 71, 79, 85, 148, 187, 203, 215
Lexigramm 180
Lit, Lisa 80
Lord, Kat 24, 28 ff., 32, 253, 264
Lungenkrebs 130

M

Magnetresonanztomographie, funktionelle 40
Magnetwahrnehmung 88
Markey, Joan 72 f.
Mathematik 38, 57 f.
McConnell, Patricia B. 14, 93, 96, 115, 164, 169, 171, 177, 184, 220, 227 f., 251, 261
McLean, Evan 21, 252 f., 255
Medical Detection Dogs 131
Medizinische Spürhunde 133
Mellor, David J. 156, 260
Mengenerkennung 57
Mengen, Konzept von 38, 56 ff.
Menschenaffen 25, 38
Mershin, Andreas 209 f.
Micro-SD-Karte 104
Miklósi, Ádám 88 f.
Militär 14, 75, 77, 106, 207 f., 227
Militärhund 41, 73, 78 ff., 198, 234
Miller, Pat 56, 64, 168, 227
Miller, Sharmaine 201, 262
Mills, Daniel 96, 252, 257, 264
Mischling 39, 68, 144
MIT 44
Mountain Cur 171 f., 229
MRT 21, 41, 43, 48, 216
Müllhalde 23, 32

N

Nachahmung 56
Nasenintelligenz 99
Nasenloch 93, 98 f., 129
Natürliche Auslese 24, 32
Naturschutz 22, 247
Neugier 16, 19, 30, 33, 40, 96, 100, 199, 214, 220, 239
Neurotransmitter 147
Nische 16, 18, 24, 32 f., 39, 166
Numerische Kompetenz 58

O

Odysseus 116
Online-Community-Wissenschaftsprojekte 44
Opportunisten 60
Optimismus 190, 235
Orca 39, 111 f., 114
Orientierungsintelligenz 89
Oxytocin 20, 147 f., 184, 201, 253, 260

P

Panksepp, Jaak 152, 261
Parkinson 134, 135 f., 223, 260
PCBs 108
Pender, Tom 68 f.
Pflanzenkrankheit 110
Pflegeheim 202
Pilley, John 176, 251, 262
Pipeline 110
Polizeihund 74 ff., 102, 198
Positive Verstärkung 61, 73
Posttraumatische Belastungsstörung 188
Powell, Neil 145, 251, 260
Präriehund 166
Problemlösungsfähigkeit 10
Prolaktin 20, 148
PTSD 21, 262

Q

Quorum Sensing 58

R

Ramirez, Ken 56 ff., 251
Range, Friederike 29, 254, 260, 264
Rasse 24, 31, 34, 39, 43, 49, 53, 60 f., 87 f., 101 f., 122 f., 135, 171, 176, 196, 199 f., 219, 225, 238
Rassemerkmal 239
Retrieverrassen 34
Rico 175 f., 262
Riechepithel 99

Riechzellen 92
Rolltreppe 69
Rossano, Federico 182 f., 262
Rossi, Alexandra 180, 262
Ruefenacht, Mark 139 f.

S

SARS-CoV-2 133, 259
Schädlinge 110, 207
Schafe 58, 161
Schäfer 160, 162 f.
Schakale 18, 28
Schutzdienst 122
Schutzhund 73, 114, 180
Schutzkragen 86
Schutztrieb 73
Schwanzwedeln 9, 73, 113, 149, 155, 215
Selbstbeherrschung 35, 73, 76, 77, 152, 234
Selbstkontrolle 77
Selbstwahrnehmung 95
Serpell, James 44, 48, 155, 201, 251, 262
Sethi, Pia 22 f.
Slobodchikoff, Konstantin 165 f., 251
Soundboards 183
Soziabilität, übersteigerte 31
Sozialisierung 28, 30, 44
Speicherkarten 104
Spiegelbild 95
Spiel 55, 58, 64, 78, 84, 86, 102, 105 ff., 114, 123, 126, 142, 145, 149, 150 ff., 159, 161 ff., 169, 175, 179, 181, 183, 200, 203, 222 ff., 233, 235 f., 239, 274
Spieltrieb 78
Spivak, Mark 42, 48, 118, 230 f., 254 f., 258, 263
Sprachentwicklung 179, 183
Spracherwerb 175, 183
Sprachfähigkeit 165, 176, 179
Sprechen, Beibringen von 178 ff.
Sprengstoffspürhund 13, 79
Spürhund 80, 98, 100, 103 f., 106, 109 f., 119, 123, 125, 130, 132 ff., 141 f., 223, 225, 238
Staymates, Matthew 205 f., 208, 210, 263
Steinzeitmensch 25
Stichprobengrößen 43
Stoffwechselprozesse 129
Straßenhunde 18, 22 f., 27, 32
Stresshormone 21
Streuner 22
Syntax 166 f., 182

T

Talkingdog-Experiment 183
Tastatur (Hunde) 178, 180, 182
Tasthaare 83, 85
Tatort 120
Taxonomie 25
Therapiehund 190 ff., 203
The Seeing Eye 8, 68 ff., 73, 155, 242 f.
Tiergestützte Intervention 194, 196, 200
Tierhaltung 38
Trace Vapor Generator 97
Training, motivationsbasiertes 48, 223
Tricktraining 59, 61, 226
Trieb 14, 34, 73 f., 77, 234

U

U-Bahn 69, 72 f.
Ubigau, Julianne 14, 10 ff.
Uexküll, Jakob von 14
Ultimate Canine 51 ff.
Umarmen 61, 168, 173, 184, 203
Unabhängigkeit 29, 118, 122, 199
Unterstützte Kommunikation 179
Unterwerfung 154
Urhund 26, 33
Urteilsvermögen 71, 116, 145

V

Vanak, Abi 22
Verbrechensaufklärung 119
Verhaltensdivergenz 31
Verhaltensgene 31
Verhaltensplastizität 19
Verstärker 63 ff.
Verstärkungsgeschichte 55, 64
Veteranen 135, 188 f.
Vibrisse 85, 153 f.
Vietnamkrieg 189, 207
Visuelles System 21, 85
VNO 99, 101
VOCs 120, 145
Vomeronasalorgan (VNO) 99
Von Holdt, Bridgett 31, 253

W

Waal, Frans de 11, 249 f.
Waggoner, Paul 96 f., 253, 255, 257
Wahlmöglichkeit 63 f., 224
Wärmestrahlung, Riechen von 87
Warren, Cat 13, 101, 114, 116, 228, 233 ff., 246, 252
Wasser, Sam 109
Werkzeug 11, 54, 98, 159, 165, 178
Williams-Beuren-Syndrom 31
Wolf 18 ff., 24 ff., 58, 105 f., 167, 194, 252
Wolf Science Center 29
Wolfswelpen 25, 28, 30
Wurfgröße 58
Wynne, Clive 25, 31 ff., 148, 187, 194, 252 f., 256 f., 263

Y

You Choose (Spiel) 64

Z

Zeigegeste 38
Zielgeruch 80, 100, 102

Weitere Bücher, die Sie interessieren könnten:

Wir geben unseren Hunden menschliche Namen und Twitteraccounts, investieren viel Geld in Futter und Zubehör und betrachten sie als Familienmitglieder – und dennoch fesseln wir unsere tierischen Gefährten oft nur allzu leicht mit dem Band, das wir zwischen uns knüpfen.

Wir reden mit ihnen, aber wir hören nicht zu.
Wir blicken sie an, aber wir sehen sie nicht. Als Hundeforscherin und als Person, die Hunde liebt und mit ihnen lebt, erkundet Alexandra Horowitz in diesem Buch, was uns die Wissenschaft über Hunde als Tiere und über unser Selbst verrät. Jenseits der Wissenschaft betrachtet sie, was menschliche Schwächen und kulturelle Regeln über die Hund-Mensch-Bindung offenbaren und wie sie diese beschränken.

Hunde tun Menschen sehr viel Gutes, umgekehrt ist das nicht immer der Fall. Dieses Buch gibt Denkanstöße zu der Frage, wie wir im Hier und Jetzt mit unseren Hunden leben und wie wir in Zukunft besser mit ihnen umgehen können.

Paperback, 296 Seiten, s/w
ISBN: 978-3-95464-224-3

Dieses Buch wirft eine revolutionäre, neue Perspektive auf unseren Umgang mit Hunden: Es beleuchtet unser Verhalten im Vergleich zu dem der Hunde! Patricia McConnell betrachtet uns Menschen augenzwinkernd wie eine interessante Spezies von Säugetieren. Fundiert, aber höchst unterhaltsam beschreibt sie, wie wir uns in Gegenwart von Hunden verhalten, wie die Hunde unser Verhalten interpretieren (oder missverstehen) könnten und wie wir am besten mit unseren vierbeinigen Freunden umgehen, um das Beste aus ihnen herauszuholen.

Beginnen Sie, Hundeverhalten aus der Sicht eines Hundes zu betrachten und Sie werden verstehen, warum vieles, das wie Ungehorsam Ihres Hundes aussieht, einfach ein großes Missverständnis ist. Denn wir sind Primaten, die Hunde Caniden – und sprechen folglich andere Sprachen!

Paperback, 320 Seiten, s/w
ISBN: 978-3-95464-183-3

So sehr wir unsere Hunde auch mögen und umsorgen: Vieles von ihrem Verhalten bleibt uns oft rätselhaft. Warum wälzen sie sich gern in stinkendem Unrat? Warum spielen sie mit dem einen Kumpel ausgelassen Nachjagen, während sie sich vor dem anderen ängstlich auf den Rücken werfen? Warum spiegeln Hunde so oft das Verhalten ihrer Besitzer? Was geht in den Köpfen unserer Hunde vor – und wie viel davon können wir verstehen?

Fast alle Antworten auf diese und viele weitere Fragen finden sich auf Marc Bekoffs liebstem Beobachtungsgebiet – der Hundewiese. Der preisgekrönte Wissenschaftler und Autor lädt uns ein, mit ihm zusammen einmal Feldforschung vor der eigenen Haustür zu betreiben und das genaue Hinsehen zu lernen – auf die Hunde, aber auch auf die Menschen, die mit ihnen umgehen. In augenzwinkerndem Plauderton bringt er uns mühelos komplexe Zusammenhänge und die neuesten Erkenntnisse aus der Forschung zu Verhalten und Intelligenz von Hunden nah.

Hardcover, 296 Seiten, s/w
ISBN: 978-3-95464-167-3

Hunde definieren die Welt zu einem großen Teil über die Nase – eine Fähigkeit, die auch wir Menschen einst hatten, aber mangels Übung fast verlernt haben. Neugierig auf der Suche nach einer Antwort auf die Frage, wie es denn wohl sein mag, ein Hund zu sein, stößt die Autorin folglich immer wieder auf den Geruchssinn, erkundet ihn bis ins Detail und versucht, auch selbst ein bisschen Nasentier zu sein: Wie riechen die unterschiedlichen Straßen New Yorks? Wie trainieren Parfumeure oder Sommeliers ihre Nasen? Was können wir von Hunden lernen, und wie können wir uns ihre spektakulären Riechleistungen zunutze machen?

Das unterhaltsamste Buch, das je über die Nasen von Hund und Mensch geschrieben wurde!

Hardcover, 344 Seiten
ISBN: 978-3-95464-152-9

Für die Polizei ist es ein Vermissten- oder Kriminalfall. Für die Angehörigen ist es eine Tragödie. Für den Hundeführer ist es harte Konzentrationsarbeit. Für den Leichenspürhund ist es ein spannendes Spiel.

Cat Warren, Professorin für Journalistik und Literaturwissenschaft, sucht zunächst eigentlich nur nach Möglichkeiten, ihren nicht ganz einfachen Deutschen Schäferhund Solo vernünftig auszulasten. Dabei stößt sie auf die Sucharbeit nach Toten und taucht ein in die faszinierende Welt der Wissenschaft rund um den Geruch, Geruchszersetzung, Forensik und die Leistung der Hundenase.

Die unbekümmerte und zielstrebige Begeisterung, mit der ihr Hund sich auf die Suche nach dem Geruch des Todes macht, lässt sie auch ganz neue Perspektiven auf das Leben und seine Vergänglichkeit erleben.

Cat Warren
DER GERUCH DES TODES
Einsätze eines Leichenspürhundes
Kynos

Hardcover, 344 Seiten, s/w
ISBN: 978-3-95464-149-9

Was macht die fünfzehntausend Jahre währende Bindung vom Hund an den Menschen und umgekehrt so einzigartig? Die Nützlichkeit des Hundes für den Menschen, sagten die einen. Der Opportunismus des Hundes, der beim Menschen ein bequemes Auskommen fand, sagten die anderen. Eine evolutionär herausgebildete besondere Form der Intelligenz, die Hunden ein außergewöhnliches Verstehen des menschlichen Verhaltens ermöglicht, so die aktuell am häufigsten vertretene These. Das alles greift zu kurz und wird der einzigartigen Lovestory zwischen Hund und Mensch nicht gerecht, meint Psychologieprofessor Clive Wynne: Der Grund- und Eckstein der Hund-Mensch-Bindung ist so simpel wie erstaunlich: Liebe! Dass ein Wissenschaftler es wagt, dieses Wort in den Mund zu nehmen, ist ungewohnt und geradezu unerhört. Warum es aber höchste Zeit dafür ist, erklärt dieses Buch so überraschend wie überzeugend und untermauert das, was Hundefreunde schon immer wussten.

Hardcover, 288 Seiten, s/w
ISBN: 978-3-95464-205-8